11-059职业技能鉴定指导

职业标准·试题库

继电保护

（第二版）

电力行业职业技能鉴定指导中心　编

电力工程　变电运行与

检修专业

中国电力出版社
CHINA ELECTRIC POWER PRESS

内 容 提 要

本《指导书》是按照劳动和社会保障部制定国家职业标准的要求编写的，其内容主要由职业概况、职业培训、职业技能鉴定和鉴定试题库四部分组成，分别对技术等级、工作环境和职业能力特征进行了定性描述；对培训期限、教师、场地设备及培训计划大纲进行了指导性规定。本《指导书》自1999年出版后，对行业内职业技能培训和鉴定工作起到了积极的作用，本书在原《指导书》的基础上进行了修编，补充了内容，修正了错误。

试题库是根据《中华人民共和国国家职业标准》和针对本职业（工种）的工作特点，选编了具有典型性、代表性的理论知识（含技能笔试）试题和技能操作试题，还编制有试卷样例和组卷方案。

《指导书》是职业技能培训和技能鉴定考核命题的依据，可供劳动人事管理人员、职业技能培训及考评人员使用，亦可供电力（水电）类职业技术学校和企业职业学习参考。

图书在版编目（CIP）数据

继电保护：11—059 / 电力行业职业技能鉴定指导中心编. —2版.
北京：中国电力出版社，2009.4（2025.2 重印）
（职业技能鉴定指导书. 职业标准试题库）
ISBN 978-7-5083-8493-1

Ⅰ. 继…　Ⅱ. 电…　Ⅲ. 继电保护–职业技能鉴定–习题　Ⅳ. TM77-44

中国版本图书馆 CIP 数据核字（2009）第 022148 号

中国电力出版社出版、发行
（北京市东城区北京站西街 19 号　100005　http://www.cepp.sgcc.com.cn）
北京雁林吉兆印刷有限公司印刷
各地新华书店经售
*
2003 年 1 月第一版
2009 年 4 月第二版　　2025 年 2 月北京第三十三次印刷
850 毫米×1168 毫米　32 开本　12.5 印张　320 千字
印数 141501—142500 册　　定价 **46.00** 元

电力职业技能鉴定题库建设工作委员会

主　任：徐玉华

副主任：方国元　王新新　史瑞家　杨俊平
陈乃灼　江炳思　李治明　李燕明
程加新

办公室：石宝胜　徐纯毅

委　员：（按姓氏笔划为序）

马建军　马振华　马海福　王　玉
王中奥　王向阳　王应永　丘佛田
吕光全　朱兴林　刘树林　许佐龙
杨　威　杨文林　杨好忠　杨耀福
李　杰　李生权　李宝英　吴剑鸣
张　平　张龙钦　张彩芳　陈国宏
季　安　金昌榕　南昌毅　倪　春
徐　林　奚　珣　高　琦　高应云
章国顺　谌家良　董双武　景　敏
焦银凯　路俊海　熊国强

第一版编审人员

编写人员：罗开英　林　雪　罗晋乔

审定人员：何　军　彭立波　柳焕章

第二版编审人员

编写人员：桂　专　颜　霞　王永刚

王宇恩　黄晓曦　吴栋发

欧阳广泽　罗智燃

审定人员：熊国强　赖学军　赵立进

粟永纲　任晓莹　黄　莎

王克谦　徐丙华　胡建利

说　明

为适应开展电力职业技能培训和实施技能鉴定工作的需要，按照劳动和社会保障部关于制定国家职业标准，加强职业培训教材建设和技能鉴定试题库建设的要求，电力行业职业技能鉴定指导中心统一组织编写了电力职业技能鉴定指导书（以下简称《指导书》）。

《指导书》以电力行业特有工种目录各自成册，于 1999 年陆续出版发行。

《指导书》的出版是一项系统工程，对行业内开展技能培训和鉴定工作起到了积极作用。由于当时历史条件和编写力量所限，《指导书》中的内容已不能适应目前培训和鉴定工作的新要求，因此，电力行业职业技能鉴定指导中心决定对《指导书》进行全面修编，在各网省电力（电网）公司、发电集团和水电工程单位的大力支持下，补充内容，修正错误，使之体现时代特色和要求。

《指导书》主要由职业概况、职业技能培训、职业技能鉴定和鉴定试题库四部分内容组成。其中，“职业概况”包括职业名称、职业定义、职业道德、文化程度、职业等级、职业环境条件、职业能力特征等内容；“职业技能培训”包括对不同等级的培训期限要求，对培训指导教师的经历、任职条件、资格要求，对培训场地设备条件的要求和培训计划大纲、培训重点、难点以及对学习单元的设计等；“职业技能鉴定”的依据是《中华人民共和国国家职业标准》，其具体内容不再在本书中重复；“鉴定试题库”是根据《中华人民共和国国家职业标准》所规定的范围和内容，以实际技能操作为主线，按照选择题、判断题、简答题、计算题、绘图题和论述题六种题型进行选题，并以难易程度组合排列，同时汇集了大量电力生产建设过程中具有普遍代表性和典型性的实际操作试题，构成了各工种的技能鉴定试题库。试题库的深度、广度涵盖了本职业技能鉴定的全部内容。题库之后还附有试卷样例和组卷方案，为实施鉴定命题提供依据。

《指导书》力图实现以下几项功能：劳动人事管理人员可根据《指导书》进行职业介绍，就业咨询服务；培训教学人员可按照《指导书》中的培训大纲组织教学；学员和职工可根据《指导书》要求，制订自学计划，确立发展目标，走自学成才之路。《指导书》对加强职工队伍培养，提高队伍素质，保证职业技能鉴定质量将起到重要作用。

本次修编的《指导书》仍会有不足之处，敬请各使用单位和有关人员及时提出宝贵意见。

电力行业职业技能鉴定指导中心

2008 年 6 月

目 录

1 职业概况

1.1 职业名称

继电保护工（11—059）。

1.2 职业定义

从事继电保护及自动装置工作的人员。

1.3 职业道德

热爱本职工作，刻苦钻研技术，遵守劳动纪律，爱护工具、设备，安全文明生产，诚实团结协作，艰苦朴素，尊师爱徒。

1.4 文化程度

中等职业技术学校毕（结）业。

1.5 职业等级

国家职业资格等级分为初级（五级）、中级（四级）、高级（三级）、技师（二级）、高级技师（一级）五个技术等级。

1.6 职业环境条件

室内、室外作业。部分季节设备检修、维护时高温作业和有一定噪声及灰尘。

1.7 职业能力特征

能根据值班记录以及信号、表计、保护动作情况、动作报告、故障录波报告等分析判断保护装置异常情况并能正确处理，有领会理解和应用技术文件的能力，具有用精练语言进行联系和交流工作的能力，并能准确而有目的地运用数字进行运算，具有凭思维想象几何形体和懂得一维物体及二维表现方法的能力及识绘图能力。

2 职业技能培训

2.1 培训期限

2.1.1 初级工：累计不少于 500 标准学时。

2.1.2 中级工：在取得初级职业资格的基础上累计不少于 400 标准学时。

2.1.3 高级工：在取得中级职业资格的基础上累计不少于 400 标准学时。

2.1.4 技师：在取得高级职业资格的基础上累计不少于 400 标准学时。

2.1.5 高级技师：在取得技师职业资格的基础上累计不少于 350 标准学时。

2.2 培训教师资格

2.2.1 具有中级以上专业技术职称的工程技术人员和技师可担任初、中级工培训教师。

2.2.2 具有高级专业技术职称的工程技术人员可担任高级工、技师和高级技师的培训教师。

2.3 培训场地设备

2.3.1 具备本职业（工种）基础知识培训的教室和教学设备。

2.3.2 具有基本技能训练的实习场所及实际操作训练设备。

2.3.3 本厂（局）生产现场实际设备。

2.4 培训项目

2.4.1 培训目的：通过培训达到《职业技能鉴定规范》对本职

业的知识和技能要求。

2.4.2 培训方式：以自学和脱产相结合的方式，进行基础知识讲课和技能训练。

2.4.3 培训重点：

（1）电气设备规范及继电保护规程。

1）发电机；

2）变压器；

3）配电装置；

4）电动机；

5）线路设备。

（2）继电保护和自动装置的原理及检验。

1）发电机、变压器、母线保护装置原理及检验；

2）35kV 及以下馈线保护与自动装置的原理及其检验；

3）110kV 线路继电保护与自动装置的原理及检验；

4）220kV 线路继电保护与自动装置的原理及检验；

5）公用系统及二次回路检验。

（3）事故的分析、判断和处理。

2.5 培训大纲

本职业技能培训大纲，以模块组合（MES）——模块（MU）——学习单元（LE）的结构模式进行编写，其学习目标及内容见表 1，职业技能模块及学习单元对照选择见表 2，学习单元名称见表 3。

表 1 学习目标及内容

模块序号及名称	单元序号及名称	学习目标	学习内容	学习方式	参考学时
MU1 继电保护人员职业道德	LE1 继电保护工的职业道德及电力法规	通过本单元学习，了解继电保护工的职业道德规范，并能自觉遵守行为规范准则和电力法规的规定	1. 热爱祖国、热爱本职工作 2. 刻苦学习、钻研技术 3. 爱护设备、工具 4. 团结协作	自学	2

续表

模块序号及名称	单元序号及名称	学习目标	学习内容	学习方式	参考学时
MU1 继电保护人员职业道德	LE1 继电保护工的职业道德及电力法规	通过本单元学习，了解继电保护工的职业道德规范，并能自觉遵守行为规范准则和电力法规的规定	5. 遵守纪律、安全、文明 6. 尊师爱徒、严守岗位职责 7. 电力法规的内容	自学	2
MU2 安全技术措施及微机	LE2 安全措施	通过本单元学习，了解安全规定及现场工作保安规定	1. 电气工作人员具备的条件 2. 现场工作注意事项 3. 保证安全的组织措施	自学	2
	LE3 技术措施	通过本单元学习，了解安全的技术措施，并做好安全工作	1. 停电 2. 验电 3. 装设接地线 4. 悬挂标示牌和装设遮栏 5. 挂红布帘 6. 断开检修屏上的联切压板	自学	2
	LE4 计算机应用	通过微机的学习，掌握微机性能，用于生产实际	1. 基本操作及技能 2. 微机管理 3. 监视、控制与调整 4. 事故处理	结合实际讲解自学	60
MU3 基础知识	LE5 电工基础	通过本单元学习，掌握电工原理的基本概念和基本计算，了解复杂电路的计算方法	1. 电路的基本概念如电阻、电容、电压、电流、电位差、电动势 2. 欧姆定律的概念和基尔霍夫定律内容 3. 串、并联电路几个电动势的无分支电路、电路中的各点电位的分析和计算	讲课	20

续表

模块序号及名称	单元序号及名称	学习目标	学习内容	学习方式	参考学时
MU3 基础知识	LE5 电工基础	通过本单元学习，掌握电工原理的基本概念和基本计算，了解复杂电路的计算方法	4. 交流电路的基本概念 5. 正弦交流的瞬时值、最大值、有效值、平均值的概念及其换算 6. 直流电路的分析方法 7. 正弦交流电路的分析方法 8. 谐振及对称分量法的基本概念		
	LE6 电子电路	通过本单元学习，熟悉晶体管元件的作用、特性和电子电路的基本知识	1. 晶体管元件的作用、特性等 2. 简单的整流电路的工作原理 3. 半导体元器件及晶闸管的基本知识 4. 放大、振荡、电源、脉冲、数字电路等电子电路的基本知识 5. 较复杂的整流及稳压电路	讲课	10
	LE7 电力生产过程	通过本单元学习，了解电力生产过程	电力生产过程的基础知识	自学	2

续表

模块序号及名称	单元序号及名称	学习目标	学习内容	学习方式	参考学时
MU3 基础知识	LE8 一次设备	通过本单元学习后，了解一次系统接线及一次设备的基本工作原理	1. 发电厂（变电站）电气一次系统接线 2. 发电机、调相机、电动机、变压器、断路器以及互感器等电气设备的基本工作原理 3. 发电机励磁回路的基本知识和同期并列的一般知识 4. 管辖内电网的一次接线方式 5. 电力系统短路电流的计算知识	讲课与现场讲解相结合	10
	LE9 二次设备	通过本单元学习后，了解二次设备，熟悉二次接线图	1. 常用仪器、仪表、工具的作用及使用方法 2. 常用材料、二次配件和设备的名称、性能及其规格 3. 发电厂（变电站）内控制、信号、测量及公用设备等二次接线图	讲课与现场讲解相结合	5
	LE10 仪表知识	通过本单元学习，熟悉常用仪表的基本工作原理	常用仪表的基本工作原理	讲课	2

续表

模块序号及名称	单元序号及名称	学习目标	学习内容	学习方式	参考学时
MU3 基础知识	LE11 电路与微机知识	通过本单元学习，掌握较复杂的电工、电子电路和微机知识，并能应用到实际工作中	1. 本专业有关的较复杂的电工、电子电路 2. 微型计算机的基本知识	讲课	5
	LE12 运行知识	通过本单元学习，熟悉本地区电力系统运行方式以及一次设备原理、性能	1. 本地区电力系统接线及运行方式，电力系统一般的理论知识 2. 一次设备的构造原理、性能和运行要求	讲课	2
MU4 专业知识	LE13 识绘图知识	通过本单元学习，熟悉和掌握系统一、二次接线以及继电保护和自动装置的原理图	1. 继电保护与自动装置原理图、展开图及安装图 2. 发电厂（变电站）一次接线图及二次接线图 3. 掌握较复杂的继电保护与自动装置的原理图的识绘知识	讲课	8
	LE14 继电保护原理	通过本单元学习，熟悉常用继电器的构造和动作原理，了解馈线继电保护配置	1. 电动机和变压器及 35（60）kV 及以下线路继电保护的配置 2. 电流、电压、中间、时间、信号、重合闸等常用继电器的构造和动作原理	讲课	10

续表

模块序号及名称	单元序号及名称	学习目标	学习内容	学习方式	参考学时
MU4 专业知识	LE15 继电保护及自动装置	通过本单元的学习，了解高压电网继电保护及自动装置原理、元件保护的原理、结构以及电力系统各电压等级继电保护及自动装置配置情况，并能进行正确的调试和事故处理	1. 220kV 及以下各类型继电保护及自动装置动作原理和用途 2. 电力系统内各电压等级的继电保护及自动装置配置情况 3. 负序电流、负序电压、负序方向、线路纵差、阻抗、比相式母差及发电机一变压器组差动等各种复杂继电保护装置的原理、结构及其用途 4. 高频保护一般原理及高频通道中的分频器、高频电缆、结合滤过器、耦合电容器及阻波器等设备的作用和构造 5. 35（60）kV 及以下断路器的操作机构内部触点与保护装置之间的配合情况 6. 发电机自动准同期装置的工作原理、调试项目及方法 7. 发电机励磁调节装置的基本原理和调试项目、调试方法 8. 厂用电及变电站的备用电源自动投入装置的工作原理及各种接线 9. 高频通道中的分频器、高频电缆、结合滤过器、耦合电容器及阻波器等设备的基本原理、参数及调试方法	讲课	30

续表

模块序号及名称	单元序号及名称	学习目标	学习内容	学习方式	参考学时
MU4 专业知识	LE15 继电保护及自动装置	通过本单元的学习，了解高压电网继电保护及自动装置原理、元件保护的原理、结构以及电力系统各电压等级继电保护及自动装置配置情况，并能进行正确的调试和事故处理	10. 管辖区内各种继电保护与自动装置（包括各种高频保护、晶体管保护、集成电路保护及发电机—变压器保护）的基本工作原理，微机保护和微机集控装置的性能、维护和运行知识	讲课	30
	LE16 继电保护调试	通过本单元的学习，熟悉馈线和变压器的继电保护与自动装置的接线原理，并应能进行简单继电器的检验、调试	1. 35（60）kV 及以下线路和变压器的继电保护与自动装置的接线原理及其检验方法 2. 电流、电压、中间、时间、信号、重合闸等常用继电器的调试方法	讲课与现场讲解、实际调试相结合	20
	LE17 法规及规定	通过本单元的学习，熟悉《电业安全工作规程》等本工种有关规程和继电保护检验规程并能应用到具体实践工作中	1. 继电保护和继电器以及继电保护装置的检验条例及检验规程 2. 电力工业技术管理法规的有关条文 3. 电力安全工作规程的有关规定 4. 继电保护和电网安全自动化装置现场工作保安规定的有关条文 5. 《电力法》中有关条文	自学	20

续表

模块序号及名称	单元序号及名称	学习目标	学习内容	学习方式	参考学时
MU4 专业知识	LE18 继电保护整定原则及配置	通过本单元的学习，了解继电保护整定知识，理解本地区继电保护整定原理及配置情况，并能应用继电保护及自动装置的整定知识和配置原则，分析保护装置的不正确动作情况	1. 110kV 及以下馈线保护和简单元件保护的整定计算知识 2. 本地区电力系统继电保护与自动装置的整定原则、整定方案以及管辖区内继电保护与自动装置的配置情况 3. 110kV 及以上断路器的分闸时间、合闸时间、分合不同期时间对继电保护装置提出的要求 4. 继电保护专业的各种法规、规程、条例等，并了解其理论依据及熟悉其他规程的有关部分	讲课	10
	LE19 技术发展动态	通过本单元的学习，了解继电保护与自动装置生产技术发展动态，并能应用新技术为生产服务	继电保护与自动装置生产和技术发展动态	讲解与自学相结合	4
MU5 相关知识	LE20 相关工种知识	通过本单元的学习，熟悉与继电保护工相关的一些工种专业的基本知识	1. 平面划线方法 2. 钻孔、錾削、锯削、弯形、攻螺纹等方法 3. 半导体元件的焊接工艺知识 4. 质量管理的初步知识 5. 学习錾、锯、锉、钻等一般钳工工作	自学	15

续表

模块序号及名称	单元序号及名称	学习目标	学习内容	学习方式	参考学时
MU5 相关知识	LE21 质量管理及设备运行	通过本单元的学习了解质量管理和运行知识并能指导班组工作和技术工作	1. 质量管理知识 2. 班组管理和生产技术管理基本知识 3. 一次与二次设备的运行知识	讲课	8
MU6 基本技能	LE22 识图与绘图	通过本单元的学习后，掌握和熟悉继电保护及自动装置的二次接线，并能处理和判断二次回路故障	1. 35（60）kV 及以下电磁型继电保护与自动装置的二次接线图 2. 35（60）kV 及以下二次回路改进工程竣工图（含原理图、展开图、安装图）	讲课与自学相结合	15
	LE23 试验准备与报告	通过本单元的学习，能正确进行35（60）kV 及以下继电保护装置及自动装置试验接线、检验操作、试验报告的填写	1. 35（60）kV 及以下继电保护与自动装置检验前的准备工作 2. 按检验项目的要求进行 35（60）kV 及以下试验接线和检验操作 3. 填写继电保护与自动装置试验报告	现场讲解	5
	LE24 识图与计算	通过本单元的学习，熟悉一次接线图；能熟练地按图查线，并能判断其回路接线的正确性；能正确填写试验报告；能进行简单的整定值计算和变比计算；能根据整定通知单进行各种继电器的整定。	1. 220kV 及以下控制信号、测量以及继电保护与自动装置等二次回路图，并能熟练地按图查线、判断其回路接线的正确性 2. 一次接线图 3. 检查继电保护装置检验报告填写的正确性和完整性 4. 简单的继电保护整定值计算和变比计算 5. 按整定值通知单整定各种继电器	讲课与现场讲解以及自学相结合	30

续表

模块序号及名称	单元序号及名称	学习目标	学习内容	学习方式	参考学时
MU6 基本技能	LE25 元件与电子设备	通过本单元的学习，熟悉继电保护及自动装置中的元器件和材料	能正确识别和选用继电保护与自动装置中的元器件和材料等	现场自学	10
MU7 专门技能	LE26 选型与计算	通过本单元的学习，能进行一般继电保护装置与自动装置回路参数计算及简单项目的选型工作	1. 能对 35（60）kV 及以下电磁型继电保护与自动装置及二次回路进行选型和初步计算 2. 能正确选用和更换继电保护与自动装置的元件	讲课与现场自学相结合	10
	LE27 检验与调试	通过本单元的学习，熟悉常用继电器的性能和技术参数以及二次接线的各种图纸，能参加一般的保护安装、检修和组屏工作。并能组织领导一般复杂继电保护装置与自动装置的检验与检修工作	1. 常用继电器调试、检验及检修等工作 2. 二次电缆的敷设和接线，控制屏、保护屏配线 3. 能依据方案进行大、中型电动机继电保护装置的调试 4. 电流互感器的变比、极性及二次绕组电阻与伏安特性试验 5. 变压器和发电机继电保护回路的整组通电检查 6. 110kV 及以下各种继电保护与自动装置的检验和检修 7. 继电保护与自动装置反事故措施内容，排除装置故障，处理回路缺陷，对发生的一般故障能调查、分析和处理	讲课与现场自学相结合	40

续表

模块序号及名称	单元序号及名称	学习目标	学习内容	学习方式	参考学时
MU7 专门技能	LE27 检验与调试	通过本单元的学习，熟悉常用继电器的性能和技术参数以及二次接线的各种图纸，能参加一般的保护安装、检修和组屏工作。并能组织领导一般复杂继电保护装置与自动装置的检验与检修工作	8. 系统潮流分布和继电保护原理，运用电工矢量法，准确判断方向、距离、纵差、母差、方向零序、负序功率等继电保护装置中电压与电流相位关系的正确性 9. 继电保护与自动装置整定通知单中的跨线连接和连片投切等各项要求措施	讲课与现场自学相结合	
	LE28 识图与操作	通过本单元的学习，能全面组织、指挥本地区电网的继电保护与自动装置的校验、检修、调试工作，对继电保护与自动装置的各种异常和故障，能正确地分析并迅速处理	1. 500kV 及以下各种继电保护与自动装置的原理图、展开图、安装图，并能检查判断其回路接线正确性 2. 大型试验项目，能编制试验方案，并组织实施 3. 高频通道的输入阻抗、各种衰减及频率特性的测试和电平换算 4. 管辖区内各种类型保护与自动装置的检验、维护、施工及验收的组织工作 5. 调试发电机自动准同期装置及励磁调节装置以及判断回路的正确性 6. 新型继电保护与自动装置的动态模拟试验	讲课与现场自学相结合	30

续表

模块序号及名称	单元序号及名称	学习目标	学习内容	学习方式	参考学时
MU7 专门技能	LE29 事故分析及运行规程编写	通过本单元的学习，能正确分析事故原因，消除重大缺陷，能进行微机保护的现场调试、整定和一般性故障的处理，能编写继电保护与自动装置的现场规程	1. 各种继电保护与自动装置的事故调查，分析事故原因，继电保护与自动装置的重大缺陷处理 2. 微型计算机保护的现场调试、整定以及一般性故障的排除 3. 继电保护与自动装置的现场运行规程 4. 微机录波器的操作和故障报告的打印及故障报告的分析	现场讲解与自学	20
	LE30 管理及技术把关	通过本单元的学习，能全面组织指导继电保护自动装置的安装调试检修验收工作以及工程图的审核、设计，能进行事故分析、缺陷处理并能提出改进意见和防范措施	1. 继电保护与自动装置的安装、调试、检修、验收规范，并能解决安装调试较复杂的技术难题和工艺问题 2. 继电保护与自动装置的工程图纸及审核，并能承担一般继电保护与自动装置的设计 3. 继电保护与自动装置的整定 4. 各种保护装置的特性分析与事故分析 5. 根据试验结果和装置的动作情况，分析装置存在的缺陷，并提出改进意见和防范措施	讲课与自学	20

续表

模块序号及名称	单元序号及名称	学习目标	学习内容	学习方式	参考学时
MU7 专门技能	LE31 质量评价及新工艺	通过本单元的学习，能组织较大的继电保护与自动装置工程的验收和质量评价工作；并能对新技术、新工艺、新设备进行应用	1. 继电保护与自动装置工程的验收和质量评价 2. 新技术、新工艺、新设备的学习和引用	讲课与自学相结合	10
MU8 相关技能	LE32 工具、仪器、仪表的使用及维护	通过本单元的学习，能对本专业常用的工具以及仪器、仪表的正确选用和维护保养	1. 常用工具和专业工具的使用和维护保养 2. 仪器、仪表的正确选用和维护保养及一般故障的排除	现场讲解	4
	LE33 安全文明生产	通过本单元的学习，能正确执行电力安全工作规程及继电保护有关规程，并能进行触电的紧急救护工作	1. 电力安全工作规程及继电保护有关规程 2. 学习紧急救护及人工呼吸	讲课	6
	LE34 指导能力	通过本单元的学习，能具备技能培训和传授技艺的能力			

表 2

职业技能模块及学习单元对照选择表

模块		MU1	MU2	MU3	MU4	MU5	MU6	MU7	MU8
内容		继电保护人员职业道德	安全技术措施及微机	基础知识	专业知识	相关知识	基本技能	专门技能	相关技能
参考学时		2	64	56	132	23	60	130	10
适用等级		初级 中级 高级 技师 高级技师	初级 中级 高级 技师 高级技师	初级 中级 高级 技师	初级 中级 高级 技师 高级技师	初级 中级 高级 技师	初级 中级 高级 技师	中级 高级 技师 高级技师	初级 中级 高级 技师
学习单元LE序号选择	初	1	2、3、4	5、6、7、8、9、10、11、12	13、14、15、16、17	20、21	22、23		32、33
	中	1	2、3、4	5、6、7、8、9、10、11、12	13、14、15、16、17、18、19	20、21	22、23、24	26、27	32、33
	高	1	2、3、4	10、11、12	16、17、18、19	20、21	22、23、24、25	26、27、28、29	32、33、34
	技师	1	2、3、4	11、12	17、18、19	20、21	22、23、24、25	26、27、28、29、30、31	32、33、34
	高级技师	1	2、3、4		8、9、10、11、12、13			20、21	

表 3　　　　　　学习单元名称表

单元序号	单元名称	单元序号	单元名称
LE1	继电保护工的职业道德及电力法规	LE18	继电保护整定原则及配置
LE2	安全措施	LE19	技术发展动态
LE3	技术措施	LE20	相关工种知识
LE4	计算机应用	LE21	质量管理及设备运行
LE5	电工基础	LE22	识图与绘图
LE6	电子电路	LE23	试验准备与报告
LE7	电力生产过程	LE24	识图与计算
LE8	一次设备	LE25	元件与电子设备
LE9	二次设备	LE26	选型与计算
LE10	仪表知识	LE27	检验与调试
LE11	电路与微机知识	LE28	识图与操作
LE12	运行知识	LE29	事故分析及运行规程编写
LE13	识绘图知识	LE30	管理及技术把关
LE14	继电保护原理	LE31	质量评价及新工艺
LE15	继电保护及自动装置	LE32	工具、仪器、仪表的使用及维护
LE16	继电保护调试	LE33	安全文明生产
LE17	法规及规定	LE34	指导能力

3 职业技能鉴定

3.1 鉴定要求

鉴定内容和考核双向细目表按照本职业（工种）《中华人民共和国职业技能鉴定规范·电力行业》执行。

3.2 考评人员

考评人员是在规定的工种（职业）、等级和类别范围内，依据国家职业技能鉴定规范和国家职业技能鉴定试题库电力行业分库试题，对职业技能鉴定对象进行考核、评审工作的人员。

考评人员分考评员和高级考评员，可承担初、中、高级技能等级和技师、高级技师资格考评。其任职条件是：

3.2.1 考评员必须具有高级工、技师或者中级专业技术职务以上的资格，具有 15 年以上本工种专业工龄；高级考评员必须具有高级专业技术职务的资格，取得考评员资格并具有 1 年以上实际考评工作经历。

3.2.2 掌握必要的职业技能鉴定理论、技术和方法，熟悉职业技能鉴定的有关法律、法规和政策，有从事职业技术培训、考核的经历。

3.2.3 具有良好的职业道德，秉公办事，自觉遵守职业技能鉴定考评人员守则和有关规章制度。

鉴定试题库

4

4.1 理论知识（含技能笔试）试题

4.1.1 选择题

下列每题都有4个答案，其中只有一个正确答案，将正确答案填在括号内。

La5A1001　在直流电路中，电流流出的一端叫电源的（A）。

（A）正极；（B）负极；（C）端电压；（D）电动势。

La5A1002　在电路中，电流之所以能在电路中流动，是由于电路两端电位差而造成的，将这个电位差称为（A）。

（A）电压；（B）电源；（C）电流；（D）电容。

La5A2003　金属导体的电阻与（C）。

（A）导体长度无关；（B）导体截面无关；（C）外加电压无关；（D）材料无关。

La5A1004　交流电路中常用 *P*、*Q*、*S* 表示有功功率、无功功率、视在功率，而功率因数是指（B）。

（A）$\frac{Q}{P}$；（B）$\frac{P}{S}$；（C）$\frac{Q}{S}$；（D）$\frac{P}{Q}$。

La5A2005 一根长为 L 的均匀导线，电阻为 8Ω，若将其对折后并联使用，其电阻为（**B**）。

（A）4Ω；（B）2Ω；（C）8Ω；（D）1Ω。

La5A2006 在一恒压的电路中，电阻 R 增大，电流随之（**A**）。

（A）减小；（B）增大；（C）不变；（D）或大或小，不一定。

La5A2007 电荷的基本特性是（**A**）。

（A）异性电荷相吸引，同性电荷相排斥；（B）同性电荷相吸引，异性电荷相排斥；（C）异性电荷和同性电荷都相吸引；（D）异性电荷和同性电荷都相排斥。

La5A2008 有一个三相电动机，当绕组连成星形接于 380V 的三相电源上，绕组连成三角形接于 U_L=220V 的三相电源上，这两种情况下，从电源输入功率（**A**）。

（A）相等；（B）差 $\sqrt{3}$；（C）差 $1/\sqrt{3}$；（D）差 3 倍。

La5A2009 负载的有功功率为 P，无功功率为 Q，电压为 U，电流为 I，确定电抗 X 大小的关系式是（**A**）。

（A）$X=Q/I^2$；（B）$X=Q/I$；（C）$X=Q^2/I^2$；（D）$X=UI^2/Q$。

La5A4010 三角形连接的供电方式为三相三线制，在三相电动势对称的情况下，三相电动势相量之和等于（**B**）。

（A）E；（B）0；（C）$2E$；（D）$3E$。

La5A3011 交流正弦量的三要素为（**A**）。

（A）最大值、频率、初相角；（B）瞬时值、频率、初相角；（C）最大值、频率、相位差；（D）有效值、频率、初相角。

La5A3012　所谓对称三相负载就是（D）。

（A）三个相电流有效值相等；（B）三个相电压相等且相位角互差 120°；（C）三个相电流有效值相等，三个相电压相等且相位角互差 120°；（D）三相负载阻抗相等，且阻抗角相等。

La5A3013　对称三相电源三角形连接时，线电压是（A）。

（A）相电压；（B）2 倍的相电压；（C）3 倍的相电压；（D）$\sqrt{3}$ 倍的相电压。

La5A4014　两台额定功率相同，但额定电压不同的用电设备，若额定电压为 110V 设备的电阻为 *R*，则额定电压为 220V 设备的电阻为（C）。

（A）2*R*；（B）*R*/2；（C）4*R*；（D）*R*/4。

La5A4015　恒流源的特点是（C）。

（A）端电压不变；（B）输出功率不变；（C）输出电流不变；（D）内部损耗不变。

La5A4016　在有电容电路中，通过电容器的是（B）。

（A）直流电流；（B）交流电流；（C）直流电压；（D）直流电动势。

La5A4017　全电路欧姆定律应用于（D）。

（A）任一回路；（B）任一独立回路；（C）任何电路；（D）简单电路。

La5A4018　关于等效变换说法正确的是（A）。

（A）等效变换只保证变换的外电路的各电压、电流不变；（B）等效变换是说互换的电路部分一样；（C）等效变换对变换电路内部等效；（D）等效变换只对直流电路成立。

La5A4019 对于单侧电源的双绕组变压器，采用带制动线圈的差动继电器构成差动保护，其制动线圈（**B**）。

（A）应装在电源侧；（B）应装在负荷侧；（C）应装在电源侧或负荷侧；（D）可不用。

La5A4020 已知某一电流的复数式 I=（5–j5）A，则其电流的瞬时表达式为（**C**）。

（A）$i=5\sin(\Omega t-\pi/4)$ A；（B）$i=5\sqrt{2}\sin(\Omega t+\pi/4)$ A；（C）$i=10\sin(\Omega t-\pi/4)$ A；（D）$i=52\sin(\Omega t-\pi/4)$ A。

La5A4021 交流电流 i 通过某电阻，在一定时间内产生的热量，与某直流电流 I 在相同时间内通过该电阻所产生的热量相等，那么就把此直流电流 I 定义为交流电流 i 的（**A**）。

（A）有效值；（B）最大值；（C）最小值；（D）瞬时值。

La5A4022 对称三相电源三角形连接时，线电流是（**D**）。

（A）相电流；（B）3 倍的相电流；（C）2 倍的相电流；（D）$\sqrt{3}$ 倍的相电流。

Lb5A4023 变压器供电的线路发生短路时，要使短路电流小些，下述措施中正确的是（**D**）。

（A）增加变压器电动势；（B）变压器加大外电阻 R；（C）变压器增加内电阻 r；（D）选用短路比大的变压器。

La5A4024 调相机的主要用途是供给（**B**）、改善功率因数、调整网络电压，对改善电力系统运行的稳定性起一定的作用。

（A）有功功率；（B）无功功率；（C）有功功率和无功功率；（D）视在功率。

La5A5025 若一稳压管的电压温度系数为正值，当温度升高时，稳定电压 U_V 将（**A**）。

（A）增大；（B）减小；（C）不变；（D）不能确定。

La5A5026 温度对三极管的参数有很大影响，温度上升，则（**B**）。

（A）放大倍数 β 下降；（B）放大倍数 β 增大；（C）不影响放大倍数；（D）不能确定。

La5A5027 射极输出器的特点之一是，具有（**B**）。

（A）很大的输出电阻；（B）很大的输入电阻；（C）与共射极电路相同；（D）输入、输出电阻均不发生变化。

La5A5028 三相桥式整流中，每个二极管导通的时间是（**C**）周期。

（A）1/4；（B）1/6；（C）1/3；（D）1/2。

La4A1029 单位时间内，电流所做的功称为（**A**）。

（A）电功率；（B）无功功率；（C）视在功率；（D）有功功率加无功功率。

La4A1030 导体对电流的阻力是（**B**）。

（A）电纳；（B）电阻；（C）西门子；（D）电抗。

La4A1031 在正弦交流纯电容电路中，下列各式，正确的是（**A**）。

（A）$I=U\omega C$；（B）$I=\frac{U}{\omega C}$；（C）$I=\frac{U}{\omega C}$；（D）$I=\frac{U}{C}$。

La4A2032 交流测量仪表所指示的读数是正弦量的（**A**）。

（A）有效值；（B）最大值；（C）平均值；（D）瞬时值。

La4A2033　在计算复杂电路的各种方法中，最基本的方法是（A）法。

（A）支路电流；（B）回路电流；（C）叠加原理；（D）戴维南原理。

La4A2034　对于一个电路（D），利于回路电压法求解。

（A）支路数小于网孔数；（B）支路数小于节点数；（C）支路数等于节点数；（D）支路数大于网孔数。

La4A2035　电阻负载并联时功率与电阻关系是（C）。

（A）因为电流相等，所以功率与电阻成正比；（B）因为电流相等，所以功率与电阻成反比；（C）因为电压相等，所以功率与电阻大小成反比；（D）因为电压相等，所以功率与电阻大小成正比。

La4A3036　对称三相电源作星形连接，若已知 $U_B=220\angle 60^\circ$，则 $U_{AB}=$（A）。

（A）$220\sqrt{3}\angle -150^\circ$；（B）$220\angle -150^\circ$；（C）$220\sqrt{3}\angle 150^\circ$；（D）$220/\sqrt{3}\angle -150^\circ$。

La4A3037　交流放大电路的输出端接有负载电阻 R_L 时，在相同的输入电压作用下，输出电压的幅值比不接负载电阻 R_L 时将（A）。

（A）减小；（B）增大；（C）不变；（D）不定。

La4A3038　当系统频率下降时，负荷吸取的有功功率（A）。

（A）随着下降；（B）随着上升；（C）不变；（D）不定。

La4A3039　三相桥式整流中，每个二极管中的电流与输出电流 I_0 的关系为（C）。

（A）相等；（B）$\frac{1}{6}I_o$；（C）$\frac{1}{3}I_o$；（D）$\frac{1}{2}I_o$。

La5A4040　有两个正弦量，其瞬时值的表达式分别为：$u=220\sin(\omega t-10°)$，$i=5\sin(\omega t-40°)$，可见，（B）。

（A）电流滞后电压 40°；（B）电流滞后电压 30°；（C）电压超前电流 50°；（D）电流超前电压 30°。

La4A4041　三相桥式整流中，R_L 承受的是整流变压器二次绕组的（A）。

（A）线电压；（B）一半的线电压；（C）相电压；（D）一半的相电压。

La4A4042　单相全波和桥式整流电路，若 R_L 中的电流相等，组成它们的逆向电压（B）。

（A）相等；（B）单相全波整流比桥式整流大一倍；（C）桥式整流比单相全波整流大一倍；（D）单相全波整流比桥式整流大两倍。

La4A5043　单相全波和桥式整流电流，若 R_L 中的电流相等，组成它们的二极管中电流（D）。

（A）单相全波整流比桥式整流大一倍；（B）桥式整流比单相全波整流大一倍；（C）桥式整流比单相全波整流大两倍；（D）相等。

La4A5044　变压器的呼吸器所起的作用是（C）。

（A）用以清除变压器中油的水分和杂质；（B）用以吸收、净化变压器匝间短路时产生的烟气；（C）用以清除所吸入空气中的杂质和水分；（D）以上任一答案均正确。

La5A5045　开口三角形绕组的额定电压，在小接地系统中为（B）。

（A）$100/\sqrt{3}$ V；（B）100/3V；（C）100V；（D）$\sqrt{3}\times100$V。

La3A1046　三个相同的电阻串联总电阻是并联时总电阻的（B）。

（A）6倍；（B）9倍；（C）3倍；（D）1/9。

La3A1047　为了把电流表量程扩大100倍，分流电阻的电阻值，应是仪表内阻的（B）。

（A）1/100；（B）1/99；（C）99倍；（D）100倍。

La3A1048　并联电路的总电流为各支路电流（A）。

（A）之和；（B）之积；（C）之商；（D）倒数和。

La3A2049　两只额定电压相同的灯泡，串联在适当的电压上，则功率较大的灯泡（B）。

（A）发热量大；（B）发热量小；（C）与功率较小的发热量相等；（D）与功率较小的发热量不等。

La3A2050　一个线圈的电感与（D）无关。

（A）匝数；（B）尺寸；（C）有无铁芯；（D）外加电压。

La3A3051　用万用表检测二极管时，应使用万用表的（C）。

（A）电流档；（B）电压档；（C）1kΩ档；（D）10Ω档。

La3A3052　全波整流电路如图 A-1 所示，当输入电压 u_1 为正半周时，（A）。

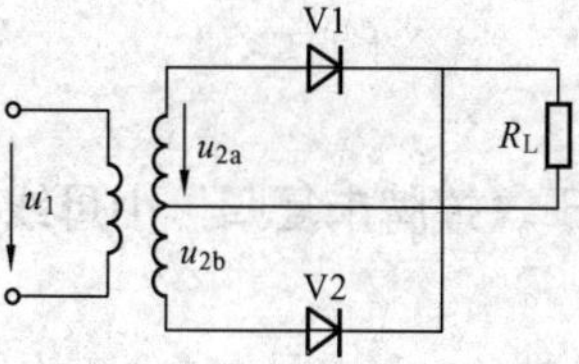

图 A-1

（A）V1 导通，V2 截止；（B）V2 导通，V1 截止；（C）V1、V2 均导通；（D）V1、V2 均截止。

La5A4053　电容器在充电和放电过程中，充放电电流与（B）成正比。

（A）电容器两端电压；（B）电容器两端电压的变化率；（C）电容器两端电压的变化量；（D）与电压无关。

La3A4054　有甲乙两只三极管。甲管 β=80，I_{ceo}=300μA；乙管 β=60，I_{ceo}=15μA，其他参数大致相同。当做放大使用时，选用（D）合适。

（A）两只均；（B）甲管；（C）两只都不；（D）乙管。

La3A5055　甲类功率放大器的集电极损耗（B）。

（A）在输入信号最大时最大；（B）在输入信号为零时最大；（C）在输入信号为最大输入信号的 50%时最大；（D）在输入信号为最大输入信号的 70%时最大。

Lb3A5056　大型汽轮发电机要配置逆功率保护，目的是（B）。

（A）防止主汽门突然关闭后，汽轮机反转；（B）防止主汽门关闭后，长期电动机运行造成汽轮机尾部叶片过热；（C）防止主汽门关闭后，发电机失步；（D）防止主汽门关闭后，发电机转子过热。

La2A1057　对于“掉牌未复归”小母线 PM，正确的接线是使其（A）。

（A）正常运行时带负电，信号继电器动作时带正电；（B）正常运行时不带电，信号继电器动作时带负电；（C）正常运行时不带电，信号继电器动作时带正电；（D）正常运行时带正电，信号继电器动作时带负电。

La2A1058　电磁式测量仪表，可以用来测量（C）。

（A）直流电；（B）交流电；（C）交、直流电；（D）高频电压。

La2A2059　如图 A-2 所示，RC 移相电路输出电压 u_o 对输入电压 u_i 的相移应（B）。

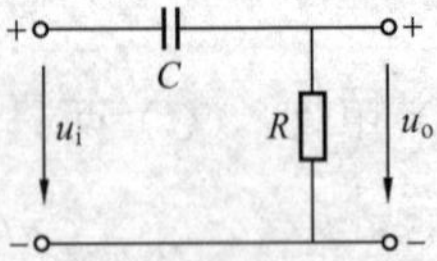

图 A-2

（A）大于 90°；（B）小于 90°；（C）等于 90°；（D）等于 180°。

La5A3060　在两个以电阻相连接的电路中求解总电阻时，把求得的总电阻称为电路的（B）。

（A）电阻；（B）等效电阻；（C）电路电阻；（D）以上三种称呼均正确。

La3A2061 若 i_1=8sin（ωt+10°）A，i_2=6sin（ωt+30°）A，则其二者合成后（C）。

（A）幅值等于 14，相位角等于 40°；（B）i=10sin（ωt–20°）；（C）合成电流 $i=i_1+i_2$，仍是同频率的正弦交流电流；（D）频率和相位都改变，是非正弦交流电流。

La2A3062 CPU 是按一定规律工作的，在计算机内必须有一个（D）产生周期性变化的信号。

（A）运算器；（B）控制器；（C）寄存器；（D）时钟发生器。

La2A3063 在同一小接地电流系统中，所有出线均装设两相不完全星形接线的电流保护，但电流互感器不装在同名两相上，这样在发生不同线路两点接地短路时，两回线路保护均不动作的几率为（B）。

（A）1/3；（B）1/6；（C）1/2；（D）1。

La3A4064 欲使放大器输出电压稳定，输入电阻提高则应采用（B）。

（A）电流串联负反馈；（B）电压串联负反馈；（C）电压并联负反馈；（D）电压并联正反馈。

La3A4065 有两只电容器，其额定电压 U_e 均为 110V，电容量分别为 C_1=3μF，C_2=6μF，若将其串联接在 220V 的直流电源上，设电容 C_1、C_2 的电压分别为 U_1、U_2，则（A）。

（A）U_1 超过 U_2；（B）U_1、U_2 均超过 U_e；（C）U_2 超过 U_e；（D）U_2 超过 U_1。

La2A5066 可以存储一位二进制数的电路是（**C**）。

（A）单稳态触发器；（B）无稳态触发器；（C）双稳态触发器；（D）多稳态触发器。

Lb5A1067 根据《电气设备文字符号》中的规定，文字符号 **GA** 的中文名称是（**B**）。

（A）发电机；（B）异步发电机；（C）直流发电机；（D）同步发电机。

Lb5A1068 根据《电气设备文字符号》中的规定，文字符号 **QF** 的中文名称是（**A**）。

（A）断路器；（B）负荷开关；（C）隔离开关；（D）电力电路开关。

Lb5A1069 继电保护装置主要由（**B**）组成的。

（A）二次回路各元件；（B）测量元件、逻辑元件、执行元件；（C）包括各种继电器、仪表回路；（D）仪表回路。

Lb5A1070 过电流保护的星形连接中通过继电器的电流是电流互感器的（**A**）。

（A）二次侧电流；（B）二次差电流；（C）负载电流；（D）过负荷电流。

Lb5A1071 过电流保护的两相不完全星形连接，一般保护继电器都装在（**C**）。

（A）A、B 两相上；（B）C、B 两相上；（C）A、C 两相上；（D）A、N 上。

Lb5A1072 过电流保护在被保护线路输送最大负荷时，其动作行为是（**A**）。

（A）不应动作于跳闸；（B）动作于跳闸；（C）发出信号；（D）不发出信号。

Lb5A2073　发电机在电力系统发生不对称短路时，在转子中就会感应出（B）电流。

（A）50Hz；（B）100Hz；（C）150Hz；（D）200Hz。

Lb5A2074　过电流保护两相两继电器的不完全星形连接方式，能反应（A）。

（A）各种相间短路；（B）单相接地短路；（C）开路故障；（D）两相接地短路。

Lb5A2075　过电流保护一只继电器接入两相电流差的连接方式能反应（A）。

（A）各种相间短路；（B）单相接地故障；（C）两相接地故障；（D）相间和装有电流互感器的那一相的单相接地短路。

Lb5A2076　过电流保护的三相三继电器的完全星形连接方式，能反应（D）。

（A）各种相间短路；（B）单相接地故障；（C）两相接地故障；（D）各种相间和单相接地短路。

Lb5A2077　电流速断保护（B）。

（A）能保护线路全长；（B）不能保护线路全长；（C）有时能保护线路全长；（D）能保护线路全长并延伸至下一段。

Lb5A2078　当大气过电压使线路上所装设的避雷器放电时，电流速断保护（B）。

（A）应同时动作；（B）不应动作；（C）以时间差动作；（D）视情况而定是否动作。

Lb5A2079　时间继电器在继电保护装置中的作用是（B）。

（A）计算动作时间；（B）建立动作延时；（C）计算保护停电时间；（D）计算断路器停电时间。

Lb5A2080　使用电平表进行跨接测量时，选择电平表内阻为（D）。

（A）75Ω档；（B）100Ω档；（C）400Ω档高阻档；（D）高阻档。

Lb5A2081　电压频率变换器（VFC）构成模数变换器时，其主要优点是（D）。

（A）精度高；（B）速度快；（C）易实现；（D）易隔离和抗干扰能力强。

Lb5A2082　按照反措要点的要求，防止跳跃继电器的电流线圈应（A）。

（A）接在出口触点与断路器控制回路之间；（B）与断路器跳闸线圈并联；（C）与断器器合闸线圈并联；（D）与跳闸继电器出口触点并联。

Lb5A2083　在微机型保护中，控制电缆屏蔽层（B）。

（A）无须接地；（B）两端接地；（C）靠控制屏一端接地；（D）靠端子箱一端接地。

Lb5A2084　瓦斯保护是变压器的（B）。

（A）主后备保护；（B）内部故障的主保护；（C）外部故障的主保护；（D）外部故障的后备保护。

Lb5A2085　继电器按其结构形式分类，目前主要有（C）。

（A）测量继电器和辅助继电器；（B）电流型和电压型继电

器；（C）电磁型、感应型、整流型和静态型；（D）启动继电器和出口继电器。

Lb5A2086　单侧电源线路的自动重合闸装置必须在故障切除后，经一定时间间隔才允许发出合闸脉冲，这是因为（B）。

（A）需与保护配合；（B）故障点要有足够的去游离时间以及断路器及传动机构的准备再次动作时间；（C）防止多次重合；（D）断路器消弧。

Lb5A2087　在大接地电流系统中，故障电流中含有零序分量的故障类型是（C）。

（A）两相短路；（B）三相短路；（C）两相短路接地；（D）与故障类型无关。

Lb5A3088　信号继电器动作后（D）。

（A）继电器本身掉牌；（B）继电器本身掉牌或灯光指示；（C）应立即接通灯光音响回路；（D）应是一边本身掉牌，一边触点闭合接通其他回路。

Lb5A3089　中间继电器的固有动作时间，一般不应（B）。

（A）大于20ms；（B）大于10ms；（C）大于0.2s；（D）大于0.1s。

Lb5A3090　过电流方向保护是在过流保护的基础上，加装一个（C）而组成的装置。

（A）负荷电压元件；（B）复合电流继电器；（C）方向元件；（D）复合电压元件。

Lb5A3091　线路发生金属性三相短路时，保护安装处母线上的残余电压（B）。

（A）最高；（B）为故障点至保护安装处之间的线路压降；（C）与短路点相同；（D）不能判定。

Lb5A3092　当变压器外部故障时，有较大的穿越性短路电流流过变压器，这时变压器的差动保护（C）。

（A）立即动作；（B）延时动作；（C）不应动作；（D）视短路时间长短而定。

Lb5A3093　中性点经装设消弧线圈后，若接地故障的电感电流大于电容电流，此时补偿方式为（B）。

（A）全补偿方式；（B）过补偿方式；（C）欠补偿方式；（D）不能确定。

Lb5A3094　按照部颁反措要点的要求，防止跳跃继电器的电流线圈应（A）。

（A）接在出口触点与断路器控制回路之间；（B）与断路器跳闸线圈并联；（C）与跳闸继电器出口触点并联；（D）任意接。

Lb5A3095　（B）能反应各相电流和各类型的短路故障电流。

（A）两相不完全星形接线；（B）三相星形接线；（C）两相电流差接线；（D）三相零序接线。

Lb5A3096　直流母线电压不能过高或过低，允许范围一般是（C）。

（A）±3%；（B）±5%；（C）±10%；（D）±15%。

Lb5A3097　在电压回路中，当电压互感器负荷最大时，保护和自动装置的电压降不得超过其额定电压的（B）。

（A）2%；（B）3%；（C）5%；（D）10%。

Lb5A3098　发电机与电网同步的条件，主要是指（A）。

（A）相序一致，相位相同，频率相同，电压大小相等；（B）频率相同；（C）电压幅值相同；（D）相位、频率、电压相同。

Lb5A399　两台变压器并列运行的条件是（D）。

（A）变比相等；（B）组别相同；（C）短路阻抗相同；（D）变比相等、组别相同、短路阻抗相同。

Lb5A3100　当系统运行方式变小时，电流和电压的保护范围是（A）。

（A）电流保护范围变小，电压保护范围变大；（B）电流保护范围变小，电压保护范围变小；（C）电流保护范围变大，电压保护范围变小；（D）电流保护范围变大，电压保护范围变大。

Lb5A3101　电抗变压器在空载情况下，二次电压与一次电流的相位关系是（A）。

（A）二次电压超前一次电流接近90°；（B）二次电压与一次电流接近0°；（C）二次电压滞后一次电流接近90°；（D）二次电压与一次电流的相位不能确定。

Lb5A4102　线路的过电流保护的起动电流是按（C）而整定的。

（A）该线路的负荷电流；（B）最大的故障电流；（C）大于允许的过负荷电流；（D）最大短路电流。

Lb5A4103　为防止电压互感器高压侧击穿高电压进入低压侧，损坏仪表，危及人身安全，应将二次侧（A）。

（A）接地；（B）屏蔽；（C）设围栏；（D）加防保罩。

Lb5A4104 现场试验中，需将微机距离保护的求和自检退出，原整定的控制字为 **ED83**，为满足上述试验要求，控制字需临时改为（**A**）。（已知求和自检为 **D15** 位，投入为“**1**”，退出为“**0**”）

（A）6D83；（B）ED81；（C）AD83；（D）ED82。

Lb5A5105 与电力系统并列运行的 **0.9MW** 容量发电机，应该在发电机（**A**）保护。

（A）机端装设电流速断；（B）中性点装设电流速断；（C）装设纵联差动；（D）装设接地保护。

Lb5A5106 电流互感器本身造成的测量误差是由于有励磁电流存在，其角度误差是励磁支路呈现为（**C**）使一、二次电流有不同相位，造成角度误差。

（A）电阻性；（B）电容性；（C）电感性；（D）互感性。

Lb4A1107 小母线的材料多采用（**A**）。

（A）铜；（B）铝；（C）钢；（D）铁。

Lb5A1108 电容式重合闸（**A**）。

（A）只能重合一次；（B）能重合二次；（C）能重合三次；（D）视系统发生故障而异。

Lb4A1109 欠电压继电器是反映电压（**B**）。

（A）上升而动作；（B）低于整定值而动作；（C）为额定值而动作；（D）视情况而异的上升或降低而动作。

Lb4A1110 当系统发生故障时，正确地切断离故障点最近的断路器，是继电保护的（**B**）的体现。

（A）快速性；（B）选择性；（C）可靠性；（D）灵敏性。

Lb4A1111 **为了限制故障的扩大，减轻设备的损坏，提高系统的稳定性，要求继电保护装置具有（B）。**

（A）灵敏性；（B）快速性；（C）可靠性；（D）选择性。

La4A1112 **所谓相间距离保护交流回路0度接线，指的是下列哪种电压、电流接线组合（B）。**

（A）U_{ab}/（I_b–I_a）、U_{bc}/（I_c–I_b）、U_{ca}/（I_a–I_c）；（B）U_{ab}/（I_a–I_b）、U_{bc}/（I_b–I_c）、U_{ca}/（I_c–I_a）；（C）U_a/（I_a+3KI_0）、U_b/（I_b+3KI_0）、U_c/（I_c+3KI_0）；（D）U_{ab}/（I_c–I_a）、U_{bc}/（I_a–I_b）、U_{ca}/（I_b–I_c）。

La4A1113 **在保护和测量仪表中，电流回路的导线截面不应小于（B）。**

（A）1.5mm^2；（B）2.5mm^2；（C）4mm^2；（D）5mm^2。

Lb4A1114 **为防止失磁保护误动，应在外部短路、系统振荡、电压回路断线等情况下闭锁。闭锁元件采用（C）。**

（A）定子电压；（B）定子电流；（C）转子电压；（D）转子电流。

Lb4A1115 **我国电力系统中性点接地方式有三种，分别是（B）。**

（A）直接接地方式、经消弧线圈接地方式和经大电抗器接地方式；（B）直接接地方式、经消弧线圈接地方式和不接地方式；（C）不接地方式、经消弧线圈接地方式和经大电抗器接地方式；（D）直接接地方式、经大电抗器接地方式和不接地方式。

Lb4A1116 **在小电流接地系统中，某处发生单相接地时，母线电压互感器开口三角的电压为（C）。**

（A）故障点距母线越近，电压越高；（B）故障点距母线越近，电压越低；（C）不管距离远近，基本上电压一样高；（D）不定。

Lb4A1117 高压输电线路的故障，绝大部分是（**A**）。

（A）单相接地短路；（B）两相接地短路；（C）三相短路；（D）两相相间短路。

Lb4A1118 电气工作人员在 **220kV** 高压设备区工作时，其正常活动范围与带电设备的最小安全距离是（**C**）。

（A）1.5m；（B）2.0m；（C）3.0m；（D）5.0m。

Lb4A1119 按照《电业安全工作规程（发电厂和变电所电气部分）》的要求，在低压回路上带电作业断开导线时，应（**B**）。

（A）先断开地线，后断开相线；（B）先断开相线，后断开地线；（C）只断开地线；（D）只断开相线。

Lb4A1120 在现场工作过程中，需要变更工作班中的成员时，（**A**）同意。

（A）须经工作负责人；（B）须经工作许可人；（C）须经工作票签发人；（D）无需任何人。

Lb4A1121 在高压设备上工作，必须遵守下列各项：①（**C**）；② 至少应有两人在一起工作；③ 完成保证工作人员安全的组织措施和技术措施。

（A）填写工作票；（B）口头、电话命令；（C）填写工作票或口头、电话命令；（D）填用第一种工作票。

Lb4A2122 对一些重要设备，特别是复杂保护装置或有连跳回路的保护装置，如母线保护、断路器失灵保护等的现场校验工作，应编制经技术负责人审批的试验方案和工作负责人填写并经技术人员审批的（**C**）。

（A）第二种工作票；（B）第一种工作票；（C）继电保护安全措施票；（D）第二种工作票和继电保护安全措施票。

Lb4A2123 功率方向继电器的电流和电压为$\dot{I}_a$、$\dot{U}_{bc}$，$\dot{I}_b$、$\dot{U}_{ca}$，$\dot{I}_c$、$\dot{U}_{ab}$时，称为（**A**）。

（A）90°接线；（B）60°接线；（C）30°接线；（D）0°接线。

Lb4A2124 在完全星形和不完全星形接线中，接线系数K等于（**B**）。

（A）$\sqrt{3}$；（B）1；（C）2；（D）$2\sqrt{3}$。

Lb4A2125 变压器大盖沿气体继电器方向的升高坡度应为（**A**）。

（A）1%～1.5%；（B）0.5%～1%；（C）2%～2.5%；（D）2.5%～3%。

Lb4A2126 变压器气体继电器的安装，要求导管沿油枕方向与水平面具有（**B**）升高坡度。

（A）0.5%～1.5%；（B）2%～4%；（C）4.5%～6%；（D）6.5%～7%。

Lb4A2127 所谓功率方向继电器的潜动，是指（**B**）的现象。

（A）只给继电器加入电流或电压时，继电器不动作；（B）只给继电器加入电流或电压时，继电器动作；（C）加入继电器的电流与电压反相时，继电器动作；（D）与电流、电压无关。

Lb4A2128 比率制动的差动继电器，设置比率制动原因是（**B**）。

（A）提高内部故障时保护动作的可靠性；（B）使继电器动作电流随外部不平衡电流增加而提高；（C）使继电器动作电流不随外部不平衡电流增加而提高；（D）提高保护动作速度。

Lb4A2129　微机继电保护装置的定检周期为新安装的保护装置（A）年内进行 1 次全部检验，以后每（A）年进行 1 次全部检验，每 1～2 年进行 1 次部分检验。

（A）1、6；（B）1.5、7；（C）1、7；（D）2、6。

Lb4A2130　距离保护装置一般由（D）组成。

（A）测量部分、启动部分；（B）测量部分、启动部分、振荡闭锁部分；（C）测量部分、启动部分、振荡闭锁部分、二次电压回路断线失压闭锁部分；（D）测量部分、启动部分、振荡闭锁部分、二次电压回路断线失压闭锁部分、逻辑部分。

Lb4A2131　距离保护装置的动作阻抗是指能使阻抗继电器动作的（B）。

（A）最小测量阻抗；（B）最大测量阻抗；（C）介于最小与最大测量阻抗之间的一个定值；（D）大于最大测量阻抗的一个定值。

Lb4A3132　出口中间继电器的最低动作电压，要求不低于额定电压的 50%，是为了（A）。

（A）防止中间继电器线圈正电源端子出现接地时与直流电源绝缘监视回路构成通路而引起误动作；（B）防止中间继电器线圈正电源端子与直流系统正电源同时接地时误动作；（C）防止中间继电器线圈负电源端子接地与直流电源绝缘监视回路构成通路而误动作；（D）防止中间继电器线圈负电源端子与直流系统负电源同时接地时误动作。

Lb4A3133　高频阻波器所起的作用是（C）。

（A）限制短路电流；（B）补偿接地电流；（C）阻止高频电流向变电站母线分流；（D）增加通道衰耗。

Lb4A3134 在三相对称故障时，电流互感器的二次计算负载，三角形接线比星形接线的大（**C**）。

（A）2倍；（B）$\sqrt{3}$倍；（C）3倍；（D）4倍。

Lb4A3135 阻抗继电器中接入第三相电压，是为了（**B**）。

（A）防止保护安装处正向两相金属性短路时方向阻抗继电器不动作；（B）防止保护安装处反向两相金属性短路时方向阻抗继电器误动作；（C）防止保护安装处正向三相短路时方向阻抗继电器不动作；（D）提高灵敏度。

Lb4A3136 接地故障时，零序电压与零序电流的相位关系取决于（**C**）。

（A）故障点过渡电阻的大小；（B）系统容量的大小；（C）相关元件的零序阻抗；（D）相关元件的各序阻抗。

Lb4A3137 在大接地电流系统中，线路发生接地故障时，保护安装处的零序电压（**B**）。

（A）距故障点越远就越高；（B）距故障点越近就越高；（C）与距离无关；（D）距离故障点越近就越低。

Lb4A3138 相间距离保护的Ⅰ段保护范围通常选择为被保护线路全长的（**D**）。

（A）50%～55%；（B）60%～65%；（C）70%～75%；（D）80%～85%。

Lb4A3139 过流保护采用低压起动时，低压继电器的起动电压应小于（**A**）。

（A）正常工作最低电压；（B）正常工作电压；（C）正常工作最高电压；（D）正常工作最低电压的50%。

Lb4A3140　35kV及以下的线路变压器组接线，应装设的保护是（B）。

（A）三段过流保护；（B）电流速断和过流保护；（C）带时限速断保护；（D）过流保护。

Lb4A3141　零序电压的发电机匝间保护，要加装方向元件是为保护在（C）时保护不误动作。

（A）定子绕组接地故障时；（B）定子绕组相间故障时；（C）外部不对称故障时；（D）外部对称故障时。

Lb4A3142　变压器励磁涌流可达变压器额定电流的（A）。

（A）6～8倍；（B）1～2倍；（C）10～12倍；（D）14～16倍。

Lb4A3143　变压器励磁涌流的衰减时间一般为（B）。

（A）1.5～2s；（B）0.5～1s；（C）3～4s；（D）4.5～5s。

Lb4A4144　电气设备停电后，即使是事故停电，在（D）和做好安全措施以前，不得触及设备或进入遮栏，以防突然来电。

（A）未检查断路器是否在断开位置；（B）未挂好接地线；（C）未装设好遮栏；（D）未拉开有关隔离开关。

Lb4A4145　为了使方向阻抗继电器工作在（B）状态下，故要求继电器的最大灵敏角等于被保护线路的阻抗角。

（A）最有选择；（B）最灵敏；（C）最快速；（D）最可靠。

Lb4A4146　断路器最低跳闸电压，其值不低于（B）额定电压，且不大于（B）额定电压。

（A）20%　80%；（B）30%　65%；（C）30%　80%；

（D）20%　65%。

Lb4A4147　距离保护中阻抗继电器，需采用记忆回路和引入第三相电压的是（B）。

（A）全阻抗继电器；（B）方向阻抗继电器；（C）偏移特性的阻抗继电器；（D）偏移特性和方向阻抗继电器。

Lb4A4148　切除线路任一点故障的主保护是（B）。

（A）相间距离保护；（B）纵联保护；（C）零序电流保护；（D）接地距离保护。

Lb4A4149　LFP-901（2）A、B型微机保护与收发信机之间的连接采用（A）。

（A）单触点；（B）双触点；（C）单光耦；（D）双光耦。

Lb4A4150　高频闭锁距离保护的优点是（D）。

（A）对串补电容无影响；（B）在电压二次断线时不会误动；（C）能快速地反映各种对称和不对称故障；（D）系统振荡无影响，不需采取任何措施。

Lb4A4151　在11型微机保护中为防止（B）回路断线导致零序保护误动作，而设置了$3U_0$突变量闭锁。

（A）电压互感器；（B）电流互感器；（C）控制电源；（D）以上三个答案以外的。

Lb4A4152　距离保护是以距离（A）元件作为基础构成的保护装置。

（A）测量；（B）启动；（C）振荡闭锁；（D）逻辑。

Lb4A4153　LFP-901B型保护装置，在发生电压回路断线

异常现象后，保留有以下哪种保护元件（C）。

（A）距离保护；（B）零序方向保护；（C）工频变化量距离元件；（D）零序II段。

Lb4A4154 在 **LFP-902A** 的零序保护中正常设有两段零序保护，下面叙述条件是正确的为（**D**）。

（A）I_{02}、I_{03} 均为固定带方向；（B）I_{02}、I_{03} 均为可选是否带方向；（C）I_{03} 固定带方向，I_{02} 为可选是否带方向 3；（D）I_{02} 固定带方向，I_{03} 为可选是否带方向。

Lb4A4155 分频滤波器对于所需要通过的频带，理想的衰耗等于零，实际应为（**A**）**dB** 左右。

（A）1；（B）2；（C）3；（D）4。

Lb4A4156 分频滤波器对于不通过的频带，理想的衰耗等于无限大，实际应大于（**D**）**dB**。

（A）10；（B）20；（C）25；（D）30。

Lb4A4157 两相短路电流 $\boldsymbol{I_k^{(2)}}$ 与三相短路电流 $\boldsymbol{I_k^{(3)}}$ 之比值为（**B**）。

（A）$I_k^{(2)}=\sqrt{3}I_k^{(3)}$；（B）$I_k^{(2)}=\dfrac{\sqrt{3}}{2}I_k^{(3)}$；（C）$I_k^{(2)}=\dfrac{1}{2}I_k^{(3)}$；（D）$I_k^{(2)}=I_k^{(3)}$。

La4A4158 接地距离继电器在线路正方向发生两相短路故障时，（**D**）。

（A）保护范围增加，等值电源阻抗与整定阻抗之比越大，增加的情况越严重；（B）保护范围缩短，等值电源阻抗与整定阻抗之比越小，缩短的情况越严重；（C）保护范围增加，等值电源阻抗与整定阻抗之比越小，增加的情况越严重；（D）保护范围缩短，等值电源阻抗与整定阻抗之比越大，缩短的情况越严重。

La4A4159 我国220kV及以上系统的中性点均采用(A)。

(A)直接接地方式；(B)经消弧线圈接地方式；(C)经大电抗器接地方式；(D)不接地方式。

Lb4A4160 继电保护装置试验分为三种，它们分别是(C)。

(A)验收试验、全部检验、传动试验；(B)部分试验、补充检验、定期试验；(C)验收试验、定期检验、补充检验；(D)部分检查、定期检验、传动试验。

Lb4A5161 根据规程要求，用于远后备保护中的零序功率方向元件，在下一线路末端接地短路时，灵敏度 K_{sen}≥(A)；用于近后备保护时 K_{sen}≥(A)。

(A)1.5　2；(B)1　2；(C)1.5　3；(D)2　2。

Lb4A5162 对于大接地系统中，发生不对称接地故障时，零序电流与零序电压的夹角是(D)。

(A)70°；(B)80°；(C)60°；(D)110°。

Lb4A5163 220～500kV系统主保护的双重化是指两套不同原理的主保护的(D)彼此独立。

(A)交流电流；(B)交流电压；(C)直流电源；(D)交流电流、交流电压、直流电源。

Lb4A5164 电力系统发生振荡时，各点电压和电流(A)。

(A)均作往复性摆动；(B)均会发生突变；(C)在振荡的频率高时会发生突变；(D)不变。

Lb4A5165 由反应基波零序电压和利用三次谐波电压构成的 100%定子接地保护，其基波零序电压元件的保护范围是（B）。

（A）由中性点向机端的定子绕组的 85%～90%线匝；（B）由机端向中性点的定子绕组的 85%～90%线匝；（C）100%的定子绕组线匝；（D）由中性点向机端的定子绕组的 50%线匝。

La4A5166 发电厂接于 110kV 及以上双母线上有三台及以上变压器，则应（B）。

（A）有一台变压器中性点直接接地；（B）每条母线有一台变压器中性点直接接地；（C）三台及以上变压器均直接接地；（D）三台及以上变压器均不接地。

Lb4A5167 母线故障，母线差动保护动作，已跳开故障母线上六个断路器（包括母联），还有一个断路器因其本身原因而拒跳，则母差保护按（C）统计。

（A）正确动作一次；（B）拒动一次；（C）不予评价；（D）不正确动作一次。

Lb4A5168 各级继电保护部门划分继电保护装置整定范围的原则是（B）。

（A）按电压等级划分，分级整定；（B）整定范围一般与调度操作范围相适应；（C）由各级继电保护部门协调决定；（D）按地区划分。

Lb3A1169 超高压输电线单相跳闸熄弧较慢是由于（C）。

（A）短路电流小；（B）单相跳闸慢；（C）潜供电流影响；（D）断路器熄弧能力差。

Lb3A1170 当系统频率高于额定频率时，方向阻抗继电器

最大灵敏角（A）。

（A）变大；（B）变小；（C）不变；（D）与系统频率变化无关。

Lb3A1171　电力系统发生振荡时，振荡中心电压的波动情况是（A）。

（A）幅度最大；（B）幅度最小；（C）幅度不变；（D）幅度不定。

Lb3A1172　利用接入电压互感器开口三角形电压反闭锁的电压回路断相闭锁装置，在电压互感器高压侧断开一相时，电压回路断线闭锁装置（B）。

（A）动作；（B）不动作；（C）可动可不动；（D）动作情况与电压大小有关。

Lb3A1173　高频保护采用相-地制高频通道是因为（A）。

（A）所需的加工设备少，比较经济；（B）相-地制通道衰耗小；（C）减少对通信的干扰；（D）相-地制通道衰耗大。

Lb3A1174　某输电线路，当发生 BC 两相短路时（如不计负荷电流），故障处的边界条件是（C）。

（A）$\dot{I}_A=0\ \ \dot{U}_B=\dot{U}_C=0$；（B）$\dot{U}_A=0\ \ \dot{I}_B=\dot{I}_C=0$；（C）$\dot{I}_A=0\ \ \dot{I}_B=-\dot{I}_C\ \ \dot{U}_B=\dot{U}_C$；（D）$\dot{I}_A=0\ \ \dot{I}_B=\dot{I}_C$。

Lb3A1175　在中性点不接地系统中发生单相接地故障时，流过故障线路始端的零序电流（B）。

（A）超前零序电压 90°；（B）滞后零序电压 90°；（C）和零序电压同相位；（D）滞后零序电压 45°。

Lb3A1176　输电线路BC两相金属性短路时，短路电流I_{BC}（A）。

（A）滞后于BC相间电压一个线路阻抗角；（B）滞后于B相电压一个线路阻抗角；（C）滞后于C相电压一个线路阻抗角；（D）超前BC相间电压一个线路阻抗角。

Lb3A2177　相当于负序分量的高次谐波是（C）谐波。

（A）$3n$次；（B）$3n+1$次；（C）$3n-1$次（其中n为正整数）；（D）上述三种以外的。

Lb3A2178　自耦变压器中性点必须接地，这是为了避免当高压侧电网内发生单相接地故障时，（A）。

（A）中压侧出现过电压；（B）高压侧出现过电压；（C）高压侧、中压侧都出现过电压；（D）以上三种情况以外的。

Lb3A2179　负序功率方向继电器的最大灵敏角是（C）。

（A）70°；（B）–45°；（C）–105°；（D）110°。

Lb3A2180　在短路故障发生后经过大约半个周期的时间，将出现短路电流的最大瞬时值，它是校验电气设备机械应力的一个重要参数，称此电流为（C）。

（A）暂态电流；（B）次暂态电流；（C）冲击电流；（D）稳态电流。

Lb3A2181　在电流互感器二次绕组接线方式不同的情况下，假定接入电流互感器二次导线电阻和继电器的阻抗均相同，二次计算负载以（A）。

（A）两相电流差接线最大；（B）三相三角形接线最大；（C）三相全星形接线最大；（D）不完全星形接线最大。

Lb3A2182　要使负载上得到最大的功率，必须使负载电阻与电源内阻（C）。

（A）负载电阻＞电源内阻；（B）负载电阻＜电源内阻；（C）负载电阻=电源内阻；（D）使电源内阻为零。

Lb3A2183　按照反措要点的要求，220kV 变电所信号系统的直流回路应（C）。

（A）尽量使用专用的直流熔断器，特殊情况下可与控制回路共用一组直流熔断器；（B）尽量使用专用的直流熔断器，特殊情况下可与该所远动系统共用一组直流熔断器；（C）由专用的直流熔断器供电，不得与其他回路混用；（D）无特殊要求。

Lb3A3184　在电力系统中发生不对称故障时，短路电流中的各序分量，其中受两侧电动势相角差影响的是（A）。

（A）正序分量；（B）负序分量；（C）正序分量和负序分量；（D）零序分量。

Lb3A3185　从继电保护原理上讲，受系统振荡影响的有（C）。

（A）零序电流保护；（B）负序电流保护；（C）相间距离保护；（D）相间过流保护。

Lb3A3186　单侧电源供电系统短路点的过渡电阻对距离保护的影响是（B）。

（A）使保护范围伸长；（B）使保护范围缩短；（C）保护范围不变；（D）保护范围不定。

Lb3A3187　高频保护载波频率过低，如低于 50kHz，其缺点是（A）。

（A）受工频干扰大，加工设备制造困难；（B）受高频干扰大；（C）通道衰耗大；（D）以上三个答案均正确。

Lb3A3188 距离保护在运行中最主要优点是（**B**）。

（A）具有方向性；（B）具有时间阶梯特性；（C）具有快速性；（D）具有灵敏性。

Lb3A3189 中性点经消弧线圈接地的小电流接地系统中，消弧线圈采用（A）方式。

（A）过补偿；（B）欠补偿；（C）完全补偿；（D）三种都不是。

Lb3A3190 对中性点经间隙接地的 220kV 变压器零序过电压保护，从母线电压互感器取电压的 $3U_0$ 定值一般为（A）。

（A）180V；（B）100V；（C）50V；（D）57.7V。

Lb3A3191 对于 Yd11 接线的三相变压器，它的变比为 n，主变压器一次侧线圈电流为 I_A，二次侧线圈电流为 I_a，一、二次电流之间的大小关系为（A）。

（A）$I_a=nI_A$；（B）$I_a=\sqrt{3}\,nI_A$；（C）$I_a=\dfrac{n}{\sqrt{3}}I_A$；（D）$I_a=\dfrac{1}{n}I_A$。

Lb3A3192 对于 Yd11 接线变压器下列表示法正确的是（B）。

（A）$\dot{U}_a=\dot{U}_A e^{j60^\circ}$；（B）$\dot{U}_{ab}=\dot{U}_{AB} e^{j30^\circ}$；（C）$\dot{U}_{ab}=\dot{U}_{AB} e^{j0^\circ}$；（D）$\dot{U}_a=\dot{U}_A e^{j0^\circ}$。

Lb3A3193 变压器差动保护差动继电器内的平衡线圈消除哪一种不平衡电流（C）。

（A）励磁涌流产生的不平衡电流；（B）两侧相位不同产生

的不平衡电流；（C）二次回路额定电流不同产生的不平衡电流；（D）两侧电流互感器的型号不同产生的不平衡电流。

Lb3A3194　两台变压器间定相（核相）是为了核定（C）是否一致。

（A）相序；（B）相位差；（C）相位；（D）相序和相位。

Lb3A4195　Yd11 接线的变压器，一次 A 相电压与二次 a 相电压的相位关系是（C）。

（A）相位相同；（B）一次 A 相电压超前二次 a 相电压π/6；（C）二次 a 相电压超前一次 A 相电压π/6；（D）相位相反。

Lb3A4196　CPU 代表（C）。

（A）浮点处理器；（B）存储器；（C）中央处理器；（D）输入输出装置。

Lb3A5197　电子计算机的中央处理器 CPU 包括运算器和（B）两部分。

（A）存储器；（B）控制器；（C）输入输出装置；（D）浮点处理器。

Lb3A5198　在人机交互作用时，输入输出的数据都是以（A）形式表示的。

（A）十进制；（B）八进制；（C）二进制；（D）十六进制。

Lb3A1199　整组试验允许用（C）的方法进行。

（A）保护试验按钮、试验插件或启动微机保护；（B）短接触点；（C）从端子排上通入电流、电压模拟各种故障，保护处于与投入运行完全相同的状态；（D）手按继电器。

Lb2A1200 电力元件继电保护的选择性，除了决定于继电保护装置本身的性能外，还要求满足：由电源算起，愈靠近故障点的继电保护的故障启动值（A）。

（A）相对愈小，动作时间愈短；（B）相对愈大，动作时间愈短；（C）相对愈小，动作时间愈长；（D）相对愈大，动作时间愈长。

Lb2A1201 系统振荡与短路同时发生，高频保护装置会（C）。

（A）误动；（B）拒动；（C）正确动作；（D）不定。

Lb2A2202 利用电容器放电原理构成的自动重合闸充电时间过长的原因是（B）。

（A）充电电阻变小；（B）充电电阻变大；（C）重合闸的中间继电器动作电压过低；（D）充电回路中的指示灯已坏。

Lb2A2203 同杆并架线路，在一条线路两侧三相断路器跳闸后，存在（A）电流。

（A）潜供；（B）助增；（C）汲出；（D）零序。

Lb2A2204 双母线差动保护的复合电压（U_0，U_1，U_2）闭锁元件还要求闭锁每一断路器失灵保护，这一做法的原因是（B）。

（A）断路器失灵保护选择性能不好；（B）防止断路器失灵保护误动作；（C）断路器失灵保护原理不完善；（D）以上三种说法均正确。

Lb2A3205 按照反措的要求，防止跳跃继电器的电流线圈与电压线圈间耐压水平应（B）。

（A）不低于 2500V、2min 的试验标准；（B）不低于

1000V、1min 的试验标准；（C）不低于 2500V、1min 的试验标准；（D）不低于 1000V、2min 的试验标准。

Lb2A3206　按照反措要点要求，对于有两组跳闸线圈的断路器（A）。

（A）其每一跳闸回路应分别由专用的直流熔断器供电；（B）两组跳闸回路可共用一组直流熔断器供电；（C）其中一组由专用的直流熔断器供电，另一组可与一套主保护共用一组直流熔断器；（D）对直流熔断器无特殊要求。

Lb2A4207　功率方向继电器的转矩 $M=KU_KI_K\cos(\varphi_K+\alpha)$，所以继电器的动作带有方向性，它的动作范围（C）。

（A）$-(90°+\alpha)>\varphi_K>(90°-\alpha)$；（B）$\varphi_K=90°-\alpha$；（C）$-(90°+\alpha)<\varphi_K<(90°-\alpha)$；（D）$\varphi_K=90°+\alpha$。

Lb2A4208　线路两侧的保护装置在发生短路时，其中的一侧保护装置先动作，等它动作跳闸后，另一侧保护装置才动作，这种情况称之为（B）。

（A）保护有死区；（B）保护相继动作；（C）保护不正确动作；（D）保护既存在相继动作又存在死区。

Lb2A4209　如果不考虑负荷电流和线路电阻，在大电流接地系统中发生接地短路时，下列说法正确的是（A）。

（A）零序电流超前零序电压 90°；（B）零序电流落后零序电压 90°；（C）零序电流与零序电压同相；（D）零序电流与零序电压反相。

Lb2A5210　采用-30°接线的方向阻抗继电器，在三相短路故障时，继电器端子上所感受的阻抗等于（B）。

（A）短路点至保护安装处的正序阻抗 $\dot{Z}_1$；（B）$(\sqrt{3}/2)$

$\dot{Z}_1 e^{-j30^\circ}$；（C）（1/2）$\dot{Z}_1 e^{-j30^\circ}$；（D）$\sqrt{3}\dot{Z}_1$。

Lb2A5211　检查微机型保护回路及整定值的正确性（C）。

（A）可采用打印定值和键盘传动相结合的方法；（B）可采用检查 VFC 模数变换系统和键盘传动相结合的方法；（C）只能用从电流电压端子通入与故障情况相符的模拟量，使保护装置处于与投入运行完全相同状态的整组试验方法；（D）可采用打印定值和短接出口触点相结合的方法。

Lb2A5212　断路器失灵保护是（C）。

（A）一种近后备保护，当故障元件的保护拒动时，可依靠该保护切除故障；（B）一种远后备保护，当故障元件的断路器拒动时，必须依靠故障元件本身保护的动作信号起动失灵保护以后切除故障点；（C）一种近后备保护，当故障元件的断路器拒动时，可依靠该保护隔离故障点；（D）一种远后备保护，当故障元件的保护拒动时，可依靠该保护切除故障。

Lb2A4213　安装于同一面屏上由不同端子供电的两套保护装置的直流逻辑回路之间（B）。

（A）为防止相互干扰，绝对不允许有任何电磁联系；（B）不允许有任何电的联系，如有需要必须经空触点输出；（C）一般不允许有电磁联系，如有需要，应加装抗干扰电容等措施；（D）允许有电的联系。

Lb2A3214　继电保护的“三误”是（C）。

（A）误整定、误试验、误碰；（B）误整定、误接线、误试验；（C）误接线、误碰、误整定；（D）误碰、误试验、误接线。

Lb4A3215　线路纵联保护仅一侧动作且不正确时，如原因未查明，而线路两侧保护归不同单位管辖，按照评价规程规定，

应评价为（B）。

（A）保护动作侧不正确，未动作侧不评价；（B）保护动作侧不评价，未动作侧不正确；（C）两侧各一次不正确；（D）两侧均不评价。

Lb4A3216 方向阻抗继电器中，记忆回路的作用是（**B**）。

（A）提高灵敏度；（B）消除正向出口三相短路的死区；（C）防止反向出口短路动作；（D）提高选择性。

Lc5A3217 用绝缘电阻表对电气设备进行绝缘电阻的测量，（**B**）。

（A）主要是检测电气设备的导电性能；（B）主要是判别电气设备的绝缘性能；（C）主要是测定电气设备绝缘的老化程度；（D）主要是测定电气设备的耐压。

Jd5A1218 在使用微机型继电保护试验仪进行保护定值整定试验时，微机型继电保护试验仪的测量精度应为（**C**）。

（A）0.1 级；（B）0.2 级；（C）0.5 级；（D）1 级。

Jd5A1219 使用指针式万用表进行测量时，测量前应首先检查表头指针（**B**）。

（A）是否摆动；（B）是否在零位；（C）是否在刻度一半处；（D）是否在满刻度。

Jd5A2220 若用滑线变阻器（阻值为 R）分压的办法调节继电器（额定电流为 I_J）的动作电压，此电阻额定电流容量 I 选择应满足（**B**）。

（A）$I \geqslant U/R$；（B）$I \geqslant U/R+I_J$；（C）$I \geqslant U/R+2I_J$；（D）$I \geqslant U/R+3I_J$。

Jd5A1221 指针式万用表使用完毕后，应将选择开关拨放在（**B**）。

（A）电阻档；（B）交流高压档；（C）直流电流档位置；（D）任意档位。

Jd5A1222 一般设备铭牌上标的电压和电流值，或电气仪表所测出来的数值都是（**C**）。

（A）瞬时值；（B）最大值；（C）有效值；（D）平均值。

Jd5A1223 事故音响信号是表示（**A**）。

（A）断路器事故跳闸；（B）设备异常告警；（C）断路器手动跳闸；（D）直流回路断线。

Jd5A1224 低气压闭锁重合闸延时（**C**）。

（A）100ms；（B）200ms；（C）400ms；（D）500ms。

Jd5A2225 变压器中性点消弧线圈的作用是（**C**）。

（A）提高电网的电压水平；（B）限制变压器故障电流；（C）补偿系统接地时的电容电流；（D）消除潜供电流。

Jd5A2226 发电机定时限励磁回路过负荷保护，作用对象（**B**）。

（A）全停；（B）发信号；（C）解列灭磁；（D）解列。

Jd5A2227 选相元件是保证单相重合闸得以正常运用的重要环节，在无电源或小电源侧，最适合选择（**C**）作为选相元件。

（A）相电流差突变量选相元件；（B）零序负序电流方向比较选相元件；（C）低电压选相元件；（D）无流检测元件。

Jd4A3228 比率制动差动继电器，整定动作电流 2A，比率制动系数为 0.5，无制动区电流 5A。本差动继电器的动作判据 $I_{DZ}=|I_1+I_2|$，制动量为$\{I_1, I_2\}$取较大者。模拟穿越性故障，当 I_1=7A 时测得差电流 I_{CD}=2.8A，此时，该继电器（B）。

（A）动作；（B）不动作；（C）处于动作边界；（D）不能确定。

Jd4A3229 同一相中两只相同特性的电流互感器二次绕组串联或并联，作为相间保护使用，计算其二次负载时，应将实测二次负载折合到相负载后再乘以系数为（C）。

（A）串联乘 1，并联乘 2；（B）串联乘 1/2，并联乘 1；（C）串联乘 1/2，并联乘 2；（D）串联乘 1/2，并联乘 1/2。

Jd4A3230 高频保护载波频率过低，如低于 50kHz，其缺点是（A）。

（A）受工频干扰大，加工设备制造困难；（B）受高频干扰大；（C）通道衰耗大；（D）以上三个答案均正确。

Jd4A3231 接地距离保护的零序电流补偿系数 K 应按线路实测的正序阻抗 Z_1 和零序阻抗 Z_0，用式（C）计算获得，实用值宜小于或接近计算值。

（A）$K=\dfrac{Z_0+Z_1}{3Z_1}$；（B）$K=\dfrac{Z_0+Z_1}{3Z_0}$；（C）$K=\dfrac{Z_0-Z_1}{3Z_1}$；（D）$K=\dfrac{Z_0-Z_1}{3Z_0}$。

Jd4A3232 LFP-901A 型保护在通道为闭锁式时，通道的试验逻辑是按下通道试验按钮，本侧发信。（C）以后本侧停信，连续收对侧信号 5s 后（对侧连续发 10s），本侧启动发信 10s。

（A）100ms；（B）150ms；（C）200ms；（D）250ms。

Jd4A2233 **目前常用的零序功率方向继电器动作特性最大灵敏角为70°的是（A）。**

（A）$3\dot{I}_0$滞后$-3\dot{U}_0$ 70°；（B）$-3\dot{U}_0$滞后$3\dot{I}_0$ 70°；（C）$3\dot{I}_0$超前$-3\dot{U}_0$ 20°；（D）$3\dot{I}_0$滞后$-3\dot{U}_0$ 20°。

Jd3A3234 **继电保护用电压互感器的交流电压回路，通常按正常最大负荷时至各设备的电压降不得超过额定电压（A）的条件校验电缆芯截面。**

（A）3%；（B）5%；（C）8%；（D）10%。

Jd3A3235 **高频同轴电缆的接地方式为（A）。**

（A）应在两端分别可靠接地；（B）应在开关场可靠接地；（C）应在控制室可靠接地；（D）仅当回路线使用。

Jd3A3236 **使用电平表进行跨接测量时，选择电平表内阻为（C）。**

（A）75Ω档；（B）600Ω档；（C）高阻档；（D）400Ω档。

Jd2A3237 **负载功率为800W，功率因数为0.6，电压为200V，用一只5A/10A，250V/500V的功率表去测量，应选（C）量程的表。**

（A）5A，500V；（B）5A，250V；（C）10A，250V；（D）10A，500V。

Lb2A2238 **利用纵向零序电压构成的发电机匝间保护，为了提高其动作的可靠性，则应在保护的交流输入回路上（C）。**

（A）加装2次谐波滤过器；（B）加装5次谐波滤过器；（C）加装3次谐波滤过器；（D）加装高次谐波滤过器。

Jd2A4239 **对于专用高频通道，在新投入运行及在通道中**

更换了（或增加了）个别加工设备后，所进行的传输衰耗试验的结果，应保证收发信机接收对端信号时的通道裕度不低于（**C**），否则，不允许将保护投入运行。

（A）25dB；（B）1.5dB；（C）8.686dB；（D）9dB。

La5A1240 变压器差动保护为了减小不平衡电流，常选用一次侧通过较大的短路电流时铁芯也不至于饱和的 **TA**，一般选用（**B**）。

（A）0.5 级；（B）D 级；（C）TPS 级；（D）3 级。

Je5A1241 电流互感器的电流误差，一般规定不应超过（**B**）。

（A）5%；（B）10%；（C）15%；（D）20%。

Je5A1242 电流互感器的相位误差，一般规定不应超过（**A**）。

（A）7°；（B）5°；（C）3°；（D）1°。

Je5A1243 出口继电器作用于断路器跳（合）闸时，其触点回路中串入的电流自保持线圈的自保持电流应当是（**B**）。

（A）不大于跳（合）闸电流；（B）不大于跳（合）闸电流的一半；（C）不大于跳（合）闸电流的 10%；（D）不大于跳（合）闸电流的 80%。

Jd5A1244 在电网中装设带有方向元件的过流保护是为了保证动作的（**A**）。

（A）选择性；（B）可靠性；（C）灵敏性；（D）快速性。

Jd5A1245 按 **90°** 接线的相间功率方向继电器，当线路发生正向故障时，若 φ_K 为 **30°**，为使继电器动作最灵敏，其内角

α值应是（B）。

（A）30°；（B）–30°；（C）70°；（D）60°。

Je5A2246 （A）及以上的油浸式变压器，均应装设气体继电器。

（A）0.8MVA；（B）1MVA；（C）0.5MVA；（D）2MVA。

Je5A2247 在保护装置双重化配置中，对于有两组跳闸线圈的断路器，（A）。

（A）每个跳闸线圈回路分别由专用的直流熔断器供电；（B）两组跳闸线圈回路可共用一组直流熔断器供电；（C）第一跳闸线圈回路与第一套保护共用的一组直流熔断器供电，第二跳闸线圈与第二套保护共用中一组直流熔断器；（D）第一跳闸线圈回路与第二套保护共用的一组直流熔断器供电，第二跳闸线圈与第一套保护共用中一组直流熔断器。

Je5A2248 两只装于同一相且变比相同、容量相等的套管型电流互感器，在二次绕组串联使用时（C）。

（A）容量和变比都增加一倍；（B）变比增加一倍，容量不变；（C）变比不变，容量增加一倍；（D）变比、容量都不变。

Je5A3249 中间继电器的电流保持线圈在实际回路中可能出现的最大压降应小于回路额定电压的（A）。

（A）5%；（B）10%；（C）15%；（D）20%。

Je5A3250 电流互感器二次回路接地点的正确设置方式是（C）。

（A）每只电流互感器二次回路必须有一个单独的接地点；（B）所有电流互感器二次回路接地点均设置在电流互感器端子箱内；（C）电流互感器的二次侧只允许有一个接地点，对于多组电流互感器相互有联系的二次回路接地点应设在保护屏上；（D）电流互感器二次回路应分别在端子箱和保护屏接地。

Je5A3251 电动机电流保护的电流互感器采用差接法接线，则电流的接线系数为（**B**）。

（A）1；（B）$\sqrt{3}$；（C）2；（D）0.5。

Jd3A2252 选用的消弧回路所用的反向二极管，其反向击穿电压不宜低于（**A**）。

（A）1000V；（B）600V；（C）2000V；（D）400V。

Je5A5253 在 **Yd11** 接线的变压器低压侧发生两相短时，星形侧的某一相的电流等于其他两相短路电流的（**B**）。

（A）$\sqrt{3}$倍；（B）2 倍；（C）$\frac{1}{2}$；（D）$\frac{1}{3}$。

Je4A1254 电流互感器二次回路接地点的正确设置方式是（**C**）。

（A）每只电流互感器二次回路必须有一个单独的接地点；（B）所有电流互感器二次回路接地点均设置在电流互感器端子箱内；（C）电流互感器的二次侧只允许有一个接地点，对于多组电流互感器相互有联系的二次回路接地点应设在保护屏上；（D）电流互感器二次回路应分别在端子箱和保护屏接地。

Je4A1255 连接结合滤过器的高频电缆与高频保护装置的连接应（**B**）。

（A）经过保护屏的端子；（B）不经过保护屏的端子；（C）没有专门的规定；（D）经过专用高频电缆接线盒。

Jc4A1256 保护用电缆与电力电缆可以（**D**）。

（A）同层敷设；（B）通用；（C）交叉敷设；（D）分层敷设。

Je4A1257 相间方向过流保护的按相启动接线方式是将（B）。

（A）各相的电流元件触点并联后，再串入各功率方向继电器触点；（B）同名相的电流和功率方向继电器的触点串联后再并联；（C）非同名相电流元件触点和方向元件触点串联后再并联；（D）各相功率方向继电器的触点和各相的电流元件触点分别并联后再串联。

Je4A2258 当负序电压继电器的整定值为 6～12V 时，电压回路一相或两相断线（A）。

（A）负序电压继电器会动作；（B）负序电压继电器不会动作；（C）负序电压继电器动作情况不定；（D）瞬时接通。

Je4A2259 当双侧电源线路两侧重合闸均投入检查同期方式时，将造成（C）。

（A）两侧重合闸均动作；（B）非同期合闸；（C）两侧重合闸均不动作；（D）一侧重合闸动作，另一侧不动作。

Je4A2260 新安装或一、二次回路有变动的变压器差动保护，当被保护的变压器充电时应将差动保护（A）。

（A）投入；（B）退出；（C）投入退出均可；（D）视变压器情况而定。

Je4A2261 按躲过负荷电流整定的线路过电流保护，在正常负荷电流下，由于电流互感器极性接反而可能误动的接线方式为（C）。

（A）三相三继电器式完全星形接线；（B）两相两继电器

式不完全星形接线；（C）两相三继电器式不完全星形接线；（D）两相电流差式接线。

Je4A2262　检查线路无电压和检查同期重合闸，在线路发生瞬时性故障跳闸后，（B）。

（A）先合的一侧是检查同期侧；（B）先合的一侧是检查无电压侧；（C）两侧同时合闸；（D）整定重合闸时间短的一侧先合。

Je4A2263　主变压器重瓦斯保护和轻瓦斯保护的正电源，正确接法是（B）。

（A）使用同一保护正电源；（B）重瓦斯保护接保护电源，轻瓦斯保护接信号电源；（C）使用同一信号正电源；（D）重瓦斯保护接信号电源，轻瓦斯保护接保护电源。

Je4A2264　停用备用电源自投装置时应（B）。

（A）先停交流，后停直流；（B）先停直流，后停交流；（C）交直流同时停；（D）与停用顺序无关。

Je4A3265　电力系统发生A相金属性接地短路时，故障点的零序电压（B）。

（A）与A相电压同相位；（B）与A相电压相位相差180°；（C）超前于A相电压90°；（D）滞后于A相电压90°。

Je4A3266　电力系统出现两相短路时，短路点距母线的远近与母线上负序电压值的关系是（B）。

（A）距故障点越远负序电压越高；（B）距故障点越近负序电压越高；（C）与故障点位置无关；（D）距故障点越近负序电压越低。

Je4A3267 **电抗变压器在空载情况下，二次电压与一次电流的相位关系是（A）。**

（A）二次电压超前一次电流接近 90°；（B）二次电压与一次电流接近 0°；（C）二次电压滞后一次电流接近 90°；（D）二次电压超前一次电流接近 180°。

Je4A3268 **有一台新投入的 Yyn 接线的变压器，测得三相相电压、三相线电压均为 380V，对地电压 $U_{aph}=U_{bph}=380V$，$U_{cph}=0V$，该变压器发生了（A）故障。**

（A）变压器零点未接地，C 相接地；（B）变压器零点接地；（C）变压器零点未接地，B 相接地；（D）变压器零点未接地，A 相接地。

Je4A3269 **在正常负荷电流下，流过电流保护测量元件的电流，当（B）。**

（A）电流互感器接成星形时为 $\sqrt{3}I_{ph}$；（B）电流互感器接成三角形接线时为 $\sqrt{3}I_{ph}$；（C）电流互感器接成两相差接时为零；（D）电流互感器接成三角形接线时为 I_{ph}。

Je4A3270 **谐波制动的变压器纵差保护中设置差动速断元件的主要原因是（B）。**

（A）为了提高差动保护的动作速度；（B）为了防止在区内故障较高的短路水平时，由于电流互感器的饱和产生高次谐波量增加，导致差动元件拒动；（C）保护设置的双重化，互为备用；（D）为了提高差动保护的可靠性。

Je4A4271 **采用和电流保护作后备保护的双回线路，不能采用重合闸瞬时后加速的运行方式为（B）。**

（A）单回线运行时；（B）双回线运行时；（C）主保护退出时；（D）以上任一答案均可的运行方式。

Je4A4272　平行线路重合闸可以采用检查相邻线有电流启动方式，其正确接线应在重合闸的启动回路中串入（B）。

（A）相邻线电流继电器的常闭触点；（B）相邻线电流继电器的常开触点；（C）本线电流继电器的常开触点；（D）本线电流继电器的常闭触点。

Je4A4273　反应相间故障的阻抗继电器，采用线电压和相电流的接线方式，其继电器的测量阻抗（B）。

（A）在三相短路和两相短路时均为 Z_1L；（B）在三相短路时为 $\sqrt{3}Z_1L$，在两相短路时为 $2Z_1L$；（C）在三相短路和两相短路时均为 $\sqrt{3}Z_1L$；（D）在三相短路和两相短路时均为 $2Z_1L$。

Je4A4274　负荷功率因数低造成的影响是（C）。

（A）线路电压损失增大；（B）线路电压损失增大，有功损耗增大；（C）线路电压损失增大，有功损耗增大，发电设备未能充分发挥作用；（D）有功损耗增大。

Je4A5275　在 Yd11 接线的变压器低压侧发生两相短路时，星形侧某一相的电流等于其他两相短路电流的两倍，如果低压侧 AB 两相短路，则高压侧的电流值（B）。

（A）I_A 为 $2/\sqrt{3}I_k$；（B）I_B 为 $2/\sqrt{3}I_k$；（C）I_C 为 $2/\sqrt{3}I_k$；（D）三相均为 $2/\sqrt{3}I_k$。

Je4A5276　为防止双回线横差方向保护或电流平衡保护在相继切除故障时，可能将非故障线路误切除，较好的措施是（C）。

（A）操作电源经双回线断路器辅助常开触点串联后加至保护装置上；（B）操作电源经双回线跳闸位置中间继电器触点串联后加至保护装置上；（C）操作电源经双回线合闸位置中间继电器触点串联后加至保护装置上；（D）操作电源经双回线合闸

位置中间继电器触点并联后加至保护装置上。

Je4A5277 纵联保护电力载波高频通道用（**C**）方式来传送被保护线路两侧的比较信号。

（A）卫星传输；（B）微波通道；（C）相-地高频通道；（D）电话线路。

Je4A5278 在同一小接地电流系统中，所有出线均装设两相不完全星形接线的电流保护，电流互感器都装在同名两相上，这样发生不同线路两点接地短路时，可保证只切除一条线路的几率为（**C**）。

（A）$\frac{1}{3}$；（B）$\frac{1}{2}$；（C）$\frac{2}{3}$；（D）1。

Je4A5279 在大接地电流系统中，线路始端发生两相金属性短路接地时，零序方向过流保护中的方向元件将（**B**）。

（A）因短路相电压为零而拒动；（B）因感受零序电压最大而灵敏动作；（C）因短路零序电压为零而拒动；（D）因感受零序电压最大而拒动。

Je4A5280 小接地电网中，视两点接地短路的情况而定，电流互感器的接线方式是（**A**）。

（A）两相两继电器，装同名相上；（B）三相三继电器；（C）两相两继电器，装异名相上；（D）两相三继电器。

Je3A1281 在操作回路中，应按正常最大负荷下至各设备的电压降不得超过其额定电压的（**C**）进行校核。

（A）20%；（B）15%；（C）10%；（D）5%。

Je3A1282 继电器线圈直流电阻的测量与制造厂标准数

据相差应不大于（**A**）。

（A）±10%；（B）±5%；（C）±15%；（D）±1%。

Je3A1283 对称分量法使用的运算子 a 等于（**B**）。

（A）1；（B）$-1/2+j\sqrt{3}/2$；（C）$-1/2-j\sqrt{3}/2$；（D）1/2。

Je3F2284 连接结合滤过器的高频电缆与高频保护装置的连接应（**B**）。

（A）经过保护屏的端子；（B）不经过保护屏的端子；（C）没有专门的规定；（D）经过专用高频电缆接线盒。

Je3A5285 电阻-电抗移相原理构成的复式电流滤过器，当调整电阻等于（**C**）时，则为负序电流滤过器。

（A）$2X_m$；（B）$\sqrt{2}X_m$；（C）$\sqrt{3}X_m$；（D）$3X_m$。

Je3A2286 为防止频率混叠，微机保护采样频率 f_s 与采样信号中所含最高频率成分的频率 f_{max} 应满足（**A**）。

（A）$f_s>2f_{max}$；（B）$f_s<2f_{max}$；（C）$f_s>f_{max}$；（D）$f_s=f_{max}$。

Je3A3287 综合重合闸中的阻抗选相元件，在出口单相接地故障时，非故障相选相元件误动可能性最少的是（**B**）。

（A）全阻抗继电器；（B）方向阻抗继电器；（C）偏移特性的阻抗继电器；（D）电抗特性的阻抗继电器。

Je3A3288 高频闭锁零序保护，保护停信需带一短延时，这是为了（**C**）。

（A）防止外部故障时因暂态过程而误动；（B）防止外部故障时因功率倒向而误动；（C）与远方启动相配合，等待对端闭锁信号的到来，防止区外故障时误动；（D）防止区内故障时拒动。

Je3A4289　输电线路潮流为送有功、受无功，以 U_A 为基础，此时负荷电流 I_A 应在（B）。

（A）第一象限；（B）第二象限；（C）第三象限；（D）第四象限。

La3A4290　所谓对称三相负载就是（D）。

（A）三个相电流有效值；（B）三个相电压相等且相位角互差 120°；（C）三个相电流有效值相等，三个相电压相等且相位角互差 120°；（D）三相负载阻抗相等，且阻抗角相等。

La3A4291　发电厂接于 110kV 及以上双母线上有三台及以上变压器，则应（B）。

（A）有一台变压器中性点直接接地；（B）每条母线有一台变压器中性点直接接地；（C）三台及以上变压器均直接接地；（D）三台及以上变压器均不接地。

La3A5292　已知某一电流的复数式 I=(5–j5)A，则其电流的瞬时表达式为（C）。

（A）$i=5\sin(\omega t-\pi/4)$A；（B）$i=5\sqrt{2}\sin(\omega t+\pi/4)$A；（C）$i=10\sin(\omega t-\pi/4)$A；（D）$i=5\sqrt{2}\sin(\omega t-\pi/4)$A。

Je3A5293　在正常运行时确认 $3U_0$ 回路是否完好，有下述四种意见，其中（C）是正确的。

（A）可以用电压表检测 $3U_0$ 回路是否有不平衡电压的方法判断 $3U_0$ 回路是否完好；（B）可以用电压表检测 $3U_0$ 回路是否有不平衡电压的方法判断 $3U_0$ 回路是否完好，但必须使用高内阻的数字万用表，使用指针式万用表不能进行正确地判断；（C）不能以检测 $3U_0$ 回路是否有不平衡电压的方法判断 $3U_0$ 回路是否完好；（D）可从 S 端子取电压检测 $3U_0$ 回路是否完好。

Je3A5294　双母线差动保护的复合电压（U_0、U_1、U_2）闭锁元件还要求闭锁每一断路器失灵保护，这一做法的原因是（C）。

（A）断路器失灵保护原理不完善；（B）断路器失灵保护选择性能不好；（C）防止断路器失灵保护误动作；（D）为了以上三种原因。

Je3A5295　在直流总输出回路及各直流分路输出回路装设直流熔断器或小空气开关时，上下级配合（A）。

（A）有选择性要求；（B）无选择性要求；（C）视具体情况而定。

Je3A5296　某线路送有功 10MW，送无功 9Mvar，零序方向继电器接线正确，模拟 A 相接地短路，继电器的动作情况是（A）。

（A）通入 A 相负荷电流时动作；（B）通入 B 相负荷电流时动作；（C）通入 C 相负荷电流时动作；（D）以上三种方法均不动作。

Je2A2297　利用纵向零序电压构成的发电机匝间保护，为了提高其动作的可靠性，则应在保护的交流输入回路上（C）。

（A）加装 2 次谐波滤过器；（B）加装 5 次谐波滤过器；（C）加装 3 次谐波滤过器；（D）加装高次谐波滤过器。

Je2A3298　发电机转子绕组两点接地对发电机的主要危害之一是（A）。

（A）破坏了发电机气隙磁场的对称性，将引起发电机剧烈振动，同时无功功率出力降低；（B）无功功率出力增加；（C）转子电流被地分流，使流过转子绕组的电流减少；（D）转子电流增加，致使转子绕组过电流。

Je2A3299 **变压器过励磁保护是按磁密 *B* 正比于（B）原理实现的。**

（A）电压 U 与频率 f 乘积；（B）电压 U 与频率 f 的比值；（C）电压 U 与绕组线圈匝数 N 的比值；（D）电压 U 与绕组线圈匝数 N 的乘积。

Je2A3300 **水轮发电机过电压保护的整定值一般为（A）。**

（A）动作电压为 1.5 倍额定电压，动作延时取 0.5s；（B）动作电压为 1.8 倍额定电压，动作延时取 3s；（C）动作电压为 1.8 倍额定电压，动作延时取 0.3s；（D）动作电压为 1.5 倍额定电压，动作延时取 3s。

Je2A3301 **来自电压互感器二次侧的 4 根开关场引入线（U_a、U_b、U_c、U_n）和电压互感器三次侧的 2 根开关场引入线（开口三角的 U_L、U_n）中的 2 个零相电缆 U_n，（B）。**

（A）在开关场并接后，合成 1 根引至控制室接地；（B）必须分别引至控制室，并在控制室接地；（C）三次侧的 U_n 在开关场接地后引入控制室 N600，二次侧的 U_n 单独引入控制室 N600 并接地；（D）在开关场并接接地后，合成 1 根后再引至控制室接地。

Je2A3302 **二次回路铜芯控制电缆按机械强度要求，连接强电端子的芯线最小截面为（B）。**

（A）1.0mm²；（B）1.5mm²；（C）2.0mm²；（D）2.5mm²。

Je2A3303 **继电保护要求，电流互感器的一次电流等于最大短路电流时，其变比误差不大于（C）。**

（A）5%；（B）8%；（C）10%；（D）3%。

Je2A4304 **对于微机型保护，为增强其抗干扰能力应采取**

的方法是（C）。

（A）交流电源来线必须经抗干扰处理，直流电源来线可不经抗干扰处理；（B）直流电源来线必须经抗干扰处理，交流电源来线可不经抗干扰处理；（C）交流及直流电源来线均必须经抗干扰处理；（D）交流及直流电源来线均可不经抗干扰处理。

Jf5A1305　为确保检验质量，试验定值时，应使用不低于（C）的仪表。

（A）0.2 级；（B）1 级；（C）0.5 级；（D）2.5 级。

Jf5A1306　用万用表测量电流电压时，被测电压的高电位端必须与万用表的（C）端钮连接。

（A）公共端；（B）“−”端；（C）“+”端；（D）“+”、“−”任一端。

Jf5A2307　绝缘电阻表有 3 个接线柱，其标号为 G、L、E，使用该表测试某线路绝缘时（A）。

（A）G 接屏蔽线、L 接线路端、E 接地；（B）G 接屏蔽线、L 接地、E 接线路端；（C）G 接地、L 接线路端、E 接屏蔽线；（D）三个端子可任意连接。

Jf5A2308　查找直流接地时，所用仪表内阻不应低于（B）。

（A）1000Ω/V；（B）2000Ω/V；（C）3000Ω/V；（D）500Ω/V。

Jf5A3309　在微机装置的检验过程中，如必须使用电烙铁，应使用专用电烙铁，并将电烙铁与保护屏（柜）（A）。

（A）在同一点接地；（B）分别接地；（C）只需保护屏（柜）接地；（D）只需电烙铁接地。

Jf5A3310　使用钳形电流表，可选择（A）然后再根据读

数逐次切换。

（A）最高档位；（B）最低档位；（C）刻度一半；（D）任何档位。

Jf5A3311 检查二次回路的绝缘电阻，应使用（**C**）的绝缘电阻表。

（A）500V；（B）250V；（C）1000V；（D）2500V。

Jf5A3312 在进行继电保护试验时，试验电流及电压的谐波分量不宜超过基波的（**B**）。

（A）2.5%；（B）5%；（C）10%；（D）2%。

Jf5A3313 在运行的电流互感器二次回路上工作时，（**A**）。

（A）严禁开路；（B）禁止短路；（C）可靠接地；（D）必须停用互感器。

Jf4A3314 对全部保护回路用**1000V**绝缘电阻表（额定电压为**100V**以下时用**500V**绝缘电阻表）测定绝缘电阻时，限值应不小于（**A**）。

（A）1MΩ；（B）0.5MΩ；（C）2MΩ；（D）5MΩ。

Jf4A3315 使用**1000V**绝缘电阻表（额定电压为**100V**以下时用**500V**绝缘电阻表）测全部端子对底座的绝缘电阻应不小于（**B**）。

（A）10MΩ；（B）50MΩ；（C）5MΩ；（D）1MΩ。

Jf4A3316 使用**1000V**绝缘电阻表（额定电压为**100V**以下时用**500V**绝缘电阻表）测线圈对触点间的绝缘电阻不小于（**C**）。

（A）10MΩ；（B）5MΩ；（C）50MΩ；（D）20MΩ。

Jf4A3317 使用 1000V 绝缘电阻表（额定电压为 100V 以下时用 500V 绝缘电阻表）测线圈间的绝缘电阻应不小于（C）。

（A）20MΩ；（B）50MΩ；（C）10MΩ；（D）5MΩ。

Jf4A3318 二次接线回路上的工作，无需将高压设备停电时，需填用（B）。

（A）第一种工作票；（B）第二种工作票；（C）继电保护安全措施票；（D）第二种工作票和继电保护安全措施票。

Je2A3319 光纤通信的常见单位 $\mathrm{dB}=10\ln\frac{P_{\mathrm{out}}}{P_{\mathrm{in}}}$，−10dB 表示光功率等于（A）。

（A）100MW；（B）0MW；（C）1MW；（D）1W。

Jf3A3320 对工作前的准备，现场工作的安全、质量、进度和工作清洁后的交接负全部责任者，是属于（B）。

（A）工作票签发人；（B）工作票负责人；（C）工作许可人；（D）工作监护人。

Jf3A3321 新安装保护装置在投入运行一年以内，未打开铝封和变动二次回路以前，保护装置出现由于调试和安装质量不良引起的不正确动作，其责任归属为（C）。

（A）设计单位；（B）运行单位；（C）基建单位；（D）生产单位。

La1A1322 关于等效变换说法正确的是（A）。

（A）等效变换只保证变换的外电路的各电压、电流不变；（B）等效变换是说互换的电路部分一样；（C）等效变换对变换电路内部等效；（D）等效变换只对直流电路成立。

La1A1323 如果线路送出有功与受进无功相等，则线路电流、电压相位关系为（**B**）。

（A）电压超前电流45°；（B）电流超前电压45°；（C）电流超前电压135°；（D）电压超前电流135°。

La1A1324 按对称分量法，**A**相的正序分量可按（**B**）式计算。

（A）FA1=（αFA+α2FB+FC）/3；（B）FA1=（FA+αFB+α2FC）/3；（C）FA1=（α2FA+αFB+FC）/3。

La1A1325 在电力系统中发生不对称故障时，短路电流中的各序分量，其中受两侧电动势相角差影响的是（**A**）。

（A）正序分量；（B）负序分量；（C）正序分量和负序分量；（D）零序分量。

La1A2326 若 i_1**=8sin（**ωt**+10°）A**，i_2**=6sin（**ωt**+30°）A**，则其二者合成后（**C**）。

（A）幅值等于14，相位角等于40°；（B）i=10sin（ωt−20°）；（C）合成电流 $i=i_1+i_2$，仍是同频率的正弦交流电流；（D）频率和相位都改变，是非正弦交流电流。

La1A2327 相当于负序分量的高次谐波是（**C**）谐波。

（A）$3n$ 次；（B）$3n$+1 次；（C）$3n$−1 次（其中 n 为正整数）；（D）上述三种以外的。

La1A2328 下属哪些说法是正确的？（**A**）。

（A）振荡时系统各点电压和电流的幅值随功角的变化一直在做往复性的摆动，但变化速度相对较慢；而短路时，在短路初瞬电压、电流是突变的，变化量较大，但短路稳态时电压、电流的有效值基本不变；（B）振荡时阻抗继电器的测量阻抗随功角的变化，幅值在变化，但相位基本不变，而短路稳态时阻抗继电器测量阻抗在幅值和相位上基本不变；（C）振荡时只会出现正序分量电流、电压，不会出现负序分量电流、电压，而发生接地短路时只会出现零序分量电压、电流不会出现正序和负序分量电压电流。

La1A2329 在没有实际测量值的情况下，除大区域之间的弱联系联络线外，系统最长振荡周期一般可按（C）考虑。

（A）1.0s；（B）1.2s；（C）1.5s；（D）2.0s。

La1A3330 两相故障时，故障点的正序电压 U_{K1} 与负序电压 U_{K2} 的关系为（B）。

（A）$U_{K1}>U_{K2}$；（B）$U_{K1}=U_{K2}$；（C）$U_{K1}<U_{K2}$；（D）$U_{K1}=U_{K2}=0$。

La1A3331 各种类型短路的电压分布规律是（C）。

（A）正序电压、负序电压、零序电压，越靠近电源数值越高；（B）正序电压、负序电压，越靠近电源数值越高，零序电压越靠近短路点越高；（C）正序电压越靠近电源数值越高，负序电压、零序电压越靠近短路点越高；（D）正序电压、负序电压、零序电压，越靠近短路点数值越高。

La1A3332 有两个正弦量，其瞬时值的表达方式分别为：$u=100\sin(\omega t-10°)$，$i=5\cos(\omega t+10°)$，可见（B）。

（A）电流滞后电压 110°；（B）电流超前电压 110°；（C）电压超前电流 20°；（D）电流超前电压 20°。

La1A3333 设对短路点的正、负、零序综合电抗为 $X_{1\Sigma}$、$X_{2\Sigma}$、$X_{0\Sigma}$，且 $X_{1\Sigma}=X_{2\Sigma}$，则单相接地短路零序电流比两相接地短路零序电流大的条件是（B）。

（A）$X_{1\Sigma}>X_0$；（B）$X_{1\Sigma}<X_0$；（C）$X_{1\Sigma}=X_{0\Sigma}$；（D）与 $X_{1\Sigma}$和 $X_{0\Sigma}$大小无关。

La1A4334　故障点零序综合阻抗大于正序综合阻抗时，与两相接地短路故障时的零序电流相比，单相接地故障的零序电流（A）。

（A）大；（B）其比值为 1；（C）小；（D）取决运行方式。

La1A4335　当线路上发生 BC 两相接地故障时，从复合序网图中求出的各序分量的电流是（A）中的各序分量电流。

（A）A 相；（B）B 相；（C）C 相；（D）BC 两相。

La1A4336　大接地电流系统中发生接地短路时，在零序序网图中没有发电机的零序阻抗，这是由于（A）。

（A）发电机没有零序阻抗；（B）发电机零序阻抗很小可忽略；（C）发电机零序阻抗近似于无穷大；（D）发电机零序阻抗中没有流过零序电流。

Lb1A1337　配置单相重合闸的线路发生瞬时单相接地故障时，由于重合闸原因误跳三相，但又三相重合成功，重合闸应如何评价（D）。

（A）不评价；（B）正确动作 1 次，误动 1 次；（C）不正确动作 1 次；（D）不正确动作 2 次。

Lb1A1338　综合重合闸装置都设有接地故障判别元件，在采用单相重合闸方式时，下述论述正确的是（A）。

（A）AB 相间故障时，故障判别元件不动作，立即沟通三相跳闸回路；（B）AB 相间故障时，故障判别元件动作，立即沟通三相跳闸回路；（C）A 相接地故障时，故障判别元件不动作，根据选相元件选出故障跳单相；（D）A 相接地故障时，故障判别元件动作，立即沟通三相跳闸回路。

Lb1A1339　闭锁式纵联保护跳闸的必要条件是（A）。

（A）正方向元件动作，反方向元件不动作，收到过闭锁信号而后信号又消失；（B）正方向元件动作，反方向元件不动作，没有收到过闭锁信号；（C）正、反方向元件均动作，没有收到过闭锁信号；（D）正、反方向元件均不动作，没有收到过闭锁信号。

Lb1A1340　双绕组变压器空载合闸的励磁涌流的特点有（D）。

（A）变压器两侧电流相位一致；（B）变压器两侧电流大小相等相位互差 30 度；（C）变压器两侧电流相位无直接联系；（D）仅在变压器一侧有电流。

Lb1A1341　发电机复合电压起动的过电流保护在（A）低电压起动过电流保护。

（A）反应对称短路及不对称短路时灵敏度均高于；（B）反应对称短路灵敏度相同但反应不对称短路时灵敏度高于；（C）反应对称短路及不对称短路时灵敏度相同只是接线简单于；（D）反应不对称短路灵敏度相同但反应对称短路时灵敏度均高于。

Lb1A1342　保护范围相同的四边形方向阻抗继电器、方向阻抗继电器、偏移圆阻抗继电器、全阻抗继电器，受系统振荡影响最大的是（A）。

（A）全阻抗继电器；（B）方向阻抗继电器；（C）偏移圆阻抗继电器；（D）四边形方向阻抗继电器。

Lb1A1343　当 Z=600Ω时，功率电平为 13dBm，那么该处对应的电压电平为（D）。

（A）3dB；（B）6dB；（C）9dB；（D）13dB。

Lb1A1344　保护装置的实测整组动作时间与整定时间相差（误差）最大值不得超过整定时间的（B）。

（A）5%；（B）10%；（C）15%；（D）20%。

Lb1A1345　不灵敏零序Ⅰ段的主要功能是（B）。

（A）在全相运行情况下作为接地短路保护；（B）在非全相运行情况下作为接地短路保护；（C）作为相间短路保护；（D）作为匝间短路保护。

Lb1A1346　所谓继电保护装置，就是指能够反应电力系统中电气元件发生故障或不正常运行状态，（A）。

（A）并动作于断路器跳闸或发出信号的一种自动装置；（B）并动作于断路器跳闸的一种自动装置；（C）并发出信号的一种自动装置；（D）并消除系统故障或不正常运行状态的一种自动装置。

Lb1A2347　变压器过励磁保护是按磁密度正比于（B）原理实现的。

（A）电压 U 与频率 f 乘积；（B）电压 U 与频率 f 的比值；（C）电压 U 与绕组线圈匝数 N 的比值；（D）电压 U 与绕组线圈匝数 N 的乘积。

Lb1A2348　220～500kV 线路分相操作断路器使用单相重合闸，要求断路器三相合闸不同期时间不大于（B）。

（A）1ms；（B）5ms；（C）10ms；（D）15ms。

Lb1A2349　如果一台三绕组自耦变压器的高中绕组变比为 2.5，S_n 为额定容量，则低压绕组的最大容量为（D）。

（A）$0.3S_n$；（B）$0.4S_n$；（C）$0.5S_n$；（D）$0.6S_n$。

Lb1A2350　Yd11 接线的变压器在△侧发生两相故障时，**Y** 侧将会产生有一相电流比另外两相电流大的现象，该相是（**B**）。

（A）故障相中超前的同名相；（B）故障相中滞后的同名相；（C）非故障相的同名相；（D）非故障相滞后的同名相。

Lb1A2351　由三只电流互感器组成的零序电流接线，在负荷电流对称的情况下有一组互感器二次侧断线，流过零序电流继电器的电流是（**C**）倍负荷电流。

（A）3；（B）2；（C）1；（D）$\sqrt{3}$。

Lb1A2352　某变电站电压互感器的开口三角形侧 **B** 相接反，则正常运行时，如一次侧运行电压为 **110kV**，开口三角形的输出为（**C**）。

（A）0V；（B）100V；（C）200V；（D）220V。

Lb1A2353　在大电流接地系统中发生接地故障时，保护安装处的 **$3U_0$** 和 **$3I_0$** 之间的相位角取决于（**C**）。

（A）保护安装处到故障点的线路零序阻抗角；（B）保护安装处正方向到零序网络中性点之间的零序阻抗角；（C）保护安装处反方向到零序网络中性点之间的零序阻抗角；（D）保护安装处综合零序网络中的零序阻抗角。

Lb1A2354　设电路中某一点的阻抗为 **60Ω**，该点的电压为 **U=7.75V**，那么，该点的电压绝对电平和功率绝对电平分别为（**D**）。

（A）10dB、20dBm；（B）10dB、30dBm；（C）20dB、20dBm；（D）20dB、30dBm。

Lb1A2355 **如果故障点在母差保护和线路纵差保护的交叉区内，致使两套保护同时动作，则（C）。**

（A）母差保护动作评价，线路纵差保护不予评价；（B）母差保护不予评价，线路纵差保护动作评价；（C）母差保护和线路纵差保护分别评价；（D）线路纵差保护母差保护都不予评价。

Lb1A2356 **微机型保护装置，当采样周期为 5/3ms 时，三点采样值乘积算法的时间窗为（A）。**

（A）10/3ms；（B）10 ms；（C）2 ms；（D）5 ms。

Lb1A2357 **PST-1200 主变保护的差动保护（SOFT-CD1）中设置了（C）制动元件，防止差动保护在变压器过励磁时误动作。**

（A）二次谐波；（B）三次谐波；（C）五次谐波；（D）七次谐波。

Lb1A2358 **直流中间继电器、跳（合）闸出口继电器的消弧回路应采取以下方式：（B）。**

（A）两支二极管串联后与继电器的线圈并联，要求每支二极管的反向击穿电压不宜低于 300V；（B）一支二极管与一适当阻值的电阻串联后与继电器的线圈并联要求二极管的反向击穿电压不宜低于 1000V；（C）一支二极管与一适当感抗值的电感串联后与继电器的线圈并联，要求二极管与电感的反向击穿电压均不宜低于 1000V。

Lb1A2359 **在保证可靠动作的前提下，对于联系不强的 220kV 电网，重点应防止保护无选择性动作；对于联系紧密的 220kV 电网，重点应保证保护动作的（B）。**

（A）选择性；（B）可靠性；（C）灵敏性；（D）快速性。

Lb1A2360　为防止由瓦斯保护启动的中间继电器在直流电源正极接地时误动，应（C）。

（A）在中间继电器起动线圈上并联电容；（B）对中间继电器增加 0.5s 的延时；（C）采用动作功率较大的中间继电器，而不要求快速动作；（D）采用快速中间继电器。

Lb1A2361　某一套独立的保护装置由保护主机及出口继电器两部分组成，分别装于两面保护屏上，其出口继电器部分（A）。

（A）必须与保护主机部分由同一专用端子对取得正、负直流电源；（B）应由出口继电器所在屏上的专用端子对取得正、负直流电源；（C）为提高保护装置的抗干扰能力，应由另一直流电源熔断器提供电源；（D）应由另一直流电源熔断器提供电源。

Lb1A2362　50km 以下的 220～500kV 线路，相间距离保护应有对本线路末端故障灵敏度不小于（A）的延时段。

（A）1.5；（B）1.4；（C）1.3；（D）1.2。

Lb1A3363　已知一条高频通道发讯侧输送到高频通道的功率是 10W，收讯侧入口处接收到的电压电平为 15dBV（设收发讯机的内阻为 75Ω），则该通道的传输衰耗为（C）。

（A）25dBm；（B）19dBm；（C）16dBm；（D）16dBV。

Lb1A3364　高压断路器控制回路中防跳继电器的动作电流应小于断路器跳闸电流的（A），线圈压降应小于 10%额定电压。

（A）1/2；（B）1/3；（C）1/4；（D）1/5。

Lb1A3365　某变电站有一套备用电源自投装置（备自投），

在工作母线有电压且断路器未跳开的情况下将备用电源合上了，检查备自投装置一切正常，试判断外部设备和回路的主要问题是（A）。

（A）工作母线电压回路故障和判断工作断路器位置的回路不正确；（B）备用电源系统失去电压；（C）工作母联瞬时低电压；（D）工作电源电压和备用电源电压刚好接反。

Lb1A3366　两侧都有电源的平行双回线 L_1、L_2，L_1 装有高频距离、高频零序电流方向保护，在 A 侧出线 L_2 发生正方向出口故障，30ms 之后 L_1 发生区内故障，L_1 的高频保护动作行为是（B）。

（A）A 侧先动作，对侧后动作；（B）两侧同时动作，但保护动作时间较系统正常时 L_1 故障要长；（C）对侧先动作，A 侧后动作；（D）待 L_2 正方向故障切除后才会动作。

Lb1A3367　母差保护中使用的母联断路器电流取自Ⅱ母侧电流互感器，如母联断路器与电流互感器之间发生故障，将造成（D）。

（A）Ⅰ母差动保护动作切除故障且Ⅰ母失压，Ⅱ母差动保护不动作，Ⅱ母不失压；（B）Ⅱ母差动保护动作切除故障且Ⅱ母失压，Ⅰ母差动保护不动作，Ⅰ母不失压；（C）Ⅰ母差动保护动作使Ⅰ母失压，而故障未切除，随后Ⅱ母差动保护动作切除故障且Ⅱ母失压；（D）Ⅰ母差动保护动作使Ⅰ母失压，但故障没有切除，随后死区保护动作切除故障且Ⅱ母失压。

Lb1A3368　某变电站装配有两套电压为 220V 的直流电源系统，正常运行时两组直流电源及所带负荷相互之间没有电气联系。如果不慎将第一组直流系统的正极与第二组直流系统的负极短接，则（B）。

（A）两组直流系统的电压及各组正、负极对大地电位与短接前相同；（B）两组直流系统的电压与短接前相同，第一组正极对大地电位为+220V；第二组负极对大地电位为–220V；（C）两组直流系统的电压与短接前相同，第一组正极对大地电位为+440V；第二组负极对大地电位为0V；（D）两组直流系统的电压与短接前略有不同，第一组电压偏高和第二组电压偏低。

Lb1A3369　接地阻抗元件要加入零序补偿 *K*。当线路 Z_0=3.7Z_1 时，*K* 为（C）。

（A）0.8；（B）0.75；（C）0.9；（C）0.85。

Lb1A3370　发电机转子绕组两点接地对发电机的主要危害之一是（A）。

（A）破坏了发电机气隙磁场的对称性，将引起发电机剧烈振动，同时无功功率出力降低；（B）无功功率出力增加；（C）转子电流被地分流，使流过转子绕组的电流减少；（D）转子电流增加，致使转子绕组过电流。

Lb1A3371　有一台新投入的 Yyn 接线的变压器，测得三相相电压、三相线电压均为 380V，对地电压 U_{aph}=U_{bph}=380V，U_{cph}=0V，该变压器发生了（A）故障。

（A）变压器零点未接地，C 相接地；（B）变压器零点接地；（C）变压器零点未接地，B 相接地；（D）变压器零点未接地，A 相接地。

Lb1A3372　母线故障时，关于母差保护电流互感器饱和程度，以下哪种说法正确（C）。

（A）故障电流越大，负载越小，电流互感器饱和越严重；（B）故障初期 3～5ms 电流互感器保持线性传变，以后饱和程度逐步减弱；（C）故障电流越大，且故障所产生的非周期分量越大和衰减时间常数越长，电流互感器饱和越严重。

Lb1A4373　220kV 采用单相重合闸的线路使用母线电压互感器。事故前负荷电流 **700A**，单相故障双侧选跳故障相后，按保证 **100Ω**过渡电阻整定的方向零序Ⅳ段在此非全相过程中（**D**）。

（A）虽零序方向继电器动作，但零序电流继电器不动作，Ⅳ段不出口；（B）虽零序电流继电器动作，但零序方向继电器不动作，Ⅳ段不出口；（C）零序方向继电器会动作，零序电流继电器也动作，Ⅳ段可出口；（D）零序方向继电器会动作，零序电流继电器也动作，但Ⅳ段不会出口。

Lb1A4374　应严防电压互感器的反充电。这是因为反充电将使电压互感器严重过载，如变比为 **220/0.1** 的电压互感器，它所接母线的对地绝缘电阻虽有 **1MΩ**，但换算至二侧的电阻只有（**A**），相当于短路。

（A）0.206Ω；（B）0.405Ω；（C）0.300Ω；（D）0.120Ω。

Lb1A4375　某 **220kV** 线路断路器处于冷备用状态，运行人员对部分相关保护装置的跳闸压板进行检查，如果站内直流系统及保护装置均正常，则（**D**）。

（A）线路纵联保护各分相跳闸压板上口对地电位为−110V；母差保护对应该线路的跳闸压板上口对地电位为 0V；（B）线路纵联保护各分相跳闸压板上口对地电位为−110V；母差保护对应该线路的跳闸压板上口对地电位为−110V；（C）线路纵联保护各分相跳闸压板上口对地电位为+110V；母差保护对应该线路的跳闸压板上口对地电位为 0V；（D）线路纵联保护各分相跳闸压板上口对地电位为+110V；母差保护对应该线路的跳闸压板上口对地电位为−110V。

Lb1A4376 **当发电机变压器组的断路器出现非全相运行时，应（C）。**

（A）启动独立的跳闸回路跳本断路器一次；（B）启动断路器失灵保护；（C）首先减发电机的出力，然后经“负序或零序电流元件”闭锁的“断路器非全相判别元件”及时间元件启动独立的跳闸回路，重跳本断路器一次。

Lb1A4377 **自耦变压器高压侧零序电流方向保护的零序电流（B）。**

（A）应取自自耦变中性线上的电流互感器二次；（B）应取自变压器高压引线上三相电流互感器二次自产零序电流或三相电流互感器二次中性线电流；（C）取上述两者均可。

Lb1A5378 **变压器一次绕组为 Ynd11，差动保护两侧电流互感器均采用星形接线。采用比率制动差动继电器，其动作判据为 $I_{zd}=|\dot{I}_1+\dot{I}_2|$，制动量取 $\{I_1,I_2\}$ 中较大者。差动最小动作电流为 2A，比率制动系数为 0.5，拐点电流为 5A。高压侧平衡系数为 $\frac{1}{\sqrt{3}}$。模拟单相穿越性故障时，当高压侧通入 $I_1=13.8$A 时测得差电流 3.5A，此时，该继电器（C）$(\sqrt{3}\approx1.73)$。**

（A）动作；（B）不动作；（C）处于动作边界；（D）七次谐波。

Lb1A5379 **变压器额定容量为 120/120/90MVA，接线组别为 YNynd11，额定电压为 220/110/11kV，高压侧电流互感器变比为 600/5；中压侧电流互感器变比为 1200/5；低压侧电流互感器变比为 6000/5，差动保护电流互感器二次均采用星形接线。差动保护高、中、低二次平衡电流正确的是（精确到小数点后 1 位）（C）。**

（A）2.6A/2.6A/9.1A；（B）2.6A/2.6A/3.9A；（C）2.6A/

2.6A/5.2A；（D）4.5A/4.5A/5.2A。

Lb1A5380 微机线路保护每周波采样 **12** 点，现负荷潮流为有功 ***P*=86.6MW**、无功 ***Q*=–50MW**，微机保护打印出电压、电流的采样值，在微机保护工作正确的前提下，下列各组中哪一组是正确的（**D**）[提示：**tan30° = 0.577**]。

（A）U_a 比 I_b 由正到负过零点滞后 3 个采样点；（B）U_a 比 I_b 由正到负过零点超前 2 个采样点；（C）U_a 比 I_c 由正到负过零点滞后 4 个采样点；（D）U_a 比 I_c 由正到负过零点滞后 5 个采样点。

Lb1A5381 图 **A-3** 是 **220kV** 线路零序参数的测试接线。表 **A-1** 中为测试结果数据。线路的零序阻抗为（**D**）**Ω**。

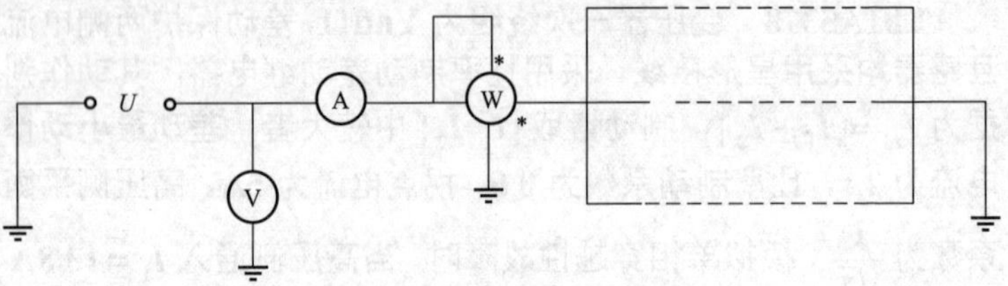

图 A-3

表 A-1 测 试 结 果

电压表 U 读数	电流表 A 读数	功率表 W 读数
96V	6A	120W

（A）1.1 + j 15.9；（B）3.3 + j 15.7；（C）30 + j 37；（D）10 + j 47。

Lb1A5382 **220kV/110kV/10kV** 变压器一次绕组为 **YNynd11** 接线，**10kV** 侧没负荷，也没引线，变压器实际当作两绕组变压器用，采用微机型双侧差动保护。对这台变压器差

动二次电流是否需要进行转角处理（内部软件转角方式或外部回路转角方式），以下正确的说法是（A）。

（A）高中压侧二次电流均必须进行转角。无论是采用内部软件转角方式还是外部回路转角方式；（B）高中压侧二次电流均不需进行转角；（C）高压侧二次电流需进行外部回路转角，中压侧不需进行转角；（D）中压侧二次电流需进行外部回路转角，高压侧不需进行转角。

4.1.2 判断题

La5B1001 当导体没有电流流过时，整个导体是等电位的。（√）

La5B1002 对称三相电路 Y 连接时，线电压为相电压的 $\sqrt{3}$。（√）

La5B1003 串联电路中，总电阻等于各电阻的倒数之和。（×）

La5B1004 电容并联时，总电容的倒数等于各电容倒数之和。（×）

La5B1005 正弦交流电压任一瞬间所具有的数值叫瞬时值。（√）

La5B1006 线圈匝数 W 与其中电流 I 的乘积，即 WI 称为磁动势。（√）

La5B1007 线圈切割相邻线圈磁通所感应出来的电动势，称互感电动势。（√）

La5B1008 在 NP 结处发生多数载流子扩散运行，少数载流子漂移运动，结果形成了空间电荷区。（√）

La5B1009 放大器工作点偏高会发生截止失真，偏低会发生饱和失真。（×）

La5B1010 单结晶体管当发射极与基极 b_1 之间的电压超过峰点电压 U_p 时，单结晶体管导通。（√）

La5B1011 外力 F 将单位正电荷从负极搬到正极所做的功，称为这个电源的电动势。（√）

La5B1012 当选择不同的电位参考点时，各点的电位值是不同的值，两点间的电位差是不变的。（√）

La5B1013 室内照明灯开关断开时，开关两端电位差为 0V。（×）

La5B1014 正弦交流电最大的瞬时值，称为最大值或振幅

值。（×）

La5B1015 正弦振荡器产生持续振荡的两个条件，是振幅平衡条件和相位平衡条件。（√）

La5B1016 运算放大器有两种输入端，即同相输入端和反相输入端。（√）

La5B1017 单相全波和桥式整流电路，若 R_L 中的电流相等，组成它们的逆向电压单相全波整流比桥式整流大一倍。（√）

La5B1018 继电器线圈带电时，触点断开的称为常开触点。（×）

La5B1019 三相桥式整流中，R_L 承受的是整流变压器二次绕组的线电压。（√）

La5B1020 在欧姆定律中，导体的电阻与两端的电压成正比，与通过其中的电流强度成反比。（√）

La5B1021 在数字电路中，正逻辑"1"表示高电位，"0"表示低电位；负逻辑"1"表示高电位，"0"表示低电位。（×）

La5B1022 所用电流互感器和电压互感器的二次绕组应有永久性的、可靠的保护接地。（√）

La5B1023 中央信号分为事故信号和预告信号。（√）

La5B1024 事故信号的主要任务是在断路器事故跳闸时，能及时地发出音响，并作相应的断路器灯位置信号闪光。（√）

La5B1025 对电子试验仪表的接地方式应特别注意，以免烧坏仪表和保护装置中的插件。（√）

La5B1026 跳合闸引出端子应与正电源有效隔离。（√）

La5B1027 电气主接线图一般以单线图表示。（√）

La5B1028 瞬时电流速断是主保护。（×）

La5B1029 电流互感器不完全星形接线，不能反应所有的接地故障。（√）

La5B1030 接线展开图由交流电流电压回路、直流操作回路和信号回路三部分组成。（√）

La5B1031 在一次设备运行而停部分保护进行工作时，应特别注意断开不经连接片的跳、合闸线圈及与运行设备安全有关的连线。(√)

La5B1032 现场工作应按图纸进行，严禁凭记忆作为工作的依据。(√)

La5B1033 在保护盘上或附近进行打眼等振动较大的工作时，应采取防止运行中设备跳闸的措施，必要时经值班调度员或值班负责人同意，将保护暂时停用。(√)

La5B1034 我国采用的中性点工作方式有：中性点直接接地、中性点经消弧线圈接地和中性点不接地三种。(√)

La5B1035 断路器最低跳闸电压及最低合闸电压，其值分别为不低于 30%U_e和不大于 70%U_e。(×)

La5B1036 在保护屏的端子排处将所有外部引入的回路及电缆全部断开，分别将电流、电压、直流控制信号回路的所有端子各自连在一起，用 1000V 绝缘电阻表测量绝缘电阻，其阻值均应大于 10MΩ。(√)

La5B1037 光电耦合电路的光耦在密封壳内进行，故不受外界光干扰。(√)

La5B1038 变压器并列运行的条件：① 接线组别相同；② 一、二次侧的额定电压分别相等（变比相等）；③ 阻抗电压相等。(√)

La5B1039 电压互感器开口三角形绕组的额定电压，在大接地系统中为 100/3V。(×)

La5B1040 调相机的铭牌容量是指过励磁状态时，发出无功功率的有效值。(×)

Jb1B5041 LFP-902 的重合闸在“停用”方式下，若被保护线路发生单相故障，则本保护动作于三相跳闸。(×)

La5B1042 可用卡继电器触点、短路触点或类似人为手段做保护装置的整组试验。(×)

La5B1043 继电保护人员输入定值应停用整套微机保护

装置。（√）

La5B1044 电动机电流速断保护的定值应大于电动机的最大自起动电流。（√）

La5B1045 变压器的接线组别是表示高低压绕组之间相位关系的一种方法。（√）

Jd5B1046 Yd11 组别的变压器差动保护，高压侧电流互感器的二次绕组必须三角形接线。（×）

La5B1047 10kV 保护做传动试验时，有时出现烧毁出口继电器触点的现象，这是由于继电器触点断弧容量小造成的。（×）

La5B1048 为了防止调相机的强行励磁装置在电压互感器二次回路断线时误动作，两块低电压继电器应分别接于不同的电压互感器上。（√）

La5B1049 常用锯条根据齿锯的大小分粗齿锯条和细齿锯条。（√）

La5B1050 一般锯割铝材、铜材、铸材、低碳钢和中碳钢以及锯割厚度较大的材料时，一般选用细齿锯条。（×）

La5B1051 10kV 油断路器的绝缘油，起绝缘和灭弧作用。（×）

La5B1052 电力系统过电压即指雷电过电压。（×）

La5B1053 低电压继电器返回系数应为 1.05～1.2。（√）

La5B1054 过电流(压)继电器，返回系数应为 0.85～0.95。（√）

La5B1055 查找直流接地时，所用仪表内阻不得低于 2000Ω/V。（√）

La5B1056 电流互感器一次和二次绕组间的极性，应按加极性原则标注。（×）

La5B1057 对出口中间继电器，其动作值应为额定电压的 30%～70%。（×）

Je1B5058 与 LFP-902 配合工作的收发信机的远方启动

(即远方起信)应退出,同时不再利用传统的断路器三相位置接点串联接入收发信机的停信回路。(√)

La5B1059 在电压互感器二次回路中,均应装设熔断器或自动开关。(×)

La5B1060 变电站装设避雷器是为了防止直击雷。(×)

La5B1061 辅助继电器可分为中间继电器、时间继电器和信号继电器。(√)

La5B1062 励磁涌流的衰减时间为1.5~2s。(×)

La5B1063 励磁流涌可达变压器额定电流的6~8倍。(√)

La5B1064 继电保护装置是保证电力元件安全运行的基本装备,任何电力元件不得在无保护的状态下运行。(√)

La5B1065 线路变压器组接线可只装电流速断和过流保护。(√)

La5B1066 在最大运行方式下,电流保护的保护区大于最小运行方式下的保护区。(√)

Jb2B5067 闭锁式高频保护,判断故障为区内故障发跳闸令的条件为:本侧停信元件在动作状态及此时通道无高频信号(即收信元件在不动作状态)。(×)

La5B1068 电源电压不稳定,是产生零点漂移的主要因素。(×)

La5B1069 重合闸继电器,在额定电压下,充电25s后放电,中间继电器可靠不动。(√)

La5B1070 在额定电压下,重合闸充电10s,继电器可靠动作。(×)

La5B1071 在80%额定电压下,重合闸充电25s,继电器可靠动作。(×)

La5B1072 在同一刻度下,对电压继电器,并联时的动作电压为串联时的2倍。(×)

La5B1073 在同一刻度下,对电流继电器,并联时的动作

电流为串联时的2倍。（√）

La5B1074 清扫运行中的设备和二次回路时，应认真仔细，并使用绝缘工具（毛刷、吹风设备等），特别注意防止振动、防止误碰。（√）

La5B1075 预告信号的主要任务是在运行设备发生异常现象时，瞬时或延时发出音响信号，并使光字牌显示出异常状况的内容。（×）

La5B1076 可用电缆芯两端同时接地的方法作为抗干扰措施。（×）

La5B1077 过电流保护可以独立使用。（√）

La5B1078 在空载投入变压器或外部故障切除后恢复供电等情况下，有可能产生很大的励磁涌流。（√）

Jb2B4079 由于助增电流（排除外汲情况）的存在，使距离保护的测量阻抗增大，保护范围缩小。（√）

La5B1080 变压器的上层油温不得超过85℃。（√）

La5B1081 电流互感器完全星形接线，在三相和两相短路时，零导线中有不平衡电流存在。（√）

La5B1082 电流互感器两相星形接线，只用来作为相间短路保护。（√）

La5B1083 交流电的周期和频率互为倒数。（√）

La5B1084 在同一接法下（并联或串联）最大刻度值的动作电流为最小刻度值的2倍。（√）

La5B1085 小接地系统发生单相接地时，故障相电压为0，非故障相电压上升为线电压。（√）

La5B1086 对电流互感器的一、二次侧引出端一般采用减极性标注。（√）

La5B1087 变压器在运行中补充油，应事先将重瓦斯保护改接信号位置，以防止误动跳闸。（√）

La5B1088 三相五柱式电压互感器一般有两个二次绕组，一个接成星形，一个接成开口三角形。（√）

La5B1089 输电线路零序电流速断保护范围应不超过线路的末端，故其动作电流应小于保护线路末端故障时的最大零序电流。(×)

La5B1090 根据最大运行方式计算的短路电流来检验继电保护的灵敏度。(×)

La5B1091 减小零点漂移的措施：① 利用非线性元件进行温度补偿；② 采用调制方式；③ 采用差动式放大电路。(√)

La5B1092 双侧电源的单回线路，投检查无压一侧也同时投入检查同步继电器，两者的触点串联工作。(×)

La5B1093 零序电流的分布，与系统的零序网络无关，而与电源的数目有关。(×)

La5B1094 能满足系统稳定及设备安全要求，能以最快速度有选择地切除被保护设备和线路故障的保护称为主保护。(√)

La5B1095 不履行现场继电保护工作安全措施票，是现场继电保护动作的习惯性违章的表现。(√)

La5B1096 继电保护装置试验所用仪表的精确度应为 1 级。(×)

La5B1097 监视 220V 直流回路绝缘状态所用直流电压表计的内阻不小于 10kΩ。(×)

La5B1098 电气主接线的基本形式可分为有母线和无母线两大类。(√)

La5B1099 在 10kV 输电线路中，单相接地不得超过 3h。(√)

La5B1100 同步调相机的功率因数为零。(√)

La4B1101 在电场中某点分别放置电量为 P_0、$2P_0$、$3P_0$ 的检验电荷，该点的场强就会变化，移去检验电荷，该点的场强变为零。(×)

La4B1102 将两只“220V，40W”的白炽灯串联后，接入 220V 的电路，消耗的功率是 20W。(√)

Lb4B1103 正弦交流电路发生串联谐振时，电流最小，总阻抗最大。（×）

La4B1104 计算机通常是由四部分组成，这四部分是运算器、存储器、控制器、输入输出设备。（√）

La4B1105 基尔霍夫电流定律不仅适用于电路中的任意一个节点，而且也适用于包含部分电路的任一假设的闭合面。（√）

La4B1106 我国电力系统中性点接地方式有三种，分别是直接接地方式、经消弧线圈接地方式和经大电抗器接地方式。（×）

La4B2107 在串联谐振电路中，电感和电容的电压数值相等，方向相反。（√）

La4B1108 三极管有两个PN结，二极管有一个PN结，所以可用两个二极管代替一个三极管。（×）

La4B2109 电感元件在电路中并不消耗能量，因为它是无功负荷。（√）

La4B2110 非正弦电路的平均功率，就是各次谐波所产生的平均功率之和。（√）

La4B2111 对称分量法就是将一组不对称的三相电压或电流分解为正序、负序和零序三组对称的电压或电流，例如：

$$\dot{U}_{A}=\dot{U}_{A1}+\dot{U}_{A2}+\dot{U}_{A0}$$

$$\dot{U}_{B}=\alpha^{2}\dot{U}_{A1}+\alpha\dot{U}_{A2}+\dot{U}_{A0}$$

$$\dot{U}_{C}=\alpha\dot{U}_{A1}+\alpha^{2}\dot{U}_{A2}+\dot{U}_{A0}$$

其中α是运算算子，表示将某相量反时针旋转120°。（√）

La4B3112 电流互感器二次回路采用多点接地，易造成保护拒绝动作。（√）

La4B3113 从放大器的输出端将输出信号（电压或电流）通过一定的电路送回到输入端的现象叫负反馈。若送回到输入端的信号与输入端原有信号反相使放大倍数下降的叫反馈。（×）

Lb4B1114 零序电流保护不反应电网的正常负荷、全相振荡和相间短路。（√）

Lb4B1115 对全阻抗继电器，设 Z_m 为继电器的测量阻抗，Z_s 为继电器的整定阻抗，当$|Z_s| \geqslant |Z_m|$时，继电器动作。（√）

Lb4B1116 距离保护装置通常由起动部分、测量部分、振荡闭锁部分、二次电压回路断线失压闭锁部分、逻辑部分等五个主要部分组成。（√）

Lb4B1117 同步发电机和调相机并入电网有准同期并列和自同期并列两种基本方法。（√）

Lb4B1118 强电和弱电回路可以合用一根电缆。（×）

Lb4B1119 距离保护就是反应故障点至保护安装处的距离，并根据距离的远近而确定动作时间的一种保护装置。（√）

Lb4B2120 在大接地电流系统中，线路发生单相接地短路时，母线上电压互感器开口三角形的电压，就是母线的零序电压 $3U_0$。（√）

Lb4B2121 距离保护中的振荡闭锁装置，是在系统发生振荡时，才起动去闭锁保护。（×）

Lb4B2122 接地距离保护不仅能反应单相接地故障，而且也能反应两相接地故障。（√）

Je1B5123 高频通道反措中，采用高频变量器直接耦合的高频通道，要求在高频电缆芯回路中串接一个电容的目的是为了高频通道的参数匹配。（×）

Lb4B2124 正弦振荡器产生持续振荡的两个条件为振幅平衡条件和相位平衡条件。（√）

Lb4B3125 电力系统发生振荡时，任一点电流与电压的大小，随着两侧电动势周期性的变化而变化。当变化周期小于该点距离保护某段的整定时间时，则该段距离保护不会误动作。（√）

Lb4B3126 按电气性能要求，保护电流回路中铜芯导线截面积应不小于 $2.0mm^2$。（×）

Lb4B3127 距离保护动作区末端金属性相间短路的最小短路电流，应大于相应段最小精确工作电流的两倍。（√）

Lb4B3128 对采用电容储能电源的变电所，应考虑在失去交流电源情况下，有几套保护同时动作，或在其他消耗直流能量最大的情况下，保证保护装置与有关断路器均能可靠动作跳闸。（√）

Lb4B3129 距离保护瞬时测定，一般只用于单回线辐射形电网中带时限的保护段上，通常是第Ⅰ段，这时被保护方向相邻的所有线路上都应同时采用瞬时测量。（×）

Jb2B3130 判断振荡用的相电流或正序电流元件应可靠躲过正常负荷电流。（√）

Lb4B3131 母线保护在外部故障时，其差动回路电流等于各连接元件的电流之和（不考虑电流互感器的误差）；在内部故障时，其差动回路的电流等于零。（×）

Lb4B3132 在距离保护中，“瞬时测定”就是将距离元件的初始动作状态，通过启动元件的动作而固定下来，以防止测量元件因短路点过渡电阻的增大而返回，造成保护装置拒绝动作。（√）

Lb4B3133 在具备快速重合闸的条件下，能否采用快速重合闸，取决于重合瞬间通过设备的冲击电流值和重合后的实际效果。（√）

Lb4B3134 由三个电流互感器构成的零序电流滤过器，其不平衡电流主要是由于三个电流互感器铁芯磁化特性不完全相同所产生的。为了减小不平衡电流，必须选用具有相同磁化特性，并在磁化曲线未饱和部分工作的电流互感器来组成零序电流滤过器。（√）

Lb4B3135 助增电流的存在，使距离保护的测量阻抗减小，保护范围增大。（×）

Lb4B3136 汲出电流的存在，使距离保护的测量阻抗增大，保护范围缩短。（×）

Lb4B3137 当 Yd 接线的变压器三角形侧发生两相短路时，变压器另一侧三相电流是不相等的，其中两相的只为第三相的一半。（√）

Lb4B3138 在大接地电流系统中，线路的相间电流速断保护比零序速断保护的范围大得多，这是因为线路的正序阻抗值比零序阻抗值小得多。（×）

Lb4B3139 如果不考虑电流和线路电阻，在大电流接地系统中发生接地短路时，零序电流超前零序电压 90°。（√）

Lb4B3140 零序电流保护，能反映各种不对称短路，但不反映三相对称短路。（×）

Lb4B3141 相间 0° 接线的阻抗继电器，在线路同一地点发生各种相间短路及两相接地短路时，继电器所测得的阻抗相同。（√）

Lb4B3142 在系统振荡过程中，系统电压最高点叫振荡中心，它位于系统综合阻抗的 1/2 处。（×）

Lb4B4143 电力系统频率变化对阻抗元件动作行为的影响，主要是因为阻抗元件采用电感、电容元件作记忆回路。（√）

Lb4B4144 Yyn 接线变压器的零序阻抗比 YNd 接线的大得多。（√）

Lc4B1145 数字式仪表自校功能的作用，在于测量前检查仪表本身各部分的工作是否正常。（√）

Lc4B2146 空载长线路充电时，末端电压会升高。这是由于对地电容电流在线路自感电抗上产生了压降。（√）

Lc4B2147 电力系统有功出力不足时，不只影响系统的频率，对系统电压的影响更大。（×）

Lc4B2148 高压室内的二次接线和照明等回路上的工作，需要将高压设备停电或做安全措施者，只需填用第二种工作票。（×）

Lc4B2149 输电线路的阻抗角与导线的材料有关，同型号的导线，截面越大，阻抗越大，阻抗角越大。（×）

Lc4B3150 凡第一次采用国外微机继电保护装置，可以不经国家级质检中心进行动模试验。（×）

Lc4B3151 电力系统进行解列操作，需先将解列断路器处的有功功率和无功功率尽量调整为零，使解列后不致因为系统功率不平衡而引起频率和电压的变化。（√）

Jd4B1152 接于线电压和同名相两相电流差的阻抗继电器，通知单上给定的整定阻抗为 Z（Ω/ph），由保护盘端子上加入单相试验电压和电流，整定阻抗的计算方法为 $Z_s=U/2I$。（√）

Jd4B1153 若微机保护装置和收发信机均有远方启信回路，两套远方启信回路可同时使用，互为备用。（×）

Jd4B2154 微机保护的模拟量输入/输出回路使用的辅助交流变换器，其作用仅在于把高电压、大电流转换成小电压信号供模数变换器使用。（×）

Jd4B2155 电力载波通信就是将语音或远动信号寄载于频率为 40～500kHz 的高频波之上的一种通信方式。（√）

Ld4B2156 电路中任一点的功率（电流、电压）与标准功率之比再取其自然对数后的值，称为该点的功率绝对电平。（×）

Ld4B2157 电压互感器二次回路通电试验时，为防止由二次侧向一次侧反充电，只需将二次回路断开。（×）

Jd4B3158 使用示波器时，为使波形稳定，必须使被测信号频率恰为扫描频率的整数倍，为此可适当加大同步电压的幅度，并适当调节扫描频率，使波形稳定。（√）

Jd4B3159 对于不易过负荷的电动机，常用电磁型电流继电器构成速断保护，保护装置的电流互感器可采用两相式不完全星形接线，当灵敏度允许时，可采用两相差接线方式。（√）

Jd4B3160 母线完全差动保护起动元件的整定值，应能避开外部故障时的最大短路电流。（×）

Jd4B3161 对变压器差动保护进行六角图相量测试，应在变压器空载时进行。（×）

Jd4B3162 高频保护停用，应先将保护装置直流电源断

开。（×）

Je4B1163 距离保护中，故障点过渡电阻的存在，有时会使阻抗继电器的测量阻抗增大，也就是说保护范围会伸长。（×）

Jd4B1164 根据二十五项反措继电保护实施细则的要求，断路器失灵保护的相电流判别元件动作时间和返回时间均不应大于 10ms。（×）

Je4B1165 高压输电线路的故障，绝大部分是单相接地故障。（√）

Je4B1166 跳闸（合闸）线圈的压降均小于电源电压的 90%才为合格。（√）

Je4B1167 变动电流、电压二次回路后，可以不用负荷电流、电压检查变动回路的正确性。（×）

Je4B1168 在高频通道上进行测试工作时，选频电平表应使用替代法。（×）

Je4B1169 变压器气体继电器的安装，要求变压器顶盖沿气体继电器方向与水平面具有 1%～1.5%的升高坡度。（√）

Je4B2170 向变电所的母线空充电操作时，有时出现误发接地信号，其原因是变电所内三相带电体对地电容量不等，造成中性点位移，产生较大的零序电压。（√）

Je4B2171 中性点接地的三绕组变压器与自耦变压器的零序电流保护的差别是电流互感器装设的位置不同。三绕组变压器的零序电流保护装于变压器的中性线上，而自耦变器的零序电流保护，则分别装于高、中压侧的零序电流滤过器上。（√）

Je4B2172 在大接地电流系统中，发生接地故障的线路，其电源端零序功率的方向与正序功率的方向正好相反。故障线路零序功率的方向是由母线流向线路。（×）

Je4B3173 对于线路纵联保护原因不明的不正确动作不论一侧或两侧，若线路两侧同属一个单位则评为不正确动作，若线路两侧属于两个单位，则各侧均按不正确动作一次评价。（×）

Je4B3174 对于微机型母线保护，在母线连接元件进行切换时，不应退出母差保护，应合上互联压板。（√）

Je4B3175 电力网中出现短路故障时，过渡电阻的存在，对距离保护装置有一定的影响，而且当整定值越小时，它的影响越大，故障点离保护安装处越远时，影响也越大。（×）

Je4B3176 输电线路 BC 两相金属性短路时，短路电流 I_{bc} 滞后于 BC 相间电压一线路阻抗角。（√）

Je4B3177 装置的整组试验是指自动装置的电压、电流二次回路的引入端子处，向同一被保护设备的所有装置通入模拟的电压、电流量，以检验各装置在故障及重合闸过程中的动作情况。（√）

Je4B3178 不论是单侧电源电路，还是双侧电源的网络上，发生短路故障时，短路点的过渡电阻总是使距离保护的测量阻抗增大。（×）

Je4B3179 在中性点不接地系统中，发生单相接地故障时，流过故障线路始端的零序电流滞后零序电压 90°。（√）

Je4B3180 电流相位比较式母线保护，在单母线运行时，非选择性开关或刀闸必须打在断开位置，否则当母线故障时，母线保护将拒绝动作。（×）

Je4B3181 结合滤波器和耦合电容器组成的带通滤波器对 50Hz 工频应呈现极大的衰耗，以阻止工频串入高频装置。（√）

Je4B3182 谐波制动的变压器纵差保护中，设置差动速断元件的主要原因是为了防止在区内故障有较大的短路电流时，由于电流互感器的饱和产生高次谐波量增加，导致差动元件拒动。（√）

Je4B3183 距离保护受系统振荡的影响与保护的安装地点有关，当振荡中心在保护范围外或位于保护的反方向时，距离保护就不会因系统振荡而误动作。（√）

Je4B3184 在运行中的高频通道上进行工作时，应确认耦合电容器低压侧接地措施绝对可靠后，才能进行工作。（√）

Je4B3185 微机母线保护在正常运行方式下，母联断路器因故断开，在任一母线故障时，母线保护将误动作。（×）

Je4B3186 保护安装处的零序电压，等于故障点的零序电压减去故障点至保护安装处的零序电压降。因此，保护安装处距故障点越近，零序电压越高。（√）

Je4B3187 在系统发生故障而振荡时，只要距离保护的整定值大于保护安装处至振荡中心之间的阻抗，就不会发生误动作。（×）

Je4B3188 距离保护是本线路正方向故障和与本线路串联的下一条线路上故障的保护，它具有明显的方向性。因此，即使作为距离保护Ⅲ段的测量元件，也不能用具有偏移特性的阻抗继电器。（×）

Je4B3189 在公用一个逐次逼近式 A/D 变换器的数据采集系统中，采样保持回路（S/H）的作用是保证各通道同步采样，并在 A/D 转换过程中使采集到的输入信号中的模拟量维持不变。（√）

Je4B3190 变压器充电时励磁涌流的大小与断路器合闸瞬间电压的相位角α有关。当α=0°时，合闸磁通立即达到稳定值，此时不产生励磁涌流；当α=90°时，合闸磁通由零增大至$2\varphi_m$，励磁涌流可达到额定电流的 6～8 倍。（×）

Je4B3191 采用Ⅰ、Ⅱ段切换方式工作的阻抗继电器的切换中间继电器，一般都带一个不大的返回延时，这主要是为了保证故障发生在第Ⅱ段范围内时，保护装置可靠地以第Ⅰ段的动作时间切除故障。（×）

Je4B3192 对于单侧电源的三绕组变压器，采用 BCH-1 型差动继电器构成的差动保护，其制动线圈应接在外部短路电流最小的一侧，这样在区外故障时，保护具有良好的制动作用，而在区内故障时又具有较高的灵敏度。（×）

Je4B3193 线路上发生 A 相金属性接地短路时，电源侧 A 相母线上正序电压等于该母线上 A 相负序电压与零序电压之

和。(×)

Je4B3194 某母线装设有完全差动保护，在外部故障时，各健全线路的电流方向是背离母线的，故障线路的电流方向是指向母线的，其大小等于各健全线路电流之和。(×)

Je4B3195 电网中的相间短路保护，有时采用距离保护，是由于电流（电压）保护受系统运行方式变化的影响很大，不满足灵敏度的要求。(√)

Je4B3196 高频保护通道输电线衰耗与它的电压等级，线路长度及使用频率有关，使用频率愈高，线路每单位长度衰耗愈小。(×)

Je4B3197 对于分级绝缘的变压器，中性点不接地或经放电间隙接地时应装设零序过电压和零序电流保护，以防止发生接地故障时因过电压而损坏变压器。(√)

Je4B3198 非全相运行中会误动的保护，应接综合重合闸装置的“N”端。(×)

Je4B3199 当重合闸装置中任一元件损坏或不正常时，其接线应确保不发生多次重合。(√)

Je4B3200 用指针式万用表在微机保护上进行测试连接片两端电压时，可不考虑其内阻。(×)

La3B1201 在应用单相重合闸的线路上，发生瞬时或较长时间的两相运行，高频保护不会误动。(√)

La3B2202 只要电源是正弦的，电路中的各部分电流及电压也是正弦的。(×)

La2B2203 在数字电路中，正逻辑“1”表示低电位，“0”表示高电位。(×)

La3B3204 在线性电路中，如果电源电压是方波，则电路中各部分的电流及电压也是方波。(×)

La3B3205 欲使自激振荡器产生自激振荡，输出端反馈到输入端的电压必须与输入电压同相。(√)

La2B3206 只要电压或电流的波形不是标准的正弦波，其

中必定包含高次谐波。（√）

La2B4207 在大接地电流系统中，变压器中性点接地的数量和变压器在系统中的位置，是经综合考虑变压器的绝缘水平、降低接地短路电流、保证继电保护可靠动作等要求而决定的。（√）

Lb3B1208 静止元件（线路和变压器）的负序和正序阻抗是相等的，零序阻抗则不同于正序或负序阻抗；旋转元件（如发电机和电动机）的正序、负序和零序阻抗三者互不相等。（√）

Lb3B1209 由于在非全相运行中出现零序电流，所以零序电流保护必须经综合重合闸的M端子。（×）

Lb3B1210 距离保护振荡闭锁开放时间等于振荡闭锁装置整组复归时间。（×）

Lb3B1211 高频保护的停信方式有：断路器三跳停信、手动停信、其他保护停信及高频保护本身停信。（√）

Lb3B1212 发信机主要由调制电路、振荡电路、放大电路、高频滤波电路等构成。（√）

Lb3B1213 高频保护通道传送的信号按其作用的不同，可分为跳闸信号、允许信号和闭锁信号三类。（√）

Lb3B2214 系统零序电流的分布与电源点的分布有关，与中性点接地的多少及位置无关。（×）

Lb3B2215 采用远方启动和闭锁信号的高频闭锁距离保护，既可用于双电源线路也可用于单电源线路。（×）

Lb3B2216 瓦斯保护能反应变压器油箱内的任何故障，如铁芯过热烧伤、油面降低等，但差动保护对此无反应。（√）

Lb3B2217 电力变压器正、负、零序阻抗值均相等而与其接线方式无关。（×）

Lb3B2218 电力系统的静态稳定性，是指电力系统在受到小的扰动后，能自动恢复到原始运行状态的能力。（√）

Lb2B2219 距离保护安装处分支与短路点所在分支连接处还有其他分支电源时，流经故障线路的电流，大于流过保护

安装处的电流，其增加部分称之为汲出电流。（×）

Lb2B2220 高频保护启动发信方式有：保护启动；远方启动；手动启动。（√）

Lb2B2221 高压输电线路的高频加工设备是指阻波器、耦合电容器、结合滤波器和高频电缆。（√）

Lb3B3222 在大电流接地系统中的零序功率方向过流保护，一般采用最大灵敏角为70°的功率方向继电器，而用于小电流接地系统的方向过流保护，则常采用最大灵敏角为–40°功率方向继电器。（×）

Lb3B3223 全阻抗继电器的动作特性反映在阻抗平面上的阻抗圆的半径，它代表的全阻抗继电器的整定阻抗。（√）

Lb3B3224 在调试高频保护时，本侧收到对侧的高频信号越大越好。（×）

Lb3B3225 方向阻抗继电器切换成方向继电器后，其最大灵敏角不变。（√）

Lb2B3226 接入负载的四端网络的输入阻抗，等于输入端电压与电流之比，它与网络系数及负载有关。（√）

Lb2B3227 综合重合闸中接地判别元件，一般由零序过电流或零序过电压继电器构成，它的作用是区别出非对称接地短路故障。（√）

Lb2B3228 高频保护通道的工作方式，可分为长期发信和故障时发信两种。（√）

Lb2B3229 失灵保护是当主保护或断路器拒动时用来切除故障的保护。（×）

Lb2B3230 在220kV双母线运行方式下，当任一母线故障，母线差动保护动作而母联断路器拒动时，母差保护将无法切除故障，这时需由断路器失灵保护或对侧线路保护来切除故障母线。（√）

Lb3B3231 相差高频保护的基本工作原理是比较被保护线路两侧电流的相位。（√）

Lb3B4232 在高频闭锁零序保护中，当发生区外故障时，总有一侧保护视之为正方向，故这一侧停信，而另一侧连续向线路两侧发出闭锁信号，因而两侧高频闭锁保护不会动作跳闸。（√）

Lb3B4233 短路电流暂态过程中含有非周期分量，电流互感器的暂态误差比稳态误差大得多。因此，母线差动保护的暂态不平衡电流也比稳态不平衡电流大得多。（√）

Lb3B4234 完全纵差保护不能反映发电机定子绕组和变压器绕组匝间短路。（×）

Lb2B4235 综合重合闸中，低电压选相元件仅仅用在短路容量很小的一侧以及单电源线路的弱电侧。（√）

Lb2B4236 断路器失灵保护，是近后备保护中防止断路器拒动的一项有效措施，只有当远后备保护不能满足灵敏度要求时，才考虑装设断路器失灵保护。（√）

Lb2B4237 在双母线母联电流比相式母线保护中，任一母线故障，只要母联断路器中电流 I_b=0，母线保护将拒绝动作，因此为了保证保护装置可靠动作，两段母线都必须有可靠电源与之连接。（√）

Lb2B4238 保护用电流互感器（不包括中间电流互感器）的稳态比误差不应大于 10%，必要时还应考虑暂态误差。（×）

Lb2B4239 判断振荡用的相电流或正序电流元件应可靠躲过正常负荷电流。（√）

Lb3B5240 对于母线差动保护，当各单元电流互感器变比不同时，则应用补偿变流器进行补偿。补偿方式应以变比较大为基准，采用降流方式。（√）

Lc3B2241 控制熔断器的额定电流应为最大负荷电流的 2 倍。（×）

Lc3B3242 检修继电保护的人员，在取得值班员的许可后可进行拉合断路器和隔离开关操作。（×）

Lc3B3243 发电厂与变电所距离较远，一个是电源一个是

负荷中心，所以频率不同。（×）

Jd3B2244 当电压互感器二次星形侧发生相间短路时，在熔丝或自动开关未断开以前，电压回路断相闭锁装置不动作。（√）

Jd3B2245 运行中的高频保护，两侧交换高频信号试验时，保护装置需要断开跳闸压板。（×）

Jd3B2246 高频保护的工作方式采用闭锁式，即装置启动后，收到连续高频信号就起动出口继电器。（×）

Jd2B2247 只要不影响保护正常运行，交、直流回路可以共用一根电缆。（×）

Jd2B2248 当直流回路有一点接地的状况下，允许长期运行。（×）

Jd3B3249 高频保护在自动重合闸重合后随之发生振荡，保护装置将误动作。（×）

Jd3B3250 从测量元件来看，一般相间距离保护和接地距离保护所接入的电压与电流没有什么不同。（×）

Jd2B2251 零序电流方向保护装置，接入综合重合闸的哪个端子，要视其整定值而定。当能躲过非全相运行时的零序电流时，从M端子接入；不能躲过时，从N端子接入。（×）

Jd2B3252 测量高频保护的高频电压时，可以使用绞合线。（×）

Jd3B4253 综合重合闸中，选相元件必须可靠，如果因选相元件在故障时拒动而跳开三相断路器，根据有关规程规定应认定综合重合闸为不正确动作。（√）

Jd3B4254 高频闭锁零序或负序功率方向保护，当电压互感器装在母线上而线路非全相运行时会误动，此时该保护必须经过综合重合闸的M端子。（√）

Je3B2255 高频保护通道中，输电线路衰耗与它的电压等级、线路长度及使用频率有关，使用频率愈高，线路每单位长度衰耗愈小。（×）

Je3B2256 平行线路之间存在零序互感，当相邻平行线流过零序电流时，将在线路上产生感应零序电势，有可能改变零序电流与零序电压的相量关系。（√）

Je3B2257 反应相间故障的三段式距离保护装置中，有振荡闭锁的保护段可以经过综合重合闸的N端子跳闸。（√）

Je3B2258 相差高频保护在非全相运行时可能误动，应接在综合重合闸的M端子上。（×）

Je3B2259 在大接地电流系统中，输电线路的断路器，其触头一相或两相先接通的过程中，与组成零序电流滤过器的电流互感器的二次两相或一相断开，流入零序电流继电器的电流相等。（√）

Je3B2260 双端供电线路两侧均安装有同期重合闸，为了防止非同期重合，两侧重合闸连接片均应投在检同期方式进行。（×）

Je3B2261 三绕组自耦变压器一般各侧都应装设过负荷保护，至少要在送电侧和低压侧装设过负荷保护。（√）

Je3B2262 母线充电保护只是在对母线充电时才投入使用，充电完毕后要退出。（√）

Jd3B2263 闭锁式线路纵联保护如需停用直流电源，应在两侧纵联保护停用后才允许停直流电源。（√）

Jd3B2264 主保护是满足系统稳定和设备要求、能以最快速度且有选择地切除被保护设备和线路故障的保护。（√）

Je3B2265 高频保护使用的频率越高其通道衰耗越小。（×）

Je3B2266 高频保护在短路持续时间内，短路功率方向发生改变，保护装置不会误动。（√）

Je3B2267 高频保护在非全相运行中，又发生区外故障此时保护装置将会误动作。（×）

Je3B3268 平行线路中，一条检修停运，并在两侧挂有接地线，如果运行线路发生了接地故障，出现零序电流，会在停

运检修的线路上产生零序感应电流，反过来又会在运行线路上产生感应电动势，使运行线路零序电流减小。（×）

Je2B2269 设 K 为电流互感器的变比，无论电流互感器是否饱和，其一次电流 I_1 与二次电流 I_2 始终保持 $I_2=I_1/K$ 的关系。（×）

Je2B2270 在负序网络或零序网络中，只在故障点有电动势作用于网络，所以故障点有时称为负序或零序电流的发生点。（√）

Je2B2271 并联谐振应具备以下特征：电路中的总电流 I 达到最小值，电路中的总阻抗达到最大值。（√）

Je3B3272 由高频闭锁距离保护原理可知，当发生短路故障，两侧启动元件都动作时，如有一侧停止发信，两侧保护仍然被闭锁，不会出口跳闸。（√）

Je3B3273 元件固定连接的双母线差动保护装置，在元件固定连接方式破坏后，如果电流二次回路不做相应切换，则选择元件无法保证动作的选择性。（√）

Je3B3274 装有管型避雷器的线路，为了使保护装置在避雷器放电时不会误动作，保护的动作时限（以开始发生故障至发出跳闸脉冲）不应小于 0.02s，保护装置启动元件的返回时间应小于 0.08s。（×）

Je3B3275 电力系统频率低得过多，对距离保护来讲，首先是使阻抗继电器的最大灵敏角变大，因此会使距离保护躲负荷阻抗的能力变差，躲短路点过渡电阻的能力增强。（×）

Je3B3276 在自耦变压器高压侧接地短路时，中性点零序电流的大小和相位，将随着中压侧系统零序阻抗的变化而改变。因此，自耦变压器的零序电流保护不能装于中性点，而应分别装在高、中压侧。（√）

Je3B3277 当母线故障，母线差动保护动作而某断路器拒动或故障点发生在电流互感器与断路器之间时，为加速对侧保护切除故障，对装有高频保护的线路，应采用母线差动保护动

作发信的措施。(×)

Je3B3278 在正常运行时，接入负序电流继电器的电流互感器有一相断线，当负荷电流的数值达到$\sqrt{3}$倍负序电流的整定值时，负序电流继电器才动作。(×)

Je3B3279 在大接地电流系统中，当断路器触头一相或两相先闭合时，零序电流滤过器均无电流输出。(×)

Je3B3280 发信机发出的信号电平，经通道衰减到达对侧收信机入口时，应有足够的余量。一般余量电平在 2NP（1NP=8.686dB）左右；在易结冰的线路上，余量电平最好不小于 1.5NP。(×)

Je2B3281 在高频电路中某测试点的电压 U_X 和标准比较电压 U_0=0.775V 之比取常用对数的 10 倍，称为该点的电压绝对电平。(×)

Je2B3282 在高频闭锁距离保护中，为了防止外部故障切除后系统振荡时，靠近故障侧的距离元件误停信，而导致保护装置误动作,所以距离元件停信必须经振荡闭锁装置控制。(√)

Je2B3283 装有单相重合闸的线路，在内部单相故障切除后转入非全相运行时，在非故障相负荷电流与非全相振荡电流作用下，相差高频保护起动元件可能不返回，两侧发信机继续发信，保护装置不会误动。(√)

Je2B3284 高频闭锁距离保护装置一般都装有振荡闭锁元件，因此在非全相运行且系统振荡时不会误动，可从 R 端接入综合重合闸装置，但如果该保护与未经振荡闭锁的带时限部分的后备保护共用一个出口，则该保护必须接入综合重合闸的 M 端子。(×)

Je2B3285 如果断路器的液压操动机构打压频繁，可将第二微动开关往下移动一段距离，就可以避免。(×)

Je3B4286 如果不满足采样定理，则根据采样后的数据可还原出比原输入信号中的最高次频率 f_{max} 还要高的频率信号，这就是频率混叠现象。(×)

Je3B4287 因为高频保护不反应被保护线路以外的故障，所以不能作为下一段线路的后备保护。(√)

Je3B4288 高频保护通道余量小于 8.686dB 时，高频保护应该退出。(√)

Je3B4289 零序电流与零序电压可以同极性接入微机保护装置。(√)

Je2B4290 高频阻波器在工作频率下，要求衰耗值小于 3dB。(×)

Je2B4291 高频保护与通信合用通道时，通信人员可以随便在通道上工作。(×)

Je2B4292 收发信机采用外差式接收方式和分时门控技术，可有效地解决收发信机同频而产生的频拍问题。(√)

Je2B4293 对 LFP-901A 型微机保护装置主保护中的电压回路断线闭锁，只要三相电压相量和大于 8V，即发断线闭锁信号。(√)

Je2B5294 因为高频发信机经常向通道发检查信号，所以线路的高频保护不用对试。(×)

Je2B5295 为减少高频保护的差拍现象，调整到使本端发信电压 U_1 与所接收的对端发信电压 U_2 之比应大于 4。(×)

Je2B5296 高频振荡器中采用的石英晶体具有压电效应，当外加电压的频率与石英切片的固有谐振频率相同时，机械振荡的振幅就剧烈增加，通过石英切片的有功电流分量也随之大大增加，从而引起共振。(√)

Jf3B3297 吊车进入 220kV 现场作业与带电体的安全距离为 3m。(×)

Jc2B3298 在现场工作过程中，遇到异常现象或断路器跳闸时，不论与本身工作是否有关，应立即停止工作，保持现状。(√)

Je2B4299 计算机监控系统的基本功能就是为运行人员提供站内运行设备在正常和异常情况下的各种有用信息。(×)

Lb1B5300 主保护双重化主要是指两套主保护的交流电

流、电压和直流电源彼此独立，有独立的选相功能，有两套独立的保护专（复）用通道，断路器有两个跳闸线圈、每套保护分别启动一组。（√）

Lb1B3301 所有涉及直接跳闸的重要回路应采用动作电压在额定直流电源电压的 55%～70%范围以内的中间继电器，并要求其动作功率不低于 5W。（√）

Lc1B4302 如果微机保护室与通信机房间，二次回路存在电气联系，就应敷设截面不小于 $100m^2$ 的接地铜排。（√）

Jf1B4303 微机光纤纵联保护的远方跳闸，必须经就地判别。（√）

Jf1B5304 工频变化量方向纵联保护需要振荡闭锁。（×）

Je1B5305 主变压器保护动作解除失灵保护电压闭锁，主要解决失灵保护电压闭锁元件对主变压器中低压侧故障的灵敏度不足问题。（√）

Jd1B4306 在进行整组试验时，还应检验断路器跳闸、合闸线圈的压降均不小于 90%的电源电压才为合格。（√）

Jd1B5307 为了保证在电流互感器与断路器之间发生故障时，母差保护跳开本侧断路器后对侧纵联保护能快速动作，应采取的措施是母差保护动作停信或发允许信号。（√）

Je1B4308 必须利用钳形电流表检查屏蔽线的接地电流，以确定其是否接地良好。（√）

Lb1B5309 变压器各侧电流互感器型号不同，变流器变比与计算值不同，变压器调压分接头不同，所以在变压器差动保护中会产生暂态不平衡电流。（×）

Je1B5310 对 Yd11 接线的变压器，当变压器 d 侧出口故障，Y 侧绕组低电压保护接相间电压，不能正确反映故障相间电压。（√）

Je1B5311 电抗器差动保护动作值应躲过励磁涌流。（×）

Jf1B3312 线路出现断相，当断相点纵向零序阻抗大于纵向正序阻抗时，单相断相零序电流应小于两相断相时的零序电

流。（√）

Lb1B3313 系统振荡时，线路发生断相，零序电流与两侧电势角差的变化无关，与线路负荷电流的大小有关。（×）

Jd1B4314 系统运行方式越大，保护装置的动作灵敏度越高。（×）

Je1B5315 平行线路之间的零序互感，对线路零序电流的幅值有影响，对零序电流与零序电压之间的相位关系无影响。（×）

Lb1B5316 傅里叶算法可以滤去多次谐波，但受输入模拟量中非周期分量的影响较大。（√）

Lb1B5317 电容式电压互感器的稳态工作特性与电磁式电压互感器基本相同，暂态特性比电磁式电压互感器差。（×）

Je1B4318 五次谐波电流的大小或方向可以作为中性点非直接接地系统中，查找故障线路的一个判据。（√）

Je1B3319 电压互感器二次输出回路 A、B、C、N 相均应装设熔断器或自动小开关。（×）

Jd1B5320 阻抗保护可作为变压器或发电机所有内部短路时有足够灵敏度的后备保护。（×）

Lb1B5321 相间阻抗继电器的测量阻抗与保护安装处至故障点的距离成正比，而与电网的运行方式无关，并不随短路故障的类型而改变。（√）

Je1B5322 零序电流保护Ⅵ段定值一般整定较小，线路重合过程非全相运行时，可能误动，因此在重合闸周期内应闭锁，暂时退出运行。（×）

Jd1B5323 微机型接地距离保护，输入电路中没有零序电流补偿回路，即不需要考虑零序补偿。（×）

Jf1B5324 变压器气体继电器的安装，要求变压器顶盖沿气体继电器方向与水平面具有 1%～1.5%的升高坡度（√）

La1B2325 对称三相电路 Y 连接时，线电压为相电压的 $\sqrt{3}$。（√）

Je1B5326 对变压器差动保护进行六角图相量测试，应在变压器带负载时进行。（√）

Lb1B4327 高频保护停用，只须将保护装置高频保护连接片断开即可。（√）

Lc1B3328 跳闸（合闸）线圈的压降均大于电源电压的90%才为合格。（×）

Lb1B5329 在欧姆定律中，导体的电阻与两端的电压成反比，与通过其中的电流强度成正比。（×）

Jd1B3330 输电线路 BC 两相金属性短路时，短路电流 I_{bc} 滞后于 BC 相间电压一线路阻抗角。（√）

Jd1B5331 短路电流暂态过程中含有非周期分量，电流互感器的暂态误差比稳态误差大得多。因此，母线差动保护的暂态不平衡电流也比稳态不平衡电流大得多。（√）

Jd1B5332 Yd11 组别的变压器差动保护，高压侧电流互感器的二次绕组必须三角形接线或在保护装置内采取相位补偿等。（√）

Je1B3333 并联谐振应具备以下特征：电路中的总电流 I 达到最小值，电路中的总阻抗达到最大值。（√）

Jf1B5334 在大电流接地系统中，当相邻平行线停运检修并在两侧接地时，电网接地故障时，将在该运行线路上产生零序感应电流，此时在运行线路中的零序电流将会减少。（×）

La1B5335 当线路出现不对称断相时，因为没有发生接地故障，所以线路没零序电流。（×）

La1B5336 系统振荡时，变电站现场观察到表计每秒摆动两次，系统的振荡周期应该是 0.5 秒。（√）

La1B4337 采用检无压、检同期重合闸的线路，投检无压的一侧，不能投检同期。（×）

Jd1B3338 发电机负序反时限保护与系统后备保护无配合关系。（√）

Jd1B3339 二次回路中电缆芯线和导线截面的选择原则

是：只需满足电气性能的要求；在电压和操作回路中，应按允许的压降选择电缆芯线或电缆芯线的截面。（×）

Jd1B3340 为使变压器差动保护在变压器过激磁时不误动，在确定保护的整定值时，应增大差动保护的5次谐波制动比。（×）

Jd1B3341 在双侧电源系统中，如忽略分布电容，当线路非全相运行时一定会出现零序电流和负序电流。（×）

Jd1B3342 在正常工况下，发电机中性点无电压。因此，为防止强磁场通过大地对保护的干扰，可取消发电机中性点电压互感器二次（或消弧线圈、配电变压器二次）的接地点。（×）

Je1B5343 大接地电流系统中发生接地短路时，在复合序网的零序序网图中没有出现发电机的零序阻抗，这是由于发电机的零序阻抗很小可忽略。（×）

Je1B3344 P级电流互感器10%误差是指额定负载情况下的最大允许误差。（×）

Jd1B3345 在电压互感器开口三角绕组输出端不应装熔断器，而应装设自动开关，以便开关跳开时发信号。（×）

Jf1B5346 YNd11接线的变压器低压侧发生bc两相短路时，高压侧B相电流是其他两相电流的2倍。（×）

Je1B2347 变压器纵差保护经星–角相位补偿后，滤去了故障电流中的零序电流，因此，不能反映变压器YN侧内部单相接地故障。（×）

Jd1B3348 对输入采样值的抗干扰纠错，不仅可以判别各采样值是否可信，同时还可以发现数据采集系统的硬件损坏故障。（√）

La1B3349 自动低频减载装置附加减负荷级（特殊级）的动作频率整定为首级动作频率，动作时限整定为0.5秒。（×）

La1B3350 对定时限过电流保护进行灵敏度校验时一定要考虑分支系数的影响，且要取实际可能出现的最小值。（×）

Lc1B3351 自动低频减载装置切除的负荷总数量应小于

系统中实际可能发生的最大功率缺额。（√）

Jd1B3352 在母线保护和断路器失灵保护中，一般共用一套出口继电器和断路器跳闸回路，但作用于不同的断路器。（√）

Ld1B4353 对线路变压器组，距离Ⅰ段的保护范围不允许伸到变压器内部。（×）

Jd1B5354 在微机保护中，加装了自恢复电路以后，若被保护对象发生内部故障，同时发生程序出格，不会影响保护动作的快速性和可靠性。（√）

Je1B5355 对于中性点直接接地的三绕组自耦变压器，中压侧母线发生单相接地故障时，接地中性线的电流流向、大小要随高压侧系统零序阻抗大小而发生变化。（×）

Jd1B5356 超高压线路电容电流对线路两侧电流大小和相位的影响可以忽略不计。（×）

Jd1B5357 同步发电机的额定电压与和它相连接的变压器的额定电压相同（×）

Jd1B5358 变压器在运行时，虽然有时变压器的上层油温未超过规定值，但变压器的温升，则有可能超过规定值。（√）

Jd1B5359 在发电机的进风温度为40℃时，发电机转子绕组的允许温度为105℃，允许温升为65℃。（×）

Jd1B5360 电力变压器通常在其低压侧绕组中引出分接抽头，与分接开关相连用来调节低压侧电压。（×）

4.1.3 简答题

Lb5C1001 大电流接地系统，电力变压器中性点接地方式有几种？

答：变压器中性点接地的方式有以下三种：

（1）中性点直接接地。

（2）经消弧线圈接地。

（3）中性点不接地。

Lb5C1002 试述电力生产的几个主要环节。

答：发电厂、变电所、输电线。

Lb5C1003 二次回路的电路图按任务不同可分为几种？

答：按任务不同可分为三种，即原理图、展开图和安装接线图。

Lb5C1004 发供电系统由哪些主要设备组成？

答：发供电系统主要设备包括输煤系统、锅炉、汽轮机、发电机、变压器、输电线路和送配电设备系统等。

Lb5C1005 差动放大电路为什么能够减小零点漂移？

答：因为差动放大电路双端输出时，由于电路对称，故而有效地抑制了零点漂移；单端输出时，由于 R_e 的负反馈抑制了零点漂移，所以，差动放大电路能够减少零点漂移。

Lb5C2006 什么是失灵保护？

答：当故障线路的继电保护动作发出跳闸脉冲后，断路器拒绝动作时，能够以较短的时限切除同一发电厂或变电所内其他有关的断路器，以使停电范围限制在最小的一种后备保护。

Lb5C2007　低频减载的作用是什么？

答：低频减载的作用是，当电力系统有功不足时，低频减载装置自动按频减载，切除次要负荷，以保证系统稳定运行。

Lb5C2008　继电器的一般检查内容是什么？

答：继电器一般检查内容有：

（1）外部检查。

（2）内部及机械部分的检查。

（3）绝缘检查。

（4）电压线圈过流电阻的测定。

Lb5C2009　断路器失灵保护的动作条件是什么？

答：（1）故障线路或者设备的保护装置出口继电器动作后不返回。

（2）在被保护范围内仍然存在故障。

Lb5C2010　变压器油在多油断路器，少油断路器中各起什么作用？

答：变压器油在多油断路器中起绝缘和灭弧作用，在少油断路器中仅起灭弧作用。

Lb5C2011　电压互感器有几种接线方式？

答：有三种分别为：Yyd 接线，Yy 接线，Vv 接线。

Lb5C2012　发电机手动同期并列应具备哪些条件？

答：发电机并列条件：待并发电机的电压、频率、相位与运行系统的电压、频率、相位之差小于规定值。

Lb5C2013　为什么万用表的电压灵敏度越高（内阻大），测量电压的误差就越小？

答：万用表电压灵敏度的意义是指每测量 1V 电压对应的仪表内阻，如 MF-18 型万用表为 20 000Ω/V。用万用表电压档测量电压时，是与被测对象并联连接，电压灵敏度高，就是该表测量电压时内阻大，分流作用小，对测量的影响就小，测量结果就准确，反之测量误差就大。所以，万用表的电压灵敏度越高，测量电压的误差就越小。

Lb5C2014　何谓运行中的电气设备？

答：运行中的设备是指全部带有电压或一部分带电及一经操作即带电的电气设备。

Lb5C2015　在带电的保护盘或控制盘上工作时，要采取什么措施？

答：在全部或部分带电的盘上进行工作，应将检修设备与运行设备以明显的标志（如红布帘）隔开，要履行工作票手续和监护制度。

Jb5C3016　继电保护快速切除故障对电力系统有哪些好处？

答：快速切除故障的好处有：

（1）提高电力系统的稳定性。

（2）电压恢复快，电动机容易自启动并迅速恢复正常，从而减少对用户的影响。

（3）减轻电气设备的损坏程度，防止故障进一步扩大。

（4）短路点易于去游离，提高重合闸的成功率。

Lb5C3017　什么叫定时限过电流保护？什么叫反时限过电流保护？

答：为了实现过电流保护的动作选择性，各保护的动作时间一般按阶梯原则进行整定。即相邻保护的动作时间，自负荷向电源方向逐级增大，且每套保护的动作时间是恒定不变的，与短路电流的大小无关。具有这种动作时限特性的过电流保护称为定时限过电流保护。

反时限过电流保护是指动作时间随短路电流的增大而自动减小的保护。使用在输电线路上的反时限过电流保护，能更快地切除被保护线路首端的故障。

Lb5C3018　何谓系统的最大、最小运行方式？

答：在继电保护的整定计算中，一般都要考虑电力系统的最大与最小运行方式。最大运行方式是指在被保护对象末端短路时，系统的等值阻抗最小，通过保护装置的短路电流为最大的运行方式。

最小的运行方式是指在上述同样的短路情况下，系统等值阻抗最大，通过保护装置的短路电流为最小的运行方式。

Lb5C3019　何谓近后备保护？近后备保护的优点是什么？

答：近后备保护就是在同一电气元件上装设A、B两套保护，当保护A拒绝动作时，由保护B动作于跳闸。当断路器拒绝动作时，保护动作后带一定时限作用于该母线上所连接的各路电源的断路器跳闸。

近后备保护的优点是能可靠地起到后备作用，动作迅速，在结构复杂的电网中能够实现选择性的后备作用。

Lb5C3020　什么叫电流速断保护？它有什么特点？

答：按躲过被保护元件外部短路时流过本保护的最大短路电流进行整定，以保证它有选择性地动作的无时限电流保护，称为电流速断保护。

它的特点是：接线简单，动作可靠，切除故障快，但不能保护线路全长。保护范围受系统运行方式变化的影响较大。

Lb5C3021　新安装或二次回路经变动后的微机变压器差

动保护须做哪些工作后方可正式投运？

答：新安装或二次回路经变动后的差动保护，应在变压器充电时将差动保护投入运行；带负荷前将差动保护停用；带负荷后测量负荷电流相量和继电器的差电压，正确无误后，方准将差动保护正式投入运行。

Lb5C3022　变压器励磁涌流具有哪些特点？

答：（1）包含有很大成分的非周期分量，往往使涌流偏于时间轴的一侧。

（2）包含有大量的高次谐波，并以二次谐波成分最大。

（3）涌流波形之间存在间断角。

（4）涌流在初始阶段数值很大，以后逐渐衰减。

Lb5C3023　电流闭锁电压速断保护比单一的电流或电压速断保护有什么优点？

答：电流闭锁电压速断保护的整定原则是从经常运行方式出发，使电流和电压元件具有相等的灵敏度，因而在经常运行方式下，有足够大的保护区，且在最大或最小运行方式下也不会误动作。它比单一的电流或电压速断保护的保护区大。

Lb5C3024　何谓复合电压启动的过电流保护？

答：复合电压起动的过电流保护，是在过电流保护的基础上，加入由一个负序电压继电器和一个接在相间电压上的低电压继电器组成的复合电压启动元件构成的保护。只有在电流测量元件及电压启动元件均动作时，保护装置才能动作于跳闸。

Lb5C3025　重合闸装置何时应停用？

答：重合闸装置在下列情况时应停用：

（1）运行中发现装置异常。

（2）电源联络线路有可能造成非同期合闸时。

（3）充电线路或试运行的线路。

（4）经省调主管生产领导批准不宜使用重合闸的线路（如根据稳定要求不允许使用重合闸的）。

（5）线路有带电作业。

Lb5C3026　安装接线图包括哪些内容？

答：安装接线图包括：屏面布置图、屏背面接线图和端子排图。

Lb5C4027　对三相自动重合闸装置应进行哪些检验？

答：对三相自动重合闸继电器的检验项目如下：

（1）各直流继电器的检验。

（2）充电时间的检验。

（3）只进行一次重合的可靠性检验。

（4）停用重合闸回路的可靠性检验。

Lb5C4028　整组试验有什么反措要求？

答：用整组试验的方法，即除了由电流及电压端子通入与故障情况相符的模拟故障量外，保护装置应处于与投入运行完全相同的状态，检查保护回路及整定值的正确性。

不允许用卡继电器触点、短接触点或类似的人为手段做保护装置的整组试验。

Lb5C4029　闭锁式高频方向保护基本原理是什么？

答：闭锁式的高频方向保护原则上规定每端短路功率方向为正时，不发送高频信号，为负时发送高频闭锁信号。因此在故障时收不到高频信号表示两侧都为正方向，允许出口跳闸；在一段相对较长时间内收到高频信号时表示两侧中有一侧为负方向，就闭锁保护。

Lb5C4030　对继电保护装置的基本要求是什么？

答：继电保护装置必须满足选择性、快速性、灵敏性和可靠性四个基本要求。

Lb5C4031　当微机保护动作后应做什么工作？

答：此时应做如下工作：

（1）首先按屏上打印按钮，打印有关报告，包括定值跳闸报告、自检报告、开关量状态等。

（2）记录信号灯和管理板液晶显示内容。

（3）进入打印子菜单，打印前几次的报告。

Lb5C5032　对继电器触点一般有何要求？

答：要求触点固定牢固可靠，无拆伤和烧损。常开触点闭合后要有足够的压力，即接触后有明显的共同行程。常闭触点的接触要紧密可靠，且有足够的压力。动、静触点接触时应中心相对。

Lb5C5033　电流继电器的主要技术参数有哪几个？

答：电流继电器的主要技术参数是动作电流、返回电流和返回系数。

Lb4C1034　微机保护装置进行哪些外部检查？

答：继电器在验收或定期检验时，应做如下外部检查：

（1）继电器外壳应完好无损，盖与底座之间密封良好，吻合可靠。

（2）各元件不应有外伤和破损，且安装牢固、整齐。

（3）导电部分的螺丝、接线柱以及连接导线等部件，不应有氧化、开焊及接触不良等现象，螺丝及接线柱均应有垫片及弹簧垫。

（4）非导电部件，如弹簧、限位杆等，必须用螺丝加以固定并用耐久漆点封。

Lb4C1035 电压互感器在运行中为什么要严防二次侧短路？

答：电压互感器是一个内阻极小的电压源，正常运行时负载阻抗很大，相当于开路状态，二次侧仅有很小的负载电流，当二次侧短路时，负载阻抗为零，将产生很大的短路电流，会将电压互感器烧坏。因此，电压互感器二次侧短路是电气试验人员的又一大忌。

Lb4C2036 在重合闸装置中有哪些闭锁重合闸的措施？

答：各种闭锁重合闸的措施是：

（1）停用重合闸方式时，直接闭锁重合闸。

（2）手动跳闸时，直接闭锁重合闸。

（3）不经重合闸的保护跳闸时，闭锁重合闸。

（4）在使用单相重合闸方式时，断路器三跳，用位置继电器触点闭锁重合闸；保护经综重三跳时，闭锁重合闸。

（5）断路器气压或液压降低到不允许重合闸时，闭锁重合闸。

Lb4C2037 哪些回路属于连接保护装置的二次回路？

答：连接保护装置的二次回路有以下几种回路：

（1）从电流互感器、电压互感器二次侧端子开始到有关继电保护装置的二次回路（对多油断路器或变压器等套管互感器，自端子箱开始）。

（2）从继电保护直流分路熔丝开始到有关保护装置的二次回路。

（3）从保护装置到控制屏和中央信号屏间的直流回路。

（4）继电保护装置出口端子排到断路器操作箱端子排的跳、合闸回路。

Lb4C2038　直流正、负极接地对运行有哪些危害？

答：直流正极接地有造成保护误动的可能。因为一般跳闸线圈（如出口中间继电器线圈和跳合闸线圈等）均接负极电源，若这些回路再发生接地或绝缘不良就会引起保护误动作。直流负极接地与正极接地同一道理，如回路中再有一点接地就可能造成保护拒绝动作（越级扩大事故）。因为两点接地将跳闸或合闸回路短路，这时还可能烧坏继电器触点。

Lb4C3039　对振荡闭锁装置的基本要求是什么？

答：对振荡闭锁装置的基本要求如下：

（1）系统发生振荡而没有故障时，应可靠地将保护闭锁。

（2）在保护范围内发生短路故障的同时，系统发生振荡，闭锁装置不能将保护闭锁，应允许保护动作。

（3）继电保护在动作过程中系统出现振荡，闭锁装置不应干预保护的工作。

Lb4C3040　利用负序电流增量比利用负序电流稳态值构成的振荡闭锁装置有哪些优点？

答：利用负序电流增量构成的振荡闭锁装置，反应负序电流的变化量，能更可靠地躲过非全相运行时出现的稳态负序电流和负序电流滤过器的不平衡电流，使振荡闭锁装置具有更高的灵敏度和可靠性。

Lb4C3041　为什么有些大容量变压器及系统联络变压器用负序电流和单相式低电压启动的过电流保护作为后备保护？

答：因为这种保护方式有如下优点：

（1）在发生不对称短路时，其灵敏度高。

（2）在变压器后发生不对称短路时，其灵敏度与变压器的接线方式无关。

Lb4C3042　同步调相机为什么装设低电压保护？

答：当电源电压消失时，调相机将停止运行，为了防止电压突然恢复时，调相机在无启动设备的情况下再启动，必须设置调相机低电压保护。电源电压下降或消失时，低电压保护动作将调相机切除或跳开其灭磁开关，同时投入启动电抗器，使其处于准备启动状态。

Lb4C4043　调相机为什么不装反应外部故障的过电流保护？

答：原因有以下几点：

（1）外部故障时电压下降，需要调相机送出大量无功功率以尽快恢复系统电压，此时切除调相机是不合理的。

（2）外部故障由相应保护动作切除后，调相机供给的短路电流亦随之减小。

（3）当外部故障使电压急剧下降时，可以由低电压保护动作切除调相机。

Lb4C4044　何谓方向阻抗继电器的最大灵敏角？试验出的最大的灵敏角允许与通知单上所给的线路阻抗角相差多少度？

答：方向阻抗继电器的动作阻抗 Z_{op} 随阻抗角 φ 而变，带圆特性的方向阻抗继电器，圆的直径动作阻抗最大，继电器最灵敏，故称直径与 R 轴的夹角为继电器的最大灵敏角，通常用 φ_s 表示。

要求最大灵敏角应不大于通知单中给定的线路阻抗角的 $\pm 5°$。

Lb4C4045　大型发电机定子接地保护应满足哪几个基本要求？

答：应满足三个基本要求：

（1）故障点电流不应超过安全电流。

（2）有100%的保护区。

（3）保护区内任一点发生接地故障时，保护应有足够高的灵敏度。

Lb4C5046　为什么距离保护的Ⅰ段保护范围通常选择为被保护线路全长的80%～85%？

答：距离保护第Ⅰ段的动作时限为保护装置本身的固有动作时间，为了和相邻的下一线路的距离保护第Ⅰ段有选择性的配合，两者的保护范围不能有重叠的部分。否则，本线路第Ⅰ段的保护范围会延伸到下一线路，造成无选择性动作。再者，保护定值计算用的线路参数有误差，电压互感器和电流互感器的测量也有误差。考虑最不利的情况，这些误差为正值相加。如果第Ⅰ段的保护范围为被保护线路的全长，就不可避免地要延伸到下一线路。此时，若下一线路出口故障，则相邻的两条线路的第Ⅰ段会同时动作，造成无选择性地切断故障。为除上弊，第Ⅰ段保护范围通常取被保护线路全长的80%～85%。

Lb4C5047　系统运行方式变化时，对过电流及低电压保护有何影响？

答：电流保护在运行方式变小时，保护范围会缩小，甚至变得无保护范围；电压保护在运行方式变大时，保护范围会缩短，但不可能无保护范围。

Lb3C1048　负序反时限电流保护按什么原则整定？

答：反时限的上限电流，可按躲过变压器高压侧两相短路流过保护装置的负序电流整定。下限按允许的不平衡电流能可靠返回整定。

Lb3C2049　什么叫工作衰耗？它的表达式是什么？

答：工作衰耗是当负载阻抗与电源内阻相等并且直接相连接时，负载所接收的最大功率 P_0 与该电源经过四端网络后，供给任一负载阻抗上所接收的功率 P_2 之比，取其自然对数值的一半。

它的表达式为 $B_G = \frac{1}{2}\ln\frac{P_0}{P_2}$

Lb2C2050　在高压电网中，高频保护的作用是什么？

答：高频保护用在远距离高压输电线路上，对被保护线路上任一点各类故障均能瞬时由两侧切除，从而提高电力系统运行的稳定性和重合闸的成功率。

Lb3C3051　什么叫高频保护？

答：高频保护就是将线路两端的电流相位或功率方向转化为高频信号，然后利用输电线路本身构成一高频电流通道，将此信号送至对端，以比较两端电流相位或功率方向的一种保护。

Lb3C3052　结合滤波器在高频保护中的作用是什么？

答：（1）它与耦合电容器组成一个带通滤过器，当传送高频信号时，处于谐振状态，使高频信号畅通无阻，而对工频电压呈现很大的阻抗。

（2）使输电线路的波阻抗（约 400Ω）与高频电缆的波阻抗（100Ω）相匹配。

Lb3C5053　提高高频通道余量的主要措施是什么？

答：提高高频通道余量的主要措施有：

（1）适当提高发信机的发信功率。

（2）降低工作频率以减少衰耗，对于长线路可考虑采用 70kHz 以下的频率。

（3）合理选用收信启动电平。

Lb2C4054　调频阻波器应检验哪些项目？

答：检验的项目有：

（1）外部检查。

（2）阻波器的调谐和阻塞频带校验。

（3）检验阻抗频率特性 $Z=f(F)$。

（4）检验分流衰耗特性 $b=f(F)$。

（5）放电器放电电压校验。

Lc5C1055　常用钳工加工方法有哪几种？

答：常用钳工加工方法有凿削、锉削、锯割、钻孔、攻丝、套扣等。

Lc5C2056　在一次设备运行而停用部分保护进行工作时，应特别注意什么？

答：在一次设备运行而停用部分保护进行工作时，应特别注意断开不经连接片的跳、合闸线及与运行设备有关的连线。

Lc5C3057　在电气设备上工作时，保证安全的组织措施有哪些？

答：在电气设备上工作时，保证安全的组织措施有：

（1）工作票制度。

（2）工作许可制度。

（3）工作监护制度。

（4）工作间断、转移和终结制度。

Lc5C4058　变压器的瓦斯保护，在运行中应注意哪些问题？

答：瓦斯继电器接线端子处不应渗油，端子盒应能防止雨、雪和灰尘的侵入，电源及其二次回路要有防水、防油和防冻的措施，并要在春秋二季进行防水、防油和防冻检查。

Lc4C1059　中央信号包括哪两大部分？

答：中央信号包括中央事故信号和中央预告信号两大部分。

Lc4C2060　电气设备的运行状态有哪几种？

答：有四种：

（1）运行。

（2）热状态备用中。

（3）冷状态备用中。

（4）检修中。

Lc4C3061　什么叫一次设备？

答：一次设备是指直接生产、变换、传输电能的设备，如发电机、变压器、母线、断路器、输配电装置等。

Lc4C4062　什么叫一次接线图？

答：一次接线图又叫主接线图。它用来表示电力输送与分配路线。其上表明多个电气装置和主要元件的连接顺序。一般主接线图，都绘制成单线图，因为单线图看起来比较清晰、简单明了。

Jd5C1063　电气设备的二次回路主要包括哪些部分？

答：电气设备的二次回路包括测量、监察回路，控制、信号回路，继电保护和自动装置回路以及操作电流回路等。

Jd5C1064　瓦斯继电器重瓦斯的流速一般整定为多少？而轻瓦斯动作容积整定值又是多少？

答：重瓦斯的流速一般整定在0.6～lm/s，对于强迫油循环的变压器整定为1.1～1.4m/s；轻瓦斯的动作容积，可根据变压器的容量大小整定在200～300mm^{3}范围内。

Jd5C2065　高压断路器的位置信号灯在控制盘上的位置有何规定？

答：高压断路器的位置信号灯—红灯和绿灯在控制盘上的位置是：红灯在右，绿灯在左，分别布置在控制开关的上部。

Jd5C2066　检修断路器时为什么必须把二次回路断开？

答：检修断路器时如果不断开二次回路，会危及人身安全并可能造成直流接地、短路，甚至造成保护误动，引起系统故障，所以必须断开二次回路。

Jd5C2067　对继电保护装置进行定期检验时，如何测全回路的绝缘电阻？其数值是多少？

答：在定期检验时，对全部保护接线回路用 1000V 绝缘电阻表测定绝缘电阻，其值应不小于 1MΩ。

Jd5C3068　对于 $3U_0$ 构成的保护的测试，有什么反措要求？

答：对于由 $3U_0$ 构成的保护的测试，有下述反措要求：

（1）不能以检查 $3U_0$ 回路是否有不平衡电压的方法来确认 $3U_0$ 回路良好。

（2）不能单独依靠“六角图”测试方法确证 $3U_0$ 构成的方向保护的极性关系正确。

（3）可以对包括电流、电压互感器及其二次回路连接与方向元件等综合组成的整体进行试验，以确证整组方向保护的极性正确。

(4)最根本的办法是查清电压互感器及电流互感器的极性，以及所有由互感器端子到继电保护屏的连线和屏上零序方向继电器的极性，作出综合的正确判断。

Jd5C3069　安装接线图中，对安装单位、同型号设备、设

备顺序如何进行编号？

答：（1）安装单位编号以罗马数字Ⅰ、Ⅱ、Ⅲ……等来表示。

（2）同型设备，在设备文字标号前以数字来区别，如1kA、2kA。

（3）同一安装单位中的设备顺序是从左到右，从上到下以阿拉伯数字来区别，例如第一安装单位的5号设备为I_5。

Jd5C3070　LFP-901A型保护和收发信机的连接与传统保护有何不同？

答：LFP-901A型保护中有完整的启动、停信、远方启动及每日交换信号操作的逻辑，收发信机只受保护控制传送信号。应特别注意不再利用传统的断路器的三相位置触点相串联接入收发信机的停信回路，收发信机远方启动应退出。LFP-90lA型保护和收发信机之间的连接采用单触点方式。

Jd5C4071　什么是带时限速断保护？其保护范围是什么？

答：（1）具有一定时限的过流保护，称带时限速断保护。

（2）其保护范围主要是本线路末端，并延伸至下一段线路的始端。

Jd5C4072　为什么要装设电流速断保护？

答：装设电流速断保护的原因，是为了克服定时限保护越靠近电源的保护装置动作时限越长的缺点。

Jd5C3073　电压互感器二次侧某相熔丝并联的电容器，其容量应怎样选择？

答：应按电压互感器在带最大负荷下三相熔丝均断开以及在带最小负荷下并联电容器的一相熔丝断开时，电压断相闭锁继电器线圈上的电压不小于其动作电压的两倍左右来选择并联电容器的容量，以保证电压断相闭锁继电器在各种运行情况下均能可靠动作。

Jd4C1074　解释距离保护中常用到的测量阻抗、整定阻抗、动作阻抗的含义。

答：测量阻抗 Z_m 为保护安装处继电器感受到的电压 $\dot{U}_m$ 与电流 $\dot{I}_m$ 的比值，即 $Z_m=\frac{\dot{U}_m}{\dot{I}_m}$。

整定阻抗 Z_{set}：保护安装处到整定点之间的阻抗。

动作阻抗 Z_{op}：使阻抗继电器刚好动作时的测量阻抗值。

Jd4C2075　放大电路为何一定要加直流电源？

答：因为直流电源是保证晶体管工作在放大状态的主要能源，它一方面通过 R_b 为晶体管提供基极电流，使发射极处于正向偏置；另一方面通过 R_c 为晶体管提供集电极电流，使集电极处于反向偏置。

Jd4C3076　为什么升流器的二次绕组需采取抽头切换方式？

答：由于升流器的二次电压与所接负载阻抗大小不同，为满足不同负载需要，升流器二次绕组需采用抽头切换方式。

Jd4C3077　微机线路保护装置对直流电源的基本要求是什么？

答：微机线路保护装置对直流电源的基本要求是：

（1）额定电压 220、110V。

（2）允许偏差–20%～+10%。

（3）纹波系数不大于 5%。

Jd4C4078　变压器带复合电压闭锁过电流保护的负序电

压定值一般是按什么原则整定的？为什么？

答：系统正常运行时，三相电压基本上是正序分量，负序分量很小，故负序电压元件的定值按正常运行时负序电压滤过器输出的不平衡电压整定，一般取5～7V。

Jd4C5079　在试验时，当LFP-901A型保护装置中的重合闸不能充电时，应如何检查？

答：此时应做如下检查：

（1）根据LFP-900系列保护使用说明书，进入CPU2的开关量检查子菜单。

（2）检查下列开关量是否为如下状态：

HK=1，TWJ=0，HYJ=0，BCH=0。

（3）启动元件不动作。

（4）CPU2 定值单上重合闸应投入，屏上切换把手不在停用位置。

Je5C1080　变压器差动保护为防止在充电时误动，采用的措施有哪些？

答：采取的措施有：速饱和差动继电器、二次谐波制动、间断角原理、波形对称原理差动保护。

Je5C1081　高频收发信机为什么要采用远方发信？

答：区外故障，由于某个原因，靠近反方向侧“发信”元件拒动，该侧收发信机不能发信，导致正发信侧收发信机收不到高频闭锁信号，从而使正方向侧高频保护误动，为消除上述缺陷，采用远方启动发言回路。

Je5C1082　系统运行方式变化时，对过电流及低电压保护有何影响？

答：电流保护在运行方式变小时，保护范围会缩小，甚至变得无保护范围；电压保护在运行方式变大时，保护范围会缩短，但不可能无保护范围。

Je5C1083 什么是电流互感器的同极性端子？

答：电流互感器的同极性端子，是指在一次绕组通入交流电流，二次绕组接入负载，在同一瞬间，一次电流流入的端子和二次电流流出的端子。

Je5C1084 电流互感器有几个准确度级别？各准确度适用于哪些地点？

答：电流互感器的准确度级别有0.2、0.5、1.0、3.0、D、TPY、TPS等级。测量和计量仪表使用的电流互感器为0.5级、0.2级，只作为电流、电压测量用的电流互感器允许使用1.0级，对非重要的测量允许使用3.0级。

Je5C1085 电流互感器应满足哪些要求？

答：（1）应满足一次回路的额定电压、最大负荷电流及短路时的动、热稳定电流的要求。

（2）应满足二次回路测量仪表、自动装置的准确度等级和继电保护装置10%误差特性曲线的要求。

Je5C1086 电流互感器有哪几种基本接线方式？

答：电流互感器的基本接线方式有：

（1）完全星形接线。

（2）两相两继电器不完全星形接线。

（3）两相一继电器电流差接线。

（4）三角形接线。

（5）三相并接以获得零序电流。

Je5C1087 简述时间继电器电气特性的试验标准？

答：时间继电器电气特性的试验标准：动作电压应不大于70%额定电压值；返回电压应不小于5%额定电压；交流时间继电器的动作电压不应小于85%额定电压。在额定电压下测动作时间3次，每次测量值与整定值误差不应超过±0.07s。

Je5C2088　保护继电器整定试验的误差、离散值和变差是怎样计算的？

答：$$误差=\frac{实测值-整定值}{整定值}\times 100\%$$

$$离散值=\frac{与平均值相差最大的数值-平均值}{平均值}\times 100\%$$

$$变差=\frac{五次试验中最大值-五次试验中最小值}{五次试验中的平均值}\times 100\%$$

Je5C2089　何谓继电保护“四统一”原则？

答：继电保护“四统一”原则为：统一技术标准、统一原理接线、统一符号、统一端子排布置。

Je5C2090　怎样实现母线绝缘监察？

答：母线绝缘监察是根据发生单相接地时，各相电压发生明显变化这一特点实现的。对于10kV母线可采用三相五柱式电压互感器；对于35kV及以上母线可采用三台单相三绕组电压互感器接线方式并实现绝缘监察。

Je5C2091　定时限过流保护的特点是什么？

答：定时限过流保护的特点是：

（1）动作时限固定，与短路电流大小无关。

（2）各级保护时限呈阶梯形，越靠近电源动作时限越长。

（3）除保护本段线路外，还作为下一段线路的后备保护。

Je5C2092　微机变压器差动保护在变压器带负荷后，应检查哪些内容？

答：在变压器带负荷运行后，应先测六角图（负荷电流相量图）。然后用高内阻电压表测执行元件线圈上的不平衡电压。一般情况下，在额定负荷时，此不平衡电压不应超过0.15V。

Je5C2093　什么是瓦斯保护？有哪些优缺点？

答：（1）当变压器内部发生故障时，变压器油将分解出大量气体，利用这种气体动作的保护装置称瓦斯保护。

（2）瓦斯保护的动作速度快、灵敏度高，对变压器内部故障有良好的反应能力，但对油箱外套管及连线上的故障反应能力却很差。

Je5C2094　小接地电流系统发生单相接地时，故障相和非故障相电压有何变化？

答：若为金属性接地，故障相电压为零，非故障相电压上升为线电压。

Je5C2095　变压器通常装设哪些保护装置？

答：变压器通常装设的保护有：瓦斯保护、电流速断保护、纵差保护、复合电压起动的过流保护、负序电流保护、零序电流保护、过负荷保护。

Je5C2096　电流速断保护的特点是什么？

答：其特点是将保护范围限定在本段线路上，如此，在时间上勿需与下段线路配合，可做成瞬动保护。保护的动作电流可按躲过本线路末端短路时最大短路电流来整定。最小保护范围应不小于本段线路全长的15%～20%。

Je5C2097　变压器差动保护不平衡电流是怎样产生的？

答：（1）变压器正常运行时的励磁电流。

（2）由于变压器各侧电流互感器型号不同而引起的不平衡电流。

（3）由于实际的电流互感器变比和计算变比不同引起的不平衡电流。

（4）由于变压器改变调压分接头引起的不平衡电流。

Je5C3098　何谓继电保护装置的选择性？

答：所谓继电保护装置的选择性，是当系统发生故障时，继电保护装置应该有选择的切除故障，以保证非故障部分继续运行，使停电范围尽量缩小。

Je5C3099　何谓继电保护装置的快速性？

答：继电保护快速性是指继电保护应以允许的可能最快速度动作于断路器跳闸，以断开故障或中止异常状态的发展。快速切除故障，可以提高电力系统并列运行的稳定性，减少电压降低的工作时间。

Je5C3100　何谓继电保护装置的灵敏性？

答：灵敏性是指继电保护装置对其保护范围内故障的反映能力，即继电保护装置对被保护设备可能发生的故障和不正常运行方式应能灵敏地感受并反映。上下级保护之间灵敏性必须配合，这也是保护选择性的条件之一。

Je5C3101　何谓继电保护装置的可靠性？

答：继电保护装置的可靠性，是指发生了属于它应该动作的故障时，它能可靠动作，即不发生拒绝动作；而在任何其他不属于它动作的情况下，可靠不动作，即不发生误动。

Je5C3102　对重合闸装置有哪些要求？

答：对重合闸装置的要求是：

（1）手动或遥控跳闸时，不应重合；手动投入断路器于故障线路，由保护将其跳开后，不应重合。除上述情况外，均应重合。

（2）重合闸起动采用控制开关与断路器位置不对应原理及保护起动，而且保证仅重合一次。

（3）一般自动复归。有值班人员的 10kV 以下线路也可手动复归。

（4）断路器气（液）压降低时，应将重合闸装置闭锁。

Je5C3103　什么叫重合闸后加速？

答：当线路发生故障后，保护有选择性的动作切除故障，重合闸进行一次重合以恢复供电。若重合于永久性故障时，保护装置即不带时限无选择性的动作断开断路器。这种方式称为重合闸后加速。

Je5C3104　瓦斯保护的保护范围是什么？

答：（1）变压器内部的多相短路。

（2）匝间短路，绕组与铁芯或与外壳间的短路。

（3）铁芯故障。

（4）油面下降或漏油。

（5）分接开关接触不良或导线焊接不良。

Je5C3105　为什么交直流回路不能共用一根电缆？

答：交直流回路是两个相互独立的系统，直流回路是绝缘系统，而交流回路是接地系统，若共用一根电缆，两者间容易发生短路，发生相互干扰，降低直流回路的绝缘电阻，所以不能共用。

Je5C3106　零序电流保护的整定值为什么不需要避开负

荷电流？

答：零序电流保护反应的是零序电流，而负荷电流中不包含（或很少包含）零序分量，故不必考虑避开负荷电流。

Je5C3107　对中间继电器机械部分如何检查？

答：当手按衔铁检查可动系统灵活性时，应注意接触良好，动静触点不偏心，行程应在 0.5～1mm 范围内；触点断开时动静触点之间的距离应不小于 3mm。

Je5C3108　多路共用一套自动重合闸装置，当一路停电时，应采取什么措施？

答：应将停电的一路断路器的重合闸出口连接片、重合闸启动回路连接片和重合闸放电回路连接片退出，以免影响其他路的重合闸运行。

Je5C3109　相间方向电流保护中，功率方向继电器一般使用的内角为多少度？采用 90° 接线方式有什么优点？

答：相间功率方向继电器一般使用的内角为 45°。采用 90° 接线具有以下优点：

（1）在被保护线路发生各种相间短路故障时，继电器均能正确动作。

（2）在短路阻抗角 φ_k 可能变化的范围内，继电器都能工作在最大灵敏角附近，灵敏度比较高。

（3）在保护安装处附近发生两相短路时，由于引入了非故障相电压，保护没有电压死区高级。

Je5C3110　直流母线电压过高或过低有何影响？

答：直流母线电压过高时，对长期带电运行的电气元件，如仪表、继电器、指示类等容易因过热而损坏；而电压过低时容易使保护装置误动或拒动。一般规定电压的允许变化范围为±10%。

Je5C4111　指示断路器位置的红、绿灯不亮，对运行有什么影响？

答：（1）不能正确反映断路器的跳、合闸位置或跳合闸回路完整性，故障时造成误判断。

（2）如果是跳闸回路故障，当发生事故时，断路器不能及时跳闸，造成事故扩大。

（3）如果是合闸回路故障，会使断路器事故跳闸后自投失效或不能自动重合。

（4）跳、合闸回路故障均影响正常操作。

Je5C4112　电压互感器的开口三角形侧为什么不反应三相正序、负序电压，而只反应零序电压？

答：因为开口三角形接线是将电压互感器的第三绕组按a-x-b-y-c-z相连，而以a、z为输出端，即输出电压为三相电压相量相加。由于三相的正序、负序电压相加等于零，因此其输出电压等于零，而三相零序电压相加等于一相零序电压的三倍，故开口三角形的输出电压中只有零序电压。

Je5C4113　新设备验收时，二次部分应具备哪些图纸、资料？

答：应具备装置的原理图及与之相符合的二次回路安装图、电缆敷设图、电缆编号图、断路器操动机构二次回路图，电流、电压互感器端子箱图及二次回路部分线箱图等。同时还要有完整的成套保护、自动装置的技术说明书，断路器操动机构说明书，电流、电压互感器的出厂试验书等。

Je5C4114　某双母线接线形式的变电站，每一母线上配有一组电压互感器，母联断路器在合闸状态，该站某出线出口发生接地故障后，查阅录波图发现：无故障时两组电压互感器对应相的二次电压相等，故障时两组电压互感器对应相的二次电

压不同，请问：

（1）造成此现象的原因可能是什么？

（2）如果不解决此问题，会对保护装置的动作行为产生什么影响？

答：造成此现象的原因可能有两个：① 电压互感器二次存在两个接地点；② 电压互感器三次回路被短接；如不解决此问题，采用自产 $3U_0$ 的保护或多相补偿的阻抗继电器有可能误动或拒动。

Je5C4115　何谓断路器的跳跃和防跳？

答：所谓跳跃是指断路器在手动合闸或自动装置动作使其合闸时，如果操作控制开关未复归或控制开关触点、自动装置触点卡住，此时恰巧继电保护动作使断路器跳闸，发生的多次“跳–合”现象。

所谓防跳，就是利用操动机构本身的机械闭锁或另在操作接线上采取措施，以防止这种跳跃现象的发生。

Je5C4116　差动保护抗电流互感器饱和的基本要求是什么？

答：为保证差动保护的正确动作，电流互感器性能应符合下列条件之一。

（1）整个故障暂态过程电流互感器不饱和，误差处于规定值以下。要求采用 TP 类互感器，并严格按照标准计算方法验算。

（2）两侧电流互感器特性完全一致，负荷阻抗相同，剩磁相同。采用 P 类互感器可能实现前两个条件，但无法保证剩磁相同。采用 PR 类互感器可能实现剩磁系数 小于 10%。

（3）继电保护采取抗饱和措施。这类措施很多，性能各异，对电流互感器也提出不同要求。但微机保护对抗饱和具有很大潜力，应当是发展方向。

Je5C5117　为什么要求高频阻波器的阻塞阻抗要含有足够的电阻分量？

答：因为高步信号的相返波必须要通过阻波器和加工母线对地阻抗串联才形成分流回路，而母线对地阻抗一般呈容性，但也有可能呈感性的，因此要求阻波具有足够的电阻力量，以保证当阻波器的容抗或感抗在对地感抗或容抗处于串联谐振状态而全部抵消时，还有良好的阻塞作用。

Je5C5118　举例说明何谓闭锁式纵联方向保护？

答：在方向比较式的纵联保护中，收到的信号作闭锁信号用，叫闭锁式纵联方向保护。

如图 C-1 所示，当 BC 线路发生短路时，保护启动元件动作发出闭锁信号，故障线路 BCK 两端的判别元件判别为正方向，使收发信机停止发闭锁信号，两侧收不到闭锁信号而动作跳闸，而非故障线路 AB 的 B 端和 CD 的 C 端判为反方向故障，它们的正方向判别元件不动作，不停信，非故障线路两端的收发信机收到闭锁信号，相应的保护被闭锁。

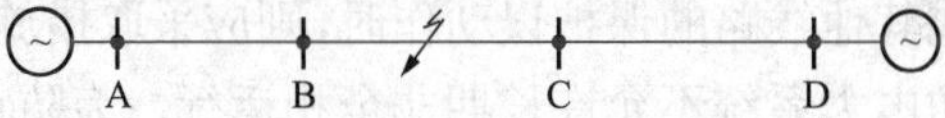

图 C-1

Je5C5119　失磁保护判据的特征是什么？

答：（1）无功功率方向改变。

（2）超越静稳边界。

（3）进入异步边界。

利用上述三个特征，可以区别是正常运行还是出现了低励或失磁。

Je5C5120　电力系统中的消弧线圈按工作原理可以分为谐振补偿、过补偿、欠补偿三种方式，它们各自的条件是什么？

答：在接有消弧线圈的电网中发生一相接地后，当整个电网的$3\omega L=\frac{1}{\omega C_0}$时，流过接地点的电流将等于零，称为谐振补偿。

当$3\omega L<\frac{1}{\omega C_0}$时，流过接地点的电流为感性电流，称为过补偿。

当$3\omega L>\frac{1}{\omega C_0}$时，流过接地点的电流为容性电流，称为欠补偿。

Je4C1121　继电保护装置整定试验的含义是什么？

答：继电保护装置整定试验是指将装置各有关元件的动作值及动作时间调整到规定值下的试验。该项试验在屏上每一元件均检验完毕之后才进行。

Je4C1122　使用单相重合闸时应考虑哪些问题？

答：（1）如重合闸过程中出现的非全相运行状态有可能引起本线路或其他线路的保护误动作时，则应采取措施予以防止。

（2）如电力系统不允许长期非全相运行，为防止断路器一相断开后，由于单相重合闸装置拒绝合闸而造成非全相运行，应采取措施断开三相，并应保证选择性。

Je4C5123　LFP-901A、902A 型保护投运后如何检查外部接线是否正确？

答：在运行状态下，按“↑”键可进入主菜单，然后选中“RELAY STATUS”，分别进入 CPU1、CPU2 子菜单，检查电压、电流的幅值和相序，电压和电流的相角，即可判断外部接线是否正确。

Je4C5124　当 LFP-901A 型保护动作后应做些什么工作？

答：此时应做如下工作：

（1）首先按屏上打印按钮，打印有关报告，包括定值、跳闸报告、自检报告、开关量状态等。

（2）记录信号灯和管理板液晶显示的内容。

（3）进入打印子菜单，打印前几次有关的报告。

Je4C5125 如何修改 LFP-901A、902A 型保护的定值？

答：在运行状态下，按"↑"键可进入主菜单。然后选中"SETTING"定值整定功能，光标指向"SETTING"，按"确认"键，再用"+"、"–"、"↑"、"↓"对额定电流进行修改。将定值修改允许开关打在"修改"位置，按"确认"键，进入子菜单，对 CPU1 进行定值修改。等 CPU1 定值全部修改完毕后，按确认键回到子菜单。用同样的方法分别对 CPU2、管理板、故障测距的定值进行修改、确认。当所有定值修改结束后，将定值修改允许开关打在"运行"位置，然后按复位键。

Je4C5126 如何检查 LFP-901A、902A 型保护的开关输入触点？

答：在运行状态下，按"↑"键可进入主菜单，然后选中"RELAY STATUS"，分别进入 CPU1、CPU2 子菜单，选择 SWITCH STATUS（开关量状态），按确认键，进入开关量检查，用"↑"、"↓"键逐个对所有的开关量状态和外部实际运行状态进行比较，应该一致。

Je4C5127 微机保护如何统计评价？

答：微机保护的统计评价方法为：

（1）微机保护装置的每次动作（包括拒动），按其功能进行；分段的保护以每段为单位来统计评价。保护装置的每次动作（包括拒动）均应进行统计评价。

（2）每一套微机保护的动作次数，必须按照记录信息统计保护装置的动作次数。对不能明确提供保护动作情况的微机保护装置，则不论动作多少次只作1次统计；若重合闸不成功，保护再次动作跳闸，则评价保护动作2次，重合闸动作1次。至于属哪一类保护动作，则以故障录波分析故障类型和跳闸时间来确定。

Je4C5128　在LFP-901A、902A型保护管理板液晶上显示的跳闸报告，其每行代表的意思是什么？

答：当保护动作后，在管理板液晶上显示跳闸报告：

第一行显示的是系统故障保护启动元件动作的时刻。

第二条左边显示本保护最快动作元件的动作时间，右边显示本保护累计的动作报告的次数，从00～99循环显示。

第三条显示本保护所有的动作元件。

第四行左边显示故障相别，右边显示故障点到保护安装处的距离。

Je4C5129　现场工作前应做哪些准备工作？

答：现场工作前应做以下准备工作：

（1）了解工地地点一、二次设备运行情况，本工作与运行设备有无直接联系（如自投、联切等），与其他班组有无配合的工作。

（2）拟定工作重点项目及准备解决的缺陷和薄弱环节。

（3）工作人员明确分工并熟悉图纸及检验规程等有关资料。

（4）应具备与实际状况一致的图纸、上次检验的记录、最新整定通知单、检验规程、合格的仪器仪表、备品备件、工具和连接导线等。

（5）对一些重要设备，特别是复杂保护装置或有联跳回路的保护装置，如母线保护、断路器失灵保护、远方跳闸、远方切机、切负荷等的现场校验工作，应编制经技术负责人审批的试验方案和由工作负责人填写并经负责人审批的继电保护安全措施票。

Je4C5130　用于整定计算的哪些一次设备参数必须采用实测值？

答：下列参数用于整定计算时必须使用实测值：

（1）三相三柱式变压器的零序阻抗。

（2）66kV 及以上架空线路和电缆线路的阻抗。

（3）平行线之间的零序互感阻抗。

（4）双回线路的同名相间和零序的差电流系数。

（5）其他对继电保护影响较大的有关参数。

Je4C3131　如何用试验法求四端网络的特性阻抗？

答：（1）求出二次侧开路时的输入阻抗 Z_{12}。

（2）求出二次侧短路时的输入阻抗 Z_{10}。

（3）取上述两项阻抗的几何平方根值，即 $Z_C=\sqrt{Z_{12}Z_{10}}$。

Z_C 即所求的特性阻抗。

Je4C3132　LFP-900 系列保护的调试注意事项是什么？

答：（1）尽量少拔插装置插件，不触摸插件电路。

（2）使用的电烙铁、示波器必须与屏柜可靠接地。

（3）试验前应检查屏柜及装置在运输过程中是否有明显的损伤或螺丝松动。

（4）校对 CPU1、CPU2、MONI 板的程序校验码及程序形成时间。

（5）校对直流额定电压、交流额定电流是否与实际一致。

（6）插件位置是否与图纸一致。

（7）装置和打印机的接地线与屏柜的接地铜排是否连接可靠。

Je4C4133　对零序电压启动的发电机匝间短路保护所用的电压互感器有什么要求？

答：要求电压互感器一次侧的中性点要与发电机中性点直接连接，而不能接地。电压互感器的一次绕组必须是全绝缘的。二次侧星形绕组及开口三角形绕组只接保护装置不能再接其他测量表计。

Je4C4134　小接地电流系统的零序电流保护，可利用哪些电流作为故障信息量？

答：小接地电流系统的零序电流保护，可利用下列电流作为故障信息量：

（1）网络的自然电容电流。

（2）消弧线圈补偿后的残余电流。

（3）人工接地电流（此电流不宜大于10～30A，且应尽可能小）。

（4）单相接地故障的暂态电流。

Je4C5135　微机保护中交流输入回路的抗干扰措施有哪些？

答：（1）屏蔽措施。主要指小型辅助互感器的一、二次绕组间要有足够的屏蔽措施，增设1～2层屏蔽。

（2）限幅措施。指在小型辅助电压互感器的一次侧和小型辅助电流互感器和电抗变压器的二次侧并联非线性电阻或电容。

（3）滤波措施。指如果干扰信号很强，有时也在交流输入端加小容量的接地电容或者再串入一个小电感线圈构成一个低通滤波器，阻止高频干扰信号窜入保护装置。

Je4C5136　在母线电流差动保护中，为什么要采用电压闭锁元件？怎样闭锁？

答：为了防止差动继电器误动作或误碰出口中间继电器造成母线保护误动作，故采用电压闭锁元件。它利用接在每线母线电压互感器二次侧上的低电压断电器、负序电压继电器和零序过电压继电器实现。低电压继电器和负序电压断电器反应各种相间短路故障，零序过电压断电器反应各种接地故障。利用电压元件对母线保护进行闭锁，接线简单。

Je3C2137　变压器励磁涌流有哪些特点？目前差动保护中防止励磁涌流影响的方法有哪些？

答：（1）变压器励磁涌流的特点：

1）包含有很大成分的非周期分量，往往使涌流偏于时间轴的一侧。

2）包含有大量的高次谐波分量，并以二次谐波为主。

3）励磁涌流波形出现间断。

（2）防止励磁涌流影响的方法有：

1）采用具有速饱和铁芯的差动继电器。

2）采用间断角原理鉴别短路电流和励磁涌流波形的区别。

3）利用二次谐波制动原理。

4）利用波形对称原理的差动继电器。

Je3C3138　高频通道整组试验包括哪些项目？各有什么要求？

答：（1）通道衰耗试验，要求由两侧所测的衰耗值之差不大于 0.3NP。

（2）通道信号余量测量，应在 1NP 以上。

（3）信号差拍，要求 U_1/U_2 大于 2。

（4）衰耗控制器调整，使收信输出电流为 1mA（JGX-11 型的没有此项目）。

Je3C3139　高频保护中采用远方启动发信，其作用是什么？

答：利用远方启动发信的作用是：

（1）可以保证两侧启动发信与开放比相回路间的配合。

（2）可以进一步防止保护装置在区外故障时的误动作。

（3）便于通道检查。

Je3C3140　高频保护收信灵敏度，整定太高或太低，对保护装置各有何影响？

答：收信灵敏度整定太高，会造成通道余量减少；收信灵敏度整定太低，将影响装置的抗干扰能力，降低装置的可靠性。

Je3C4141　高频保护通道的总衰耗包括哪些？哪项衰耗最大？

答：包括输电线路衰耗、阻波器分流衰耗、结合滤波器衰耗、耦合电容器衰耗以及高频电缆衰耗等。一般输电线路衰耗所占比例最大。

Je2C3142　在大接地电流系统中，相间横差方向保护为什么也采用两相式接线？

答：因为相间横差方向保护是用来反应相间短路的，在接地短路时被闭锁，因此保护装置可按两相式接线构成，若要反应接地故障还需装设零序横差方向保护。

Je2C3143　何谓双母线接线断路器失灵保护？

答：当系统发生故障时，故障元件的保护动作，因其断路器操动机构失灵拒绝跳闸时，通过故障元件的保护，作用于同一变电所相邻元件的断路器使之跳闸的保护方式，就称为断路器失灵保护。

Je2C4144　综合重合闸的作用是什么？

答：综合重合闸的作用是：当线路发生单相接地或相间故

障时，进行单相或三相跳闸及进行单相或三相一次重合闸。特别是当发生单相接地故障时，可以有选择地跳开故障相两侧的断路器，使非故障两相继续供电，然后进行单相重合闸。这对超高压电网的稳定运行有着重大意义。

Je2C4145　对综合重合闸中的选相元件有哪些基本要求？

答：（1）在被保护范围内发生非对称接地故障时，故障相选相元件必须可靠动作，并应有足够的灵敏度。

（2）在被保护范围内发生单相接地故障以及在切除故障相后的非全相运行状态下，非故障相的选相元件不应误动作。

（3）选相元件的灵敏度及动作时间都不应影响线路主保护的性能。

（4）个别选相元件拒动时，应能保证正确跳开三相断路器，并进行三相重合闸。

Jf5C1146　在高压设备上工作，必须遵守什么？

答：在高压设备上工作，必须遵守下列各项：

（1）填写工作票或口头、电话命令。

（2）至少有两人一起工作。

（3）完成保证工作人员安全的组织措施和技术措施。

Jf5C2147　检查二次回路的绝缘电阻应使用多少伏的绝缘电阻表？

答：检查二次回路的绝缘电阻应使用1000V的绝缘电阻表。

Jf5C3148　清扫运行中的设备和二次回路时应遵守哪些规定？

答：清扫运行中的设备和二次回路时，应认真仔细，并使用绝缘工具（毛刷、吹风设备等），特别注意防止振动，防止误碰。

Jf5C3149　变压器新安装或大修后，投入运行发现：轻瓦斯继电器动作频繁，试分析动作原因？应怎样处理？

答：(1) 轻瓦斯的动作原因：可能在投运前未将空气排除，逐渐上升，空气压力造成轻瓦斯动作。

(2) 处理方法：应收集气体并进行化验，密切注意变压器运行情况，如温度变化，电流、电压数值及音响有何异常，如上述化验和观察未发现异常，可将气体排除后继续运行。

Jf5C3150　在检查微机保护装置时，对使用的仪表、仪器有何要求？

答：所用仪表一般应不低于 0.5 级，万用表应不低于 1.5 级，真空管电压表应不低于 2.5 级。试验用的变阻器、调压器等应有足够的热稳定，其容量应根据电源电压的高低、整定值要求和试验接线而定，并保证均匀平滑地调整。

Jf5C4151　如何用直流法测定电流互感器的极性？

答：(1) 将电池正极接电流互感器的 $L1$，负极接 $L2$。

(2) 将直流毫安表的正极接电流互感器的 $K1$，负极与 $K2$ 连接。

(3) 在电池开关合上或直接接通瞬间，直流毫安表正指示；电池开关断开的瞬间，毫安表应反指示，则电流互感器极性正确。

Jf5C5152　瓦斯保护的反事故措施要求是什么？

答：(1) 将瓦斯继电器的下浮筒改为挡板式，触点改为立式，以提高重瓦斯动作的可靠性。

(2) 为防止瓦斯继电器因漏水短路，应在其端子和电缆引线端子箱上采取防雨措施。

(3) 瓦斯继电器引出线应采用防油线。

(4) 瓦斯继电器的引出线和电缆线应分别连接在电缆引线

端子箱内的端子上。

Jf4C1153 交流放大电路中的耦合电容、耦合变压器有何用途？

答：耦合电容的作用是隔直流通交流；耦合变压器的作用是隔直流通交流，也可实现阻抗匹配。

Jf4C2154 为什么用万用表测量电阻时，不能带电进行？

答：使用万用表测量电阻时，不得在带电的情况下进行。其原因一是影响测量结果的准确性；二是可能把万用表烧坏。

Jf4C3155 哪些人员必须遵守《继电保护及电网安全自动装置现场工作保安规定》？

答：凡是在现场接触到运行的继电保护、安全自动装置及其二次回路的生产维护、科研试验、安装调试或其他专业（如仪表等）人员，除必须遵守《电业安全工作规程》外，还必须遵守本规定。

Jf4C4156 《电业安全工作规程》中规定电气工作人员应具备哪些条件？

答：应具备以下条件：

（1）经医生鉴定，无妨碍工作的病症（体格检查每两年一次）。

（2）具备必要的电气知识，且按其职务和工作性质，熟悉《电业安全工作规程》的有关部分，并经考试合格。

（3）学会紧急救护法，首先学会触电解救方法和人工呼吸法。

Jf4C1157 交流放大电路中的耦合电容，耦合变压器有何

用途？

答：耦合电容的作用是隔直流通交流；耦合变压器的作用是隔直流通交流，也可实现阻抗匹配。

Je2C1158　简述微机保护投运前为什么要用系统工作电压及负荷电流进行检验。

答：利用系统工作电压及负荷电流进行检验是对装置交流二次回路接线是否正确的最后一次检验，因此事先要做出检验的预期结果，以保证装置检验的正确性。

Lb2C3159　在综合重合闸装置中。通常采用两种重合闸时间，即“短延时”和“长延时”，这是为什么？

答：这是为了使三相重合和单相重合的重合时间可以分别进行整定。因为由于潜供电流的影响，一般单相重合的时间要比三相重合的时间长。另外可以在高频保护投入或退出运行时，采用不同的重合闸时间。当高频保护投入时，重合闸时间投“短延时”；当高频保护退出运行时，重合闸时间投“长延时”。

Lb2C4160　断路器失灵保护中电流控制元件的整定原则是什么？

答：应保护对线路末端单相接地故障或变压器低压侧故障时有足够灵敏度，灵敏系数大于1.3，并尽可能躲过正常运行负荷电流。

La2C5161　电压互感器和电流互感器在作用原理上有什么区别？

答：主要区别是正常运行时工作状态很不相同，表现为：

（1）电流互感器二次可以短路，但不得开路；电压互感器二次可以开路，但不得短路。

（2）相对于二次侧的负荷来说，电压互感器的一次内阻抗较小以至可以忽略，可以认为电压互感器是一个电压源；而电流互感器的一次却内阻很大，以至可以认为是一个内阻无穷大的电流源。

（3）电压互感器正常工作时的磁通密度接近饱和值，故障时磁通密度下降；电流互感器正常工作时磁通密度很低，而短路时由于一次侧短路电流变得很大，使磁通密度大大增加，有时甚至远远超过饱和值。

La1C1162　电压切换回路在安全方面应注意哪些问题？

答：在设计手动和自动电压切换回路时，都应有效地防止在切换过程中对一次侧停电的电压互感器进行反充电。电压互感器的二次反充电，可能会造成严重的人身和设备事故。为此，切换回路应采用先断开后接通的接线。在断开电压回路的同时，有关保护的正电源也应同时断开。

Je2C2163　LFP-901A 在通道为闭锁式时的通道试验逻辑是什么？

答：按下通道试验按钮，本侧发信、200ms 后本侧停信，连续收对侧信号 5s 后（对侧连续发 10s），本起动发信 10s。

Je2C5164　用试停方法查找直流接地有时找不到接地点在哪个系统，可能是什么原因？

答：当直流接地发生在充电设备、蓄电池本身和直流母线上时，用拉路方法是找不到接地点的。当直流采取环路供电方式时，如不首先断开环路也是不能找到接地点的。除上述情况外，还有直流串电（寄生回路）、同极两点接地、直流系统绝缘不良，多处出现虚接地点，形成很高的接地电压，在表计上出现接地指示。所以在拉路查找时，往往不能一下全部拉掉接地点，因而仍然有接地现象的存在。

Je1C4165　综合重合闸装置的动作时间为什么应从最后一次断路器跳闸算起？

答：采用综合重合闸后，线路必然会出现非全相运行状态。实践证明，在非全相运行期间，健全相又发生故障的情况还是有的。这种情况一旦发生，就有可能出现因健全相故障其断路器跳闸后，没有适当的间隔时间就立即合闸的现象，最严重的是断路器一跳闸就立即合闸。这时，由于故障点电弧去游离不充分，造成重合不成功，同时由于断路器刚刚分闸完毕又接着合闸，会使断路器的遮断容量减小。对某些断路器来说，还有可能引起爆炸。为防止这种情况发生，综合重合闸装置的动作时间应从断路器最后一次跳闸算起。

Jc1C2166　电力系统有功功率不平衡会引起什么反应？怎样处理？

答：系统有功功率过剩会引起频率升高，有功功率不足要引起频率下降。解决的办法是通过调频机组调整发电机出力，情况严重时，通过自动装置或值班人员操作切掉部分发电机组或部分负荷，使系统功率达到平衡。

Lb2C4167　在具有远方起动的高频保护中为什么要设置断路器三跳位置停信回路？

答：（1）在发生区内故障时，一侧断路器先跳闸，如果不立即停信，由于无操作电流，发信机将发生连续的高频信号，对侧收信机也收到连续的高频信号，则闭锁保护出口，不能跳闸。

（2）当手动或自动重合于永久性故障时，由于对侧没有合闸，于是经远方启动回路，发出高频连续波，使先合闸的一侧被闭锁，保护拒动。为了保证在上述情况下两侧装置可靠动作，必须设置断路器三跳停信回路。

Lc2C4168　在装设接地铜排时是否必须将保护屏对地绝缘？

答： 没有必要将保护屏对地绝缘。虽然保护屏骑在槽钢上，槽钢上又置有联通的铜网，但铜网与槽钢等的接触只不过是点接触。即使接触的地网两点间有由外部传来的地电位差，但因这个电位差只能通过两个接触电源和两点间的铜排电源才能形成回路，而铜排电源值远小于接触电源值，因而在铜排两点间不可能产生有影响的电位差。

Lb1C3169　试述变压器瓦斯保护的基本工作原理。

答： 瓦斯保护是变压器的主要保护，能有效地反应变压器内部故障。轻瓦斯继电器由开口杯、干簧触点等组成，作用于信号。重瓦斯继电器由挡板、弹簧、干簧触点等组成，作用于跳闸。正常运行时，气体继电器充满油，开口杯浸在油内，处于上浮位置，干簧触点断开。当变压器内部故障时，故障点局部发生高热，引起附近的变压器油膨胀，油内溶解的空气被逐出，形成气泡上升，同时油和其他材料在电弧和放电等的作用下电离而产生气体。当故障轻微时，排出的气体缓慢地上升而进入气体继电器，使油面下降，以开口杯产生的支点为轴逆时针方向的转动，使干簧触点接通，发出信号。

当变压器内部故障严重时，产生强烈的气体，使变压器内部压力突增，产生很大的油流向油枕方向冲击，因油流冲击挡板，挡板克服弹簧的阻力，带动磁铁向干簧触点方向移动，使干簧触点接通，作用于跳闸。

Jb2C3170　用一次电流及工作电压进行检验的目的是什么？

答： 对新安装的或设备回路经较大变动的装置，在投入运行以前，必须用一次电流和工作电压加以检验，目的是

（1）对接入电流、电压的相互相位、极性有严格要求的装置（如带方向的电流保护、距离保护等），判定其相别、相位关系以及所保护的方向是否正确。

（2）判定电流差动保护（母线、发电机、变压器的差动保护、线路纵差保护及横差保护等）接到保护回路中的各组电流回路的相对极性关系及变化是否正确。

（3）判定利用相序滤过器构成的保护所接入的电流（电压）的相序是否正确，滤过器的调整是否合适。

（4）判定每组电流互感器的接线是否正确，回路连线是否牢靠。定期检验时，如果设备回路没有变动（未更换一次设备辅助交流器等），只需用简单的方法判明曾被拆动的二次回路接线确实恢复正常（如对差对保护测量其差电流，用电压表测量继电器电压端子上的电压等）即可。

La1C4171 设置电网解到点的原则是什么？在什么情况下应能实现自动解列？

答：解列点的设置应满足解列后各地区各自同步运行与供需基本平衡的要求，解列点的断路器不宜过多。

一般在下述情况下，应能实现自动解列：

（1）电力系统间的弱联络线。

（2）主要由电网供电的带地区电源的终端变电站或在地区电源与主网联络的适当地点。

（3）事故时专带厂用电的机组。

（4）暂时未解环的高低压电磁环网。

（5）为保持电网的稳定和继电保护配合的需要，一般可带时限解列。

La1C4172 何谓电子式电流、电压互感器？

答：（1）电子式电流互感器（TAE）是将高压线中电流通过小空心互感器转换成小电流后再转换成光，传送到地面后再转换成电流。

（2）电子式电压互感器（TVE）是用电阻分压器、电容分压器或阻容分压器等多种方式，由分压器分压后得到的小电压信号直接输出或通过变换为数字信号后输出至二次设备。

Lb1C1173　为提高纵联保护通道的抗干扰能力，应采取哪些措施？

答：（1）高频同轴电缆在两端分别接地，并紧靠高频同轴电缆敷设截面不小于 $100mm^2$ 的接地铜排。

（2）在结合电容器接抗干扰电容。

Lb1C5174　非全相运行对高频闭锁负序功率方向保护有什么影响？

答：当被保护线路某一相断线时，将在断线处产生一个纵向的负序电压，并由此产生负序电流。根据负序等效网络，可定性分析出断相处及线路两端的负序功率方向，即线路两端的负序功率方向同时为负（和内部故障时情况一样）。因此，在一侧断开的非全相运行情况下，高频负序功率方向保护将误动作。为克服上述缺点，如果将保护安装地点移到断相点里侧，则两端负序功率方向为一正一负，和外部故障时一样，此时保护将处于启动状态，但由于受到高频信号的闭锁而不会误动作。

Lb1C5175　保护采用线路电压互感器时应注意的问题及解决方法是什么？

答：（1）在线路合闸于故障时，在合闸前后电压互感器都无电压输出，姆欧继电器的极化电压的记忆回路将失去作用。为此在合闸时应使姆欧继电器的特性改变为无方向性（在阻抗平面上特性圆包围原点）。

（2）在线路两相运行时断开相电压很小（由健全相通过静电和电磁耦合产生的），但有零序电流存在，导致断开相的接地距离继电器可能持续动作。所以每相距离继电器都应配有该相的电流元件，必须有电流（定值很小，不会影响距离元件的灵敏度）存在，该相距离元件的动作才是有效的。

（3）在故障相单相跳闸进入两相运行时，故障相上储存的能量包括该相关联电抗器中的电磁能，在短路消失后不会立即释放完毕，而会在线路电感、分布电容和电抗器的电感间振荡以至逐渐衰减，其振荡频率接近 50Hz，衰减时间常数相当长，所以两相运行的保护最好不反映断开相的电压。

Lb2C5176　发电机纵差与发—变组纵差保护最本质的区别是什么？变压器纵差保护为什么能反应绕组匝间短路？

答：两者保护范围不同并不是本质区别。它们本质区别在于发电机纵差保护范围只包含定子绕组电路，在正常运行和外部短路时电路电流满足$\sum I=0$ 关系，而发—变组纵差保护范围中加入了变压器，使它受到磁路影响，在运行和空载合闸时$\sum I\neq 0$。后者比前者增加了暂态和稳态励磁电流部分。

变压器某侧绕组匝间短路时，该绕组的匝间短路部分可视为出现了一个新的短路绕组，使差流变大，当达到整定值时差动就会动作。

Lb2C3177　对 500kV 变压器纵差保护的技术要求是什么？

答：500kV 变压器纵差保护的技术要求：

（1）应能躲过励磁涌流和区外短路产生的不平衡电流。

（2）应在变压器过励磁时不误动。

（3）差动保护范围应包括变压器套管及其引出线。

（4）用 TPY 级暂态型电流互感器。

Jf1C5178　变压器差动保护跳闸后，应测变压器绕组的直流电阻，其目的和原因是什么？

答：目的是检查变压器绕组内部有无短路。原因是匝、层间短路变压器电抗变化不明显。

Lb1C5179　简单叙述什么叫“强行励磁”？它在系统内的

作用是什么？

答：（1）发电机“强行励磁”是指系统内发生突然短路时，发电机的端电压突然下降，当超过一定数值时，励磁电流会自动、迅速地增加到最大，这种作用就叫强行励磁。

（2）在系统内的作用：

1）提高电力系统的稳定性。

2）加快切除故障，使电压尽快恢复。

Lc2C3180　简述光电耦合器的作用。

答：光电耦合器常用于开关量信号的隔离，使其输入与输出之间电气上完全隔离，尤其是可以实现地电位的隔离，这可以有之间电气上完成隔离，尤其是可以实现地电位的隔离，这可以有效地抑制共模干扰。

Je1C1181　现场工作中，具备了什么条件才能确认保护装置已经停用？

答：有明显的断开点（打开了连接片或接线端子片等才能确认），也只能确认在断开点以前的保护停用了。

如果连接片只控制本保护出口跳闸继电器的线圈回路，则必须断开跳闸触点回路才能确认该保护确已停用。

对于采用单相重合闸，由连接片控制正电源的三相分相跳闸回路，停用时除断开连接片外，尚需断开各分相跳闸回路的输出端子，才能认为该保护已停用。

Je2C2182　怎样设置继电保护装置试验回路的接地点？

答：在向装置通入交流工频试验电源时，必须首先将装置交流回路的接地点断开，除试验电源本身允许有一个接地点之外，在整个试验回路中不允许有第二接地点，当测试仪表的测试端子必须有接地点时，这些接地点应接于同一点上。规定有接地端的测试仪表，在现场进行实验时，不允许直接接到直流电源回路上，以防止发生直流接地。

Jd1C5183　如何处理在开关场电压互感器二次绕组中性点的放电间隙或氧化锌阀片。

答：微机保护采用自产 $3U_0$，较开口三角电压 $3U_0$ 对电压互感器二次回路两点接地更敏感，更应避免电压互感器二次回路两点接地。事故教训中曾发生多次电压互感器二次绕组中性点的放电间隙、氧化锌阀片击穿造成两点接地，使零序方向元件判断错误而误动。

为安全装设则必须保证其击穿电压峰值应大于 $30I_{max}$（V），I_{max} 为通过变电站的最大接地电流有效值（kA），必须定期检验。

目前放电间隙或氧化锌阀片的状态无法进行监视，亦无专人运行维护和定期检验，在不可靠的前提下宜拆除。

Lb1C1184　为什么 220kV 及以上系统要装设断路器失灵保护，其作用是什么？

答：220kV 以上的输电线路一般输送的功率大，输送距离远，为提高线路的输送能力和系统的稳定性，往往采用分相断路器和快速保护。由于断路器存在操作失灵的可能性，当线路发生故障而断路器又拒动时，将给电网带来很大威胁，故应装设断路器失灵保护装置，有选择地将失灵拒动的断路器所在（连接）母线的断路器断开，以减少设备损坏，缩小停电范围，提高系统的安全稳定性。

Je1C4185　LFP-901A 型保护在非全相运行再发生故障时其阻抗继电器如何开放？其判据是什么？

答：由非全相运行振荡闭锁元件开放：

（1）非全相运行再发生单相故障时，以选相区不在跳开相时开放。

（2）当非全相运行再发生相间故障时，测量非故障两相电流之差的工频变化量，当电流突然增大达一定幅值时开放。

La1C5186　电磁环网对电网运行有何弊端？

答：电磁环网对电网运行的主要弊端：

（1）易造成系统热稳定破坏。如果主要的负荷中心用高低压电磁环网供电，当高一级电压线路断开后，则所有的负荷通过低一级电压线路送出，容易出现导线热稳定电流问题。

（2）易造成系统稳定破坏。正常情况下，两侧系统间的联系阻抗将略小高压线路的阻抗，当高压线路因故障断开，则最新系统阻抗将显著增大，易超过该联络线的暂态稳定极限而发生系统振荡。

（3）不利于经济运行。由于不同电压等级线路的自然功率值相差极大，因此系统潮流分配难于达到最经济。

（4）需要架设高压线路，因故障停运后联锁切机、切负荷等安全自动装置，而这种安全自动装置的拒动、误动影响电网的安全运行。

一般情况下，往往在高一级电压线路投入运行初期，由于高一级电压网络尚未形成或网络尚薄弱，需要保证输电能力或为保重要负荷而不得不电磁环网运行。

Lb1C5187　对于采用单相重合闸的 220kV 及以上线路接地保护（无论是零序电流保护或接地距离保护）的第Ⅱ段时间整定应考虑哪些因素？

答：应考虑以下因素：

（1）与失灵保护的配合。

（2）当相邻保护采用单相重合闸方式时，如果选相元件在单相接地故障时拒动，将经一短延时（如 0.25s 左右）转为跳三相，第Ⅱ段接地保护的整定也应当可靠地躲开这种特殊故障。

总之第Ⅱ段时间可整定为 0.5s，如果与相邻线路第Ⅱ段时间配合应再增合一个Δt。

La1C4188　大电流接地系统中的变压器中性点有的接地，也有的不接地，取决于什么因素？

答：变压器中性点是否接地一般考虑如下因素：

（1）保证零序保护有足够的灵敏度和很好的选择性，保证接地短路电流的稳定性。

（2）为防止过电压损坏设备，应保证在各种操作和自动掉闸使系统解列时，不致造成部分系统变为中性点不接地系统。

（3）变压器绝缘水平及结构决定的接地点（如自耦变压器一般为“死接地”）。

Lb1C5189　简述负序、零序分量和工频变化量这两类故障分量的同异及在构成保护时应特别注意的地方？

答：零序和负序分量及工频变化量都是故障分量，正常时为零，仅在故障时出现，它们仅由施工加于故障点的一个电动势产生，但他们是两种类型的故障分量。零序、负序分量是稳定的故障分量，只要不对称故障存在，他们就存在，它们只能保护不对称故障。工频变化量是短暂的故障分量，只能短时存在，但在不对称、对称故障开始时都存在，可以保护各类故障，尤其是它不反应负荷和振荡，是其他反应对称故障量保护无法比拟的。由于它们各自特点决定：由零序、负序分量构成的保护既可以实现快速保护，也可以实现延时的后备保护；工频变化量保护一般只能作为瞬时动作的主保护，不能作为延时的保护。

4.1.4 计算题

La5D1001 用一只内阻为1800Ω，量程为150V的电压表测量600V的电压，试求必须串接上多少欧姆的电阻？

解：设应串接上的电阻为 R

则 $\dfrac{150}{1800}=\dfrac{600-150}{R}$

所以 $R=\dfrac{1800\times(600-150)}{150}=5400$（Ω）

答：串接5400Ω电阻。

La5D2002 如图D-1所示电路中，已知电阻 R_1=60Ω，R_2=40Ω，总电流 I=2A，试求该电路中流过 R_1 和 R_2 的电流 I_1 和 I_2 分别是多少？

解：R_1 支路中的电流 I_1 为

$$I_1=\frac{R_2}{R_1+R_2}I$$
$$=\frac{40}{60+40}\times 2$$
$$=0.8\text{（A）}$$

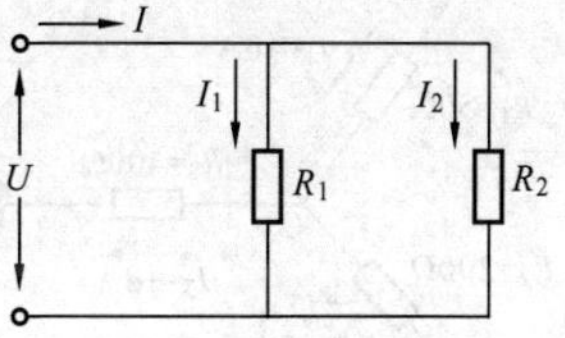

图 D-1

R_2 支路中的电流 I_2 为

$$I_2=\frac{R_1}{R_1+R_2}I$$

$$= \frac{60}{60+40} \times 2$$

$$=1.2\text{（A）}$$

答： I_1 为 0.8A，I_2 为 1.2A。

La5D3003 有一铜导线，其长度 L=10km，截面 S=20mm^2，经查表知铜在温度 20℃时的电阻率为 0.017 5Ω·mm^2/m，试求此导线在温度 30℃时的电阻值是多少（铜的温度系数为 0.004/℃）。

解： 铜导线在 20℃时的电阻值为

$$R_{20} = \rho \frac{L}{S} = 0.017\,5 \frac{10 \times 10^3}{20} = 8.75\ \text{（Ω）}$$

在 30℃时铜导线的电阻值为

$$R_{30}=R_{20}[1+\alpha(t_2-t_1)]$$

$$=8.75[1+0.004\,(30-20)]=9.1\text{（Ω）}$$

答： 电阻值为 9.1Ω。

La5D4004 已知电路如图 D-2 所示，其中电阻以及电流的数值和方向都标注在图中。若设 U_E=0V，试求 U_A、U_B、U_C 为多少伏？

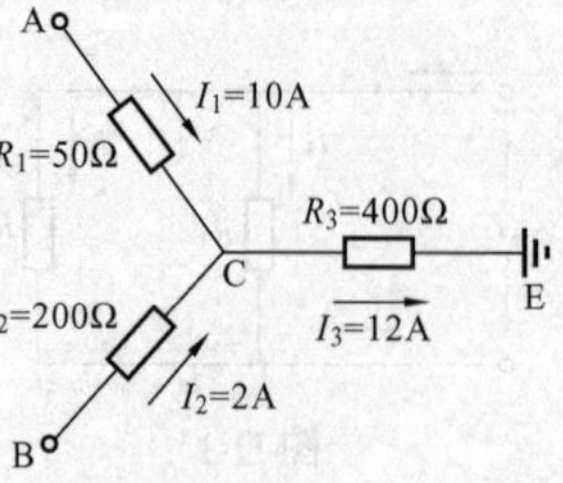

图 D-2

解： 因为 U_E=0，则

$U_C=R_3I_3$

$=400\times12=4800$（V）

$U_B=U_C+R_2I_2$

$=4800+200\times2$

$=5200$（V）

$U_A=U_C+R_1I_1$

$=4800+50\times10$

$=5300$（V）

答：U_A 为 5300V，U_B 为 5200V，U_C 为 4800V。

La5D5005 求图 D-3 中电路的等效电阻值。

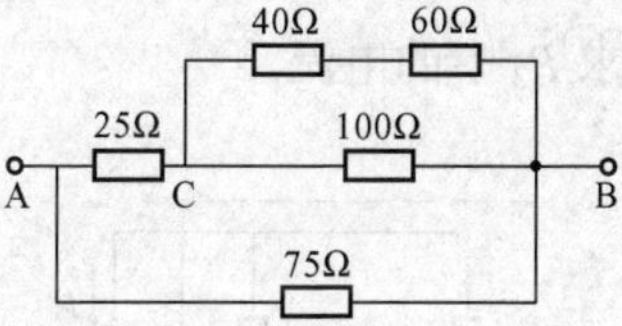

图 D-3

解：$R_{CB}=\dfrac{(40+60)\times100}{40+60+100}=50$（Ω）

$R_{AB}=\dfrac{(50+25)\times75}{50+25+75}=37.5$（Ω）

答：等效电阻为 37.5Ω。

La4D1006 今有一表头，满偏电流 I_1=100μA，内阻 R_0=1kΩ。若要改装成量程为 5V 的直流电压表，问应该串联多大的电阻？

解：因为这是一个串联电路，所以

$$I=\frac{U}{R_0+R_{fi}}$$

改装的要求应该是当 U=5V 时，表头指针恰好指到满刻度，即此时流过表头的电流应恰好等于满偏电流 $I=I_1$=100μA，所以

$$100\times10^{-6}=\frac{5}{1000+R_{fi}}$$

即
$$R_{fi}=\frac{5}{100\times10^{-6}}-1000$$

$$=50\,000-1000=49\,000\text{（Ω）}=49\text{kΩ}$$

即串联一个 49kΩ的电阻才能改装成为一个 5V 的直流电压表。

答：应串联 49kΩ电阻。

La4D2007 在如图 D-4 中，若 E_1=12V，E_2=10V，R_1=2Ω，R_2=1Ω，R_3=2Ω，求 R_3 中的电流。

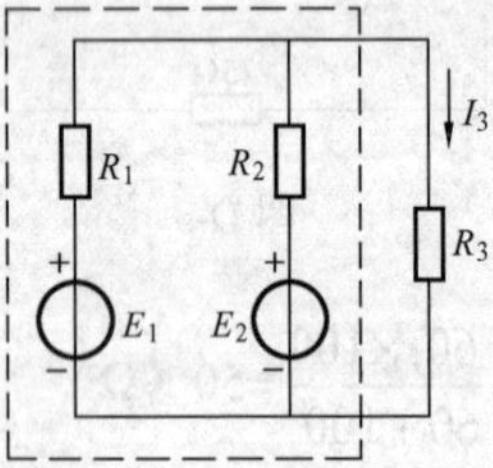

图 D-4

解：将 R_3 开断，求 R_3 两端空载电压 U_0

因为 $E_1-E_2=IR_1+IR_2$

$$I=\frac{E_1-E_2}{R_1+R_2}=\frac{2}{3}\text{（A）}$$

故 $U_0=E_1-IR_1$

$$=12-2\times\frac{2}{3}$$

$$=10.67\text{（V）}$$

等效内阻 $R_n=\dfrac{R_1R_2}{R_1+R_2}=\dfrac{2}{3}=0.67$ (Ω)

R_3 中电流 $I_3=\dfrac{10.67}{2.67}\approx 4$ (A)

答：R_3 中电流为 4A。

La4D1008 一只电流表满量限为 10A，准确等级为 0.5，用此表测量 1A 电流时的相对误差是多少？

解：最大相对误差 $\Delta m=0.5\%\times10=\pm0.05$ (A)，测量 1A 的电流时，其相对误差为 $\pm0.05/1\times100\%=\pm5\%$。

答：相对误差为±5%。

La4D4009 某接地系统发生单相接地（设为 A 相）故障时，三个线电流各为 I_A=1500A，I_B=0，I_C=0。试求这组线电流的对称分量，并作相量图。

解：设 $\dot{I}_A=1500\angle0°$ A，则零序分量

$$\dot{I}_0=\frac{1}{3}(\dot{I}_A+\dot{I}_B+\dot{I}_C)=\frac{1}{3}\times1500=500\text{ (A)}$$

正序分量 $\dot{I}_1=\dfrac{1}{3}(\dot{I}_A+a\dot{I}_B+a^2\dot{I}_C)=500$ (A)

负序分量 $\dot{I}_2=\dfrac{1}{3}(\dot{I}_A+a^2\dot{I}_B+a\dot{I}_C)=500$ (A)

作相量图见图 D-5 所示。

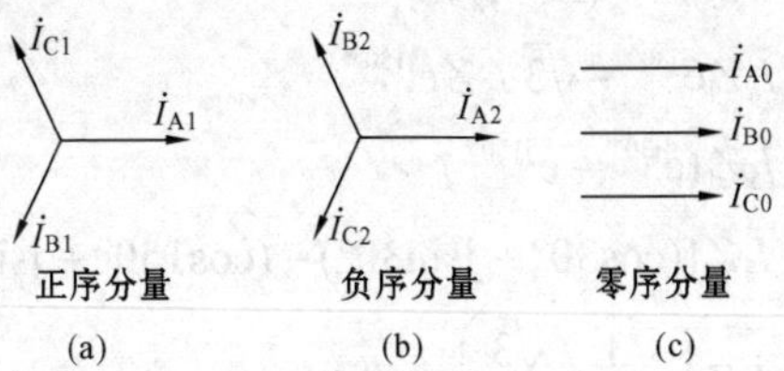

图 D-5

答：相量图见图 D-5 所示。

La4D5010 一个220V的中间继电器，线圈电阻为6.8kΩ，运行时需串入2kΩ的电阻，试计算该电阻的功率。

解：串入电阻后回路的电流为

$$I=\frac{220}{6800+2000}=0.025\ \text{(A)}$$

电阻所消耗功率为

$$P=I^2R=0.025^2\times2000=1.25\ \text{(W)}$$

故该电阻至少需用1.25W的，为了可靠起见应选用3W的电阻。

答：电阻功率应选用3W。

La3D1011 试计算如图D-6所示接线在三相短路时电流互感器的视在负载。

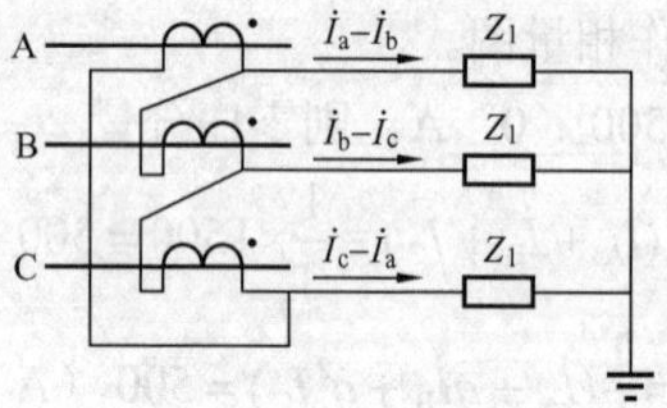

图D-6

解：A相电流互感器两端的电压为

$$\begin{aligned}\dot U_a&=(\dot I_a-\dot I_b)Z_1-(\dot I_c-\dot I_a)Z_1\\&=\sqrt3\,\dot I_aZ_1e^{j30^\circ}-\sqrt3\,\dot I_aZ_1e^{j150^\circ}\\&=\sqrt3\,\dot I_aZ_1(e^{j30^\circ}-e^{j150^\circ})\\&=\sqrt3\,\dot I_aZ_1[(\cos30^\circ+j\sin30^\circ)-(\cos150^\circ+j\sin150^\circ)]\\&=\sqrt3\,\dot I_aZ_1\left(\frac{\sqrt3}{2}+\frac{\sqrt3}{2}\right)\\&=3\dot I_aZ_1\end{aligned}$$

故 A 相电流互感器的视在负载为 $Z_H=\dfrac{\dot{U}_a}{\dot{I}_a}=3Z_l$。同理可计算出 B、C 相电流互感器的视在负载也为 $3Z_l$。

答：负载为 $3Z_l$。

La3D2012 有两台同步发电机作准同期并列，由整步表可以看到表针转动均匀，其转动一周的时间为 5s，假设断路器的合闸时间为 0.2s，求应在整步表同期点前多大角度发出脉冲。

解：

$$\delta=\frac{360°t_H}{T}=\frac{360°\times0.2}{5}=14.4°$$

式中 T——差电压的周期；

t_H——断路器的合闸时间。

故应在整步表同期点前 14.4° 发出合闸脉冲。

答：应在整步表同期点前 14.4° 发出合闸脉冲。

La3D3013 如图 D-7 所示，有一台自耦调压器接入一负载，当二次电压调到 11V 时，负载电流为 20A，试计算 I_1 及 I_2 的大小。

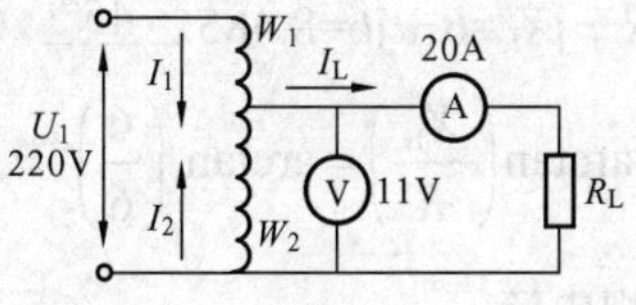

图 D-7

解：忽略调压器的损耗，根据功率平衡的原理有

$$P_1=P_2$$

而 $P_1=U_1I_1$

$P_2=U_2I_1$

$$U_2I_1=11\times20=220\text{（W）}$$

所以

$$I_1=\frac{P_2}{U_1}=\frac{220}{220}=1\text{（A）}$$

$$I_2=I_L-I_1=20-1=19\text{（A）}$$

答：I_1为1A，I_2为19A。

La3D3014 星形连接的三相对称负载，已知各相电阻R=6Ω，感抗X_L=6Ω，现把它接入U_l=380V的三相对称电源中，求：

（1）通过每相负载的电流I；

（2）三相消耗的总有功功率。

解：设

$$\dot{U}_A=\frac{380\angle0^\circ}{\sqrt{3}}=219.4\angle0^\circ\text{（V）}$$

$$\dot{U}_B=\frac{380\angle-120^\circ}{\sqrt{3}}=219.4\angle-120^\circ\text{（V）}$$

$$\dot{U}_C=\frac{380\angle120^\circ}{\sqrt{3}}=219.4\angle120^\circ\text{（V）}$$

$$Z=R+jX_L=6+j6=8.485\angle45^\circ\text{（Ω）}$$

$$45^\circ=\arctan\left(\frac{X_L}{R}\right)=\arctan\left(\frac{6}{6}\right)=\arctan1$$

（1）通过每相电流

$$\dot{I}_A=\frac{\dot{U}_A}{Z}=\frac{219.4\angle0^\circ}{8.485\angle45^\circ}=25.86\angle-45^\circ\text{（A）}$$

$$\dot{I}_B=\frac{\dot{U}_B}{Z}=\frac{219.4\angle-120^\circ}{8.485\angle45^\circ}=25.86\angle-165^\circ\text{（A）}$$

$$\dot{I}_C=\frac{\dot{U}_C}{Z}=\frac{219.4\angle120^\circ}{8.485\angle45^\circ}=25.86\angle75^\circ\text{（A）}$$

（2）三相消耗的总有功功率

$P=3U_{ph}I_{ph}\cos\varphi$

$=3\times219.4\times25.86\times\cos45°=12.034$（kW）

答： I_A 为 $25.86\angle-45°$ A，I_B 为 $25.86\angle-165°$ A，I_C 为 $25.86\angle75°$ A；三相消耗的总有功功率为 12.034kW。

La3D4015 在所加总电压 U_{bb}=20V 时，测得单结晶体管的峰点电压 U_p=14.7V，若取 U_D=0.7V，分压比 n 为多少？当 U_{bb}= 10V 时，求 U_p 值变为多少。

解： 发射结附近的电位 $U_b=\eta U_{ab}$

因为 $U_b=U_p-U_D=14.7-0.7=14$（V）

所以 $\eta=\dfrac{U_b}{U_{bb}}=\dfrac{14}{20}=0.7$

当 U_{bb} 降为 10V 时，有

$U'_b=\eta U_{bb}=0.7\times10=7$（V）

$U'_p=7+0.7=7.7$（V）

答： U_p 值为 7.7V。

La3D4016 如图 D-8 所示正弦交流电路，试求电路发生谐振时，电源的角频率ω应满足的条件。

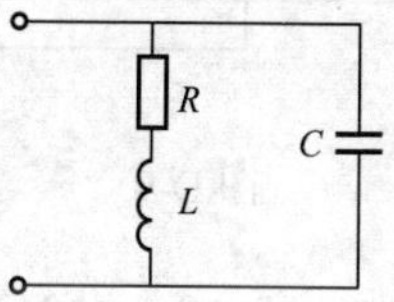

图 D-8

解： 电路的等效复阻抗

$$Z=\frac{(R+jX_L)(-jX_C)}{R+jX_L-jX_C}$$

$$=\frac{X_C[RX_C-j(R^2+X_L^2-X_LX_C)]}{R^2+(X_L-X_C)^2}$$

电路发生谐振时，复阻抗 Z 的虚部为零，即

$$R^2+X_L^2-X_LX_C=0$$

又 $X_C=\dfrac{1}{\omega C}$，$X_L=\omega L$，代入上式整理得

$$\omega=\sqrt{\frac{1}{LC}-\left(\frac{R}{L}\right)^2}$$

即当ω满足上述关系时，电路就会发生谐振。

答：$\omega=\sqrt{\dfrac{1}{LC}-\left(\dfrac{R}{L}\right)^2}$ 时，电路发生谐振。

La3D5017 如图 D-9 所示为一三极管保护的出口回路，若 V1 工作在开关状态，试验证按图所给参数 V2 能否可靠截止和饱和导通。

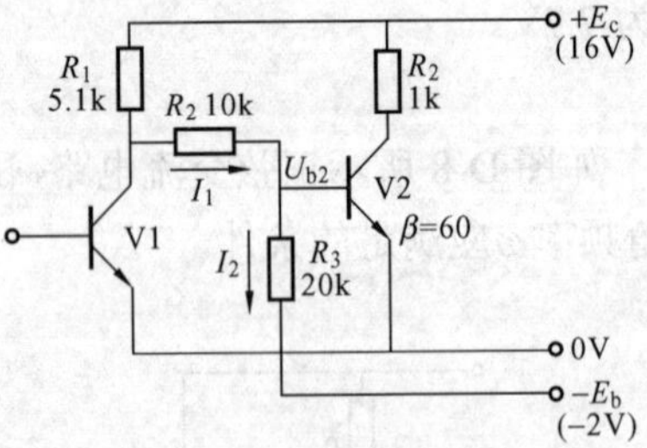

图 D-9

解：V1 饱和导通时，$U_{c1}=0$，设 V2 截止，$I_{b2}=0$，则

$$U_{b2}=-E_b\times\frac{R_2}{R_2+R_3}$$

$$=-2\times\frac{10\times10^3}{[(10+20)\times10^3]}=-0.67\text{（V）}$$

可见 $U_{b2}<0$，假设成立，V2 能可靠截止。

V1 截止时，$I_{c1}=0$，设 V2 饱和导通，则 $U_{be2}=0.7V$。

$$I_1=\frac{E_e-U_{be2}}{R_1+R_2}=\frac{16-0.7}{(5.1+10)\times10^3}=1\text{（mA）}$$

$$I_2=\frac{U_{be2}-(-E_b)}{R_3}=\frac{0.7-(-2)}{(2\times10^3)}=0.14\text{（mA）}$$

$$I_{b2}=I_1-I_2=1-0.14=0.86\text{（mA）}$$

$$I_{bs2}=\frac{E_c}{\beta R_2}=\frac{16}{60\times10^3}=0.26\text{（mA）}$$

$I_{b2}>I_{bs2}$，可见 V2 能可靠饱和导通。

答：V2 能可靠截止和饱和导通。

La3D5018 如图 D-10 所示系统中的 k 点发生三相金属性短路，试用标幺值求次暂态电流。

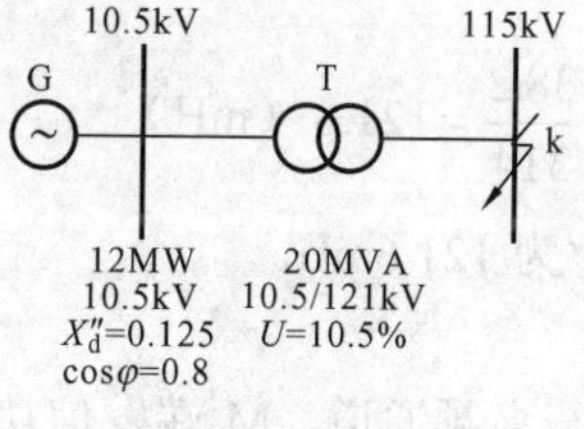

图 D-10

解：选基准功率 $S_j=100$MVA，基准电压 $U_j=115$kV，基准电流 $I_j=\dfrac{100}{\sqrt{3}\times115}=0.5$（kA）

则
$$X_{G*}=\frac{0.125\times100}{12\div0.8}=0.83$$

$$X_{T*}=\frac{0.105\times100}{20}=0.53$$

$$I_{k*}=\frac{1}{0.83+0.53}=0.735$$

故 $I_k=0.5\times0.735=0.368$（kA）

答：次暂态电流为 0.368kA。

La2D1019 有一个线圈接在正弦交流 50Hz、220V 电源上，电流为 5A，当接在直流 220V 电源上时，电流为 10A，求：线圈电感？

解：（1）接直流回路时只有电阻

$$R=\frac{U}{I}=\frac{220}{10}=22\ (\Omega)$$

（2）接交流时为阻抗

$$Z=\frac{U}{I}=\frac{220}{5}=44\ (\Omega)$$

$\because Z=\sqrt{R^2+X^2}$

$\therefore X=\sqrt{Z^2-R^2}=\sqrt{44^2-22^2}=38.2\ (\Omega)$

又 $\because X=2\pi fL$

$\therefore L=\dfrac{X}{2\pi f}=\dfrac{38.2}{314}=121.6$（mH）

答：线圈电感为 121.6mH。

La2D2020 一高频通道，M 端发信功率为 10W，N 端收信功率为 9.8W，试计算通道衰耗。

解：通道衰耗为

$$b=\frac{1}{2}\ln\frac{P_1}{P_2}=\frac{1}{2}\ln\frac{10}{9.8}=\frac{1}{2}\times0.02=0.01\text{Np}$$

答：通道衰耗为 0.01Np。

La2D3021 某断路器合闸接触器的线圈电阻为 600Ω，直流电源为 220V，怎样选择重合闸继电器的参数？

解：断路器合闸接触器线圈的电流为

$$I=\frac{220}{600}=0.366\ (\text{A})$$

为保证可靠合闸，重合闸继电器额定电流的选择应与合闸接触器线圈相配合，并保证对重合闸继电器的动作电流有不小于1.5的灵敏度，故重合闸继电器的额定电流应为

$$I_e=\frac{0.366}{1.5}=0.244\ (\text{A})$$

取 $I_e=0.25$（A）

答：选取 I_e 为 0.25A。

La2D3022 有一组三相不对称量：$\dot{U}_A=58\text{V}$，$\dot{U}_B=33\,e^{+j150^\circ}\ \text{V}$，$\dot{U}_C=33\,e^{+j150^\circ}\ \text{V}$。试计算其负序电压分量。

解：根据对称分量法

$$\dot{U}_2=\frac{\dot{U}_A+a^2\dot{U}_B+a\dot{U}_C}{3}$$

代入数值得 $\dot{U}_2=\dfrac{58+33e^{j90^\circ}+33e^{-j90^\circ}}{3}$

$$=\frac{1}{3}(58+j33-j33)=19.3\ (\text{V})$$

答：负序电压分量为 19.3V。

La2D3023 在大接地电流系统中，电压三相对称，当B、C相各自短路接地时，B相短路电流为 $800\,e^{+j45^\circ}$，A、C相短路电流为 $850\,e^{+j165^\circ}$ A。试求接地电流是多少？

解：$3I_0=I_A+I_B+I_C=800\,e^{j45^\circ}+850\,e^{j165^\circ}$

$$=800(0.707+j0.707)+850(-0.966+j0.259)$$

$$=-255.5+j785.75$$

$$=826.25\,e^{j108^\circ}\ (\text{A})$$

故接地电流 $3I_0=826.25\,e^{j108^\circ}$ A

答：接地电流为 $826.25\,e^{j108^\circ}$ A。

La2D4024 有一台 Yd11 接线、容量为 31.5MVA、变比为 115/10.5（kV）的变压器，一次侧电流为 158A，二次侧电流为 1730A。一次侧电流互感器的变比 $K_{TAY}=300/5$，二次侧电流互感器的变比 $K_{TA\triangle}=2000/5$，在该变压器上装设差动保护，试计算差动回路中各侧电流及流入差动继电器的不平衡电流分别是多少？

答：由于变压器为 Yd11 接线，为校正一次线电流的相位差，要进行相位补偿。

变压器 115kV 侧二次回路电流为：$I_{2Y}=I_Y \div K_{TAY}=158\div(300/5)=4.56A$

变压器 10.5kV 侧二次回路电流为：$I_{2\triangle}=I_\triangle \div K_{TA\triangle}=1730\div(2000/5)=4.32A$

流入差动继电器的不平衡电流为：$I_{apn}=I_{2Y}-I_{2\triangle}=4.56A-4.32A=0.24A$

La2D4025 如图 D-11 所示电路中，继电器的电阻 $r=250\Omega$，电感 L=25H（吸合时的值），E=24V，R_1=230Ω，已知此继电器的返回电流为 4mA。试问开关 K 合上后经过多长时间继电器能返回？

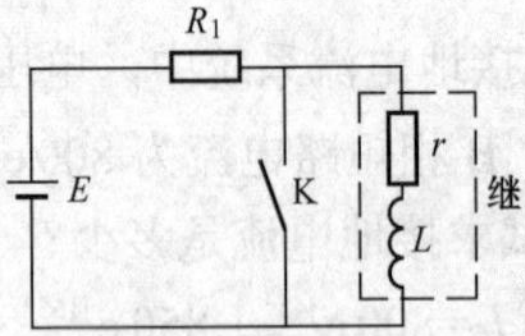

图 D-11

解：K 合上后继电器所在回路的时间常数

$$\tau=\frac{L}{r}=\frac{25}{250}=0.1\ (\text{s})$$

继电器电流的初始值为

$$i(0)=i(0_-)=\frac{E}{R_1+r}=\frac{24}{230+250}=0.05\ \text{（A）}$$

故K合上后继电器电流的变化规律为

$$i=0.05\mathrm{e}^{-\left(\frac{t}{0.1}\right)}$$

按 i=0.004A 解得

$$t=0.1\ln\frac{0.05}{0.004}=0.25\ \text{（s）}$$

即K合上后经0.25s继电器能返回。

答：所需时间为0.25s。

La2D4026 某时间继电器的延时是利用电阻电容充电电路实现的，如图D-12所示。设时间继电器在动作时电压为20V，直流电源电压 E=24V，电容 C=20μF，电阻 R=280kΩ。问时间继电器在开关K合上后几秒动作？

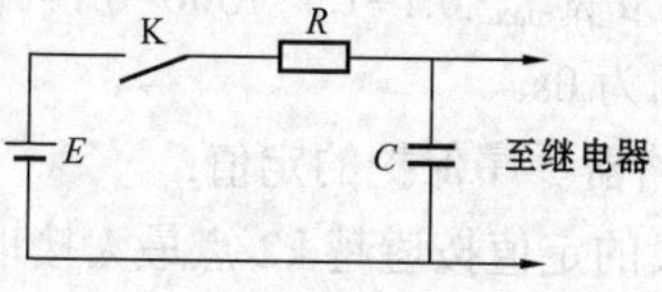

图 D-12

解：开关K合上后电容 C 充电，其电压的变化规律为

$$U_\mathrm{C}=E\left(1-\mathrm{e}^{-\frac{T}{RC}}\right)，则-\frac{T}{RC}=\ln\frac{E-U_\mathrm{C}}{E}，T=RC\cdot\ln\frac{E}{E-U_\mathrm{C}}$$

$$T=280\times10^3\times20\times10^{-6}\ln\frac{24}{24-20}=10\ \text{（s）}$$

即K合上后经10s继电器动作。

答：经10s动作。

La2D5027 如图 D-13 所示，已知 k1 点最大三相短路电流为 1300A（折合到 110kV 侧），k2 点的最大接地短路电流为 2600A，最小接地短路电流为 2000A，1 号断路器零序保护的一次整定值为Ⅰ段 1200A，0s；Ⅱ段 330A，0.5s。计算 3 号断路器零序电流保护Ⅰ、Ⅱ、Ⅲ段的一次动作电流值及动作时间（取可靠系数 K_{rel}=1.3，配合系数 K_{co}=1.1）。

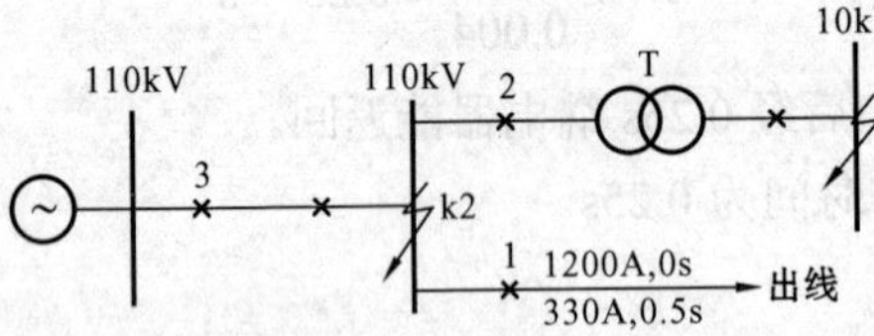

图 D-13

解：（1）2 号断路器零序Ⅰ段的整定：

1）动作电流按避越 k1 点三相短路最大不平衡电流整定，即

$$I'_{op(2)}=K_{rel}I_{(3)kmax}\times 0.1=1.3\times 1300\times 0.1=169\text{（A）}$$

2）动作时间为 0s。

（2）3 号断路器零序保护的定值：

1）零序Ⅰ段的定值按避越 k2 点最大接地短路电流，即

$$I'_{op(3)}=K_{rel}I_{kg}=1.3\times 2600=3380\text{（A）}$$

零序Ⅰ段动作时间为 0s

2）零序Ⅱ段的定值。

动作电流按与 1 号断路器零序Ⅰ段相配合，即

$$I''_{op(3)}=K_{co}I'_{op(1)}=1.1\times 1200=1320\text{（A）}$$

动作时间按与 1、2 号断路器零序Ⅰ段相配合，即

$$t''_3=t'_2+\Delta t=0.5\text{（s）}$$

3）零序Ⅲ段的定值。

动作电流按与 1 号断路器零序Ⅱ段相配合，即

$$I'''_{op(3)}=K_{co}\ I''_{op(1)}=1.1\times 330=363\text{（A）}$$

动作时间按与1号断路器零序Ⅱ段相配合，即

$$t_3''' = t_1'' + \Delta t = 0.5+0.5 = 1.0\text{（s）}$$

答：3 号断路器零序电流保护Ⅰ段动作电流为 3380A，动作时间为 0s；Ⅱ段动作电流为 1320A，动作时间为 0.5s；Ⅲ段动作电流为 363A，动作时间为 1.0s。

Lb5D1028 某一正弦交流电的表达式为 $i = \sin（1000t + 30°）$A，试求其最大值、有效值、角频率、频率和初相角各是多少？

解：最大值 I_m=1（A）

有效值 $I = \dfrac{I_m}{\sqrt{2}} = 0.707$（A）

角频率 $\omega = 1000$（rad/s）

频率 $f = \dfrac{\omega}{2\pi} = \dfrac{1000}{2\pi} = 159$（Hz）

初相角 φ=30°

答：最大值为 1A，有效值为 0.707A，角频率为 1000rad/s，频率为 159Hz，初相角为 30°。

Lb5D2029 有一工频正弦电压 $u = 100\sin（\omega t - 42°）$V，问在 t=0.004s 时，电压的瞬时值是多少？

解：在 $t = 0.004$s 时瞬时电压为

$$u = 100\sin(\omega t - 42°)$$

$$= 100\sin(314\times0.004 - 0.733) = 52.3\text{（V）}$$

答：电压瞬时值为 52.3V。

Lb5D3030 已知 E=12V，c 点的电位 U_c=－4V，如图 D-14 所示，以 o 点为电位参考点。求电压 U_{ac}、U_{co}、U_{ao}。

解：因为以 o 点为电位参考点，U_a 为 E 的负端电位，故 U_a=–12V。已知 U_c=–4V 则

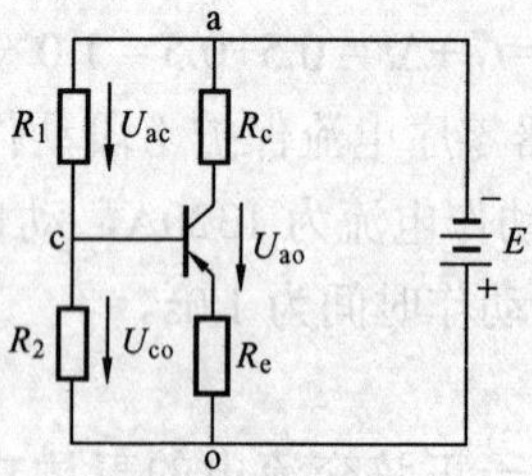

图 D-14

$U_{ac}=U_a-U_c=-12-(-4)=-8$（V）

$U_{co}=U_c-U_o=-4-0=-4$（V）

$U_{ao}=U_a-U_o=-12-0=-12$（V）

答：U_{ac} 为–8V，U_{co} 为–4V，U_{ao} 为–12V。

Lb5D4031 若 U=220V，E=214V，r=0.003Ω，其接线如图 D-15 所示，试确定在正常状态下和短路状态下电流的大小和方向？

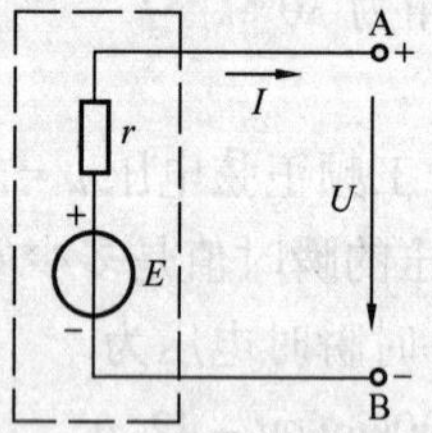

图 D-15

解：当正常工作时，因外电压 U=220V，其高于电动势 E，故电池正处于充电状态，充电电流为图中所示的反方向，其值为

$$I=\frac{U-E}{r}=\frac{220-214}{0.003}=2000\ (\text{A})$$

当 A、B 间发生短路时，U=0，电池正处于放电状态，短路电流 I_k 的方向与图中电流 I 的方向相同，I_k 的数值为

$$I_k = \frac{E}{r} = \frac{214}{0.003} = 7.13 \text{（kA）}$$

答：正常状态下电流为 2000A，短路状态下为 7.13kA。

Lb5D5032 一台 SFP−90000/220 电力变压器，额定容量为 90 000kVA，额定电压为（220±2×2.5%）/ 110kV，问高压侧和低压侧的额定电流各是多少？

解：高压侧的额定电流为

$$I_{1e} = \frac{S_e}{\sqrt{3}U_{1e}} = \frac{90\,000}{\sqrt{3}\times 220} = 236 \text{（A）}$$

低压侧的额定电流为

$$I_{2e} = \frac{S_e}{\sqrt{3}U_{2e}} = \frac{90\,000}{\sqrt{3}\times 110} = 472 \text{（A）}$$

答：高压侧的为 236A，低压侧的为 472A。

Lb4D1033 有额定电压 11kV，额定容量 100kvar 的电容器 48 台，每两台串联后再并联星接，接入 35kV 母线，问该组电容器额定电流是多少？当 35kV 母线电压达到多少伏时，才能达到额定电流？

解：（1）电容器组的额定电流

100kvar、11kV 的电容器每台的额定电流为

$$I_e = \frac{100}{11} = 9.09 \text{（A）}$$

48 台电容器分成三相每两台串联后再并联，则每相并联 8 台，故该组电容器的额定电流为

$$I = 9.09\times 8 = 72.72 \text{（A）}$$

（2）达到额定电流时的母线电压

两台电容器串联后星接，则其相电压为 22kV，线电压 $U_e=22\times\sqrt{3}=38.1$（kV）

答：电容器额定电流为 9.09A，达到额定电流时的母线电压为 38.1kV。

Lb4D2034 如图 D-16 所示，直流电源为 220V，出口中间继电器线圈电阻为 10kΩ，并联电阻 R=1.5kΩ，信号继电器额定电流为 0.05A，内阻等于 70Ω。求信号继电器线圈压降和灵敏度，并说明选用的信号继电器是否合格？

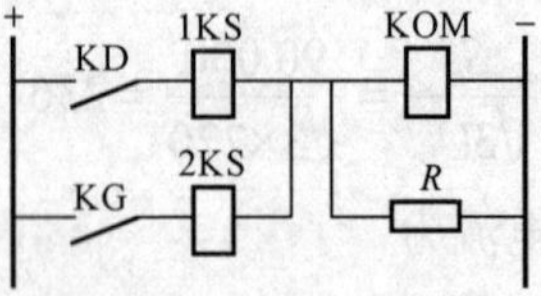

图 D-16

解：（1）计算信号继电器压降时应以 KD 或 KG 单独动作来计算。

中间继电器线圈与 R 并联的总电阻

$$R_p=\frac{10\times1.5}{10+1.5}=1.3\ (\text{k}\Omega)$$

信号继电器压降 $\Delta U=\dfrac{0.07U_e}{1.3+0.07}=5.1\%U_e$

（2）计算信号继电器灵敏度时，应按 KD 和 KG 同时动作来考虑。

即 $$I=\frac{220\times10^{-3}}{1.3+0.07/2}=0.164\ (\text{A})$$

通过单个信号继电器的电流为 0.164/2=0.082（A），所以信号继电器灵敏度 K_s=0.082/0.05=1.64。

由于计算得信号继电器的压降为 5.1%U_e，灵敏度为 1.64。

根据信号继电器的压降不得超过 10%U_e 灵敏度须大于 1.05 的要求，所选的信号继电器是合格的。

答：信号继电器线圈压降为 5.1%U_e，信号继电器灵敏度为 1.64。

Lb4D3035 某继电器的触点，技术条件规定，当电压不超过 250V、电流不大于 2A 时，在时间常数不超过 5×10^{-3}s 的直流有感负荷回路中，遮断容量为 50W，试计算该触点能否用于 220V、R=1000Ω、L=6H 的串联回路中？

解：回路参数计算

回路电流 $I=\dfrac{220}{1000}=0.22$（A）

回路消耗功率 $P=0.22^2\times1000=48.4$（W）

回路的时间常数 $\tau=\dfrac{L}{R}=\dfrac{6}{1000}=6\times10^{-3}$（s），因该回的时间常数大于 5×10^{-3}，故此触点不能串联于该回路中。

答：触点不能串联于回路中。

Lb4D4036 有一台（110±2×2.5%）/ 10kV 的 31.5MVA 降压变压器，试计算其复合电压闭锁过电流保护的整定值（电流互感器的变比为 300/5，星形接线；K_{rel} 可靠系数，过电流元件取 1.2，低电压元件取 1.15；K_r 继电器返回系数，对低电压继电器取 1.2，电磁型过电流继电器取 0.85）。

解：变压器高压侧的额定电流

$$I_e=\frac{31.5\times10^6}{\sqrt{3}\times110\times10^3}=165\text{（A）}$$

电流元件按变压器额定电流整定，即

$$I_{op}=\frac{K_{rel}K_cI_e}{K_rn_{TA}}=\frac{1.2\times1\times165}{0.85\times60}=3.88\text{（A）（取 3.9A）}$$

电压元件取 10kV 母线电压互感器的电压，即

（1）正序电压$U_{op}=\frac{U_{min}}{K_{rel}K_r n_{TV}}=\frac{0.9\times 10\,000}{1.15\times 1.2\times 100}=65.2$（V）（取 65V）

（2）负序电压按避越系统正常运行不平衡电压整定，即$U_{op.n}$=（5～7）V，取 6V。

故复合电压闭锁过电流保护定值为：动作电流为 3.9A，接于线电压的低电压继电器动作电压为 65V，负序电压继电器的动作电压为 6V。

式中，U_{min}为系统最低运行电压。

答：动作电流为 3.9A，低电压继电器动作电压为 65V，负序电压继电器动作电压为 6V。

Lb4D5037 一组距离保护用的电流互感器变比为 600/5，二次漏抗 Z_{II}为 0.2Ω，其伏安特性如表 D-1 所示。实测二次负载：I_{AB}=5A，U_{AB}=20V，I_{BC}=5A，U_{BC}=20V，I_{CA}=5A，U_{CA}=20V，Ⅰ段保护区末端三相短路电流为 4000A。试校验电流互感器误差是否合格？

表 D-1 **伏 安 特 性 表**

I（A）	1	2	3	4	5	6	7
U（V）	80	120	150	175	180	190	210

解：计算电流倍数 $m_{10}=1.5\times\frac{4000}{600}=10$

$$I_0=5\text{A}$$

励磁电压 $E=U-I_0Z_{II}=180-(5\times 0.2)=179$（V）

励磁阻抗 $Z_e=\frac{E}{I_0}=\frac{179}{5}=35.8$（Ω）

允许二次总负载 $Z_{lmax}=\frac{Z_e}{9}-Z_{II}=3.78$（Ω）

实测二次总负载 $Z_1=\frac{1}{2}\times\frac{U_{AB}}{I_{AB}}=\frac{1}{2}\times\frac{20}{5}=2$ （Ω）

由于实测二次总负载小于允许二次总负载，故该电流互感器的误差是合格的。

答：电流互感器误差合格。

Lb3D1038 有一三相对称大接地电流系统，故障前 A 相电压为 $U_A=63.5e^{j0}$，当发生 A 相金属性接地故障后，其接地电流 $I_k=1000\,e^{-j180°}$。求故障点的零序电压 U_{k0} 与接地电流 I_k 之间的相位差。

解：在不考虑互感时有

$$3\dot{U}_{k0}=-\dot{U}_A=U_A e^{-j180°}$$

$$\varphi_n-\varphi_i=-180°-(-80°)=-100°$$

故接地电流 I_k 超前零序电压 $U_{k0}100°$。

答：接地电流超前零序电压 100°。

Lb3D2039 某设备的电流互感器不完全星形接线，使用的电流互感器开始饱和点的电压为 60V（二次值），继电器的整定值为 50A，二次回路实测负载 1.5Ω，要求用简易方法计算并说明此电流互感器是否满足使用要求。

解：由电流保护的定值可知，电流互感器两端的实际电压为 50×1.5=75（V），此电压高于电流互感器开始饱和点的电压 60V，故初步确定该电流互感器不满足要求。

答：此电流互感器不能满足要求。

Lb3D3040 发电机机端单相接地时，故障点的最大基波零序电流怎样计算？

解：$I=3\omega E_{ph}(C_g+C_t)$ （$\omega=2\pi f=314$）

式中 E_{ph}——发电机相电压，V；

C_g——发电机对地每相电容，F；

C_t——机端相连元件每相对地总电容，F。

答：$I=3\omega E_{ph}(C_g+C_t)$。

Lb3D3041 有一台 Yd11 接线，容量为 31.5MVA，电压为 110/35kV 的变压器，高压侧 TA 变比为 300/5，低压侧 TA 变比为 600/5，计算变压器差动保护回路中不平衡电流。

解：（1）计算各侧额定电流：

$$I_e=\frac{S_e}{\sqrt{3}U_e}$$

$$I_{e1}=\frac{31\,500}{\sqrt{3}\times110}=165\text{（A）}$$

$$I_{e2}=\frac{S_e}{\sqrt{3}\times35}=519\text{（A）}$$

（2）计算差动继电器各侧二次电流：

$$I_1=\frac{165\times\sqrt{3}}{60}=4.76\text{（A）}$$

$$I_2=\frac{519}{120}=4.33\text{（A）}$$

（3）计算不平衡电流：

$$I_{bl}=I_1-I_2=4.76-4.33=0.43\text{（A）}$$

答：不平衡电流为 0.43A。

Lb3D4042 如图 D-17 所示为二极管稳压电源。已知电源电压 E=20V，R_L=2kΩ，选 2CW18，U_V=10V，I_{Vmin}=5mA，I_{Vmax}=20mA。试计算限流电阻 R 的范围。

解：流经稳压管的电流为

$$I_V=\frac{E-U_V}{R}-I_L$$

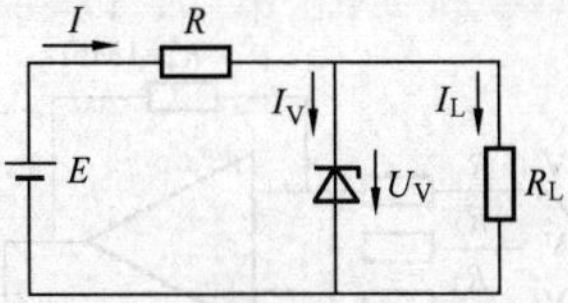

图 D-17

I_V必须满足式（1）及式（2），即

$$I_{V\max}=\frac{E-U_V}{R}-I_L \quad (1)$$

$$I_{V\min}=\frac{E-U_V}{R}-I_L \quad (2)$$

$$5<I_V<20$$

解式（1）、式（2）得

$$\frac{E-U_V}{20+I_L}<R<\frac{E-U_V}{5+I_L} \quad (3)$$

其中　E=20V，U_V=10V

$$I_L=\frac{U_V}{R_L}=5\ （mA）$$

解式（3）可得限流电阻 R 的范围为 0.4kΩ<R<1kΩ。

答：限流电阻 R 的范围为 0.4kΩ<R<1kΩ。

Lb3D4043　如图 D-18 所示电路为用运算放大器测量电压的原理图。设运算放大器的开环电压放大倍数 A_0 足够大，输出端接 5V 满量程的电压表，取电流 500μA，若想得到 50V、5V 和 0.5V 三种不同量程，电阻 R_1、R_2 和 R_3 各为多少？

解：当输入 50V 时，有

$$A_V=\frac{U_o}{U_i}=-\frac{5}{50}=-0.1$$

$$R_1-\frac{-R_4}{A_V}=\frac{-10^6}{-0.1}=10^7\ （\Omega）$$

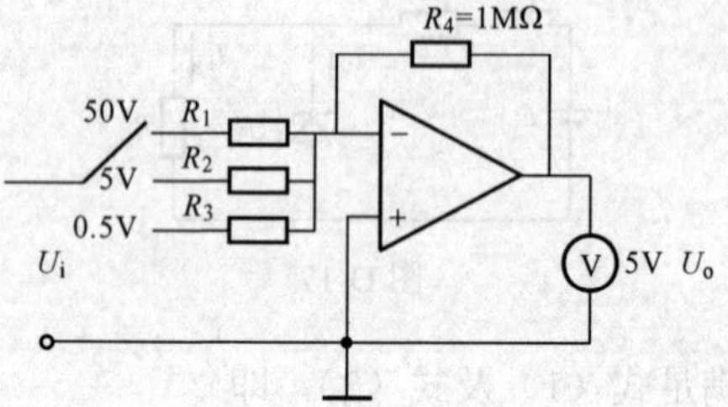

图 D-18

当输入 5V 时，有

$$A_V = \frac{U_o}{U_i} = -\frac{5}{5} = -1$$

$$R_2 = \frac{-R_4}{A_V} = \frac{-10^6}{-1} = 10^6\ (\Omega)$$

当输入 0.5V 时，有

$$A_0 = \frac{V_o}{V_i} = -\frac{5}{0.5} = -10$$

$$R_3 = \frac{-R_4}{A_V} = \frac{-10^6}{-10} = 10^5\ (\Omega)$$

答：R_1 为 $10^7\Omega$，R_2 为 $10^6\Omega$，R_3 为 105Ω。

Lb3D5044 如图 D-19 所示电路，当电源电压增大时，试述三极管稳压电路的稳压过程。

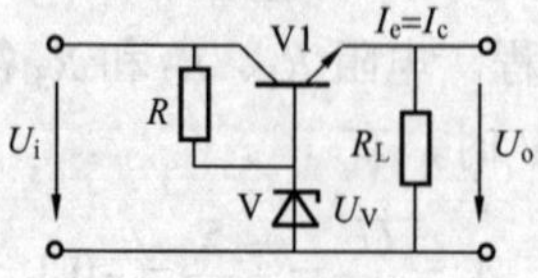

图 D-19

解：当负载不变而电源电压增大，输出电压 U_o 增大时，由

于 R 和 V 组成的稳压电路使 V1 的基极电位 U_b 为固定值，即 $U_b=U_V$。由下式可知 $U_{be}=U_b-U_e=U_V-U_0$ 增大，则 U_{be} 减少，使 I_b 相应地减小，U_{ce} 增大，从而使 $U_o=U_i-U_{ce}$ 基本不变。

Lb3D5045 有两只额定电压均为 220V 的白炽灯泡，一只是 40W 的，另一只是 100W 的。当将两只灯泡串联在 220V 电压使用时，每只灯泡实际消耗的功率是多少？

解： 设 40W 灯泡的功率为 P_1、内阻为 R_1；100W 灯泡的功率为 P_2、内阻为 R_2，电压为 U。

因 $R_1=U^2/P_1$，$R_2=U^2/P_2$

串联后的电流为 I，则

$$I=\frac{U}{R_1+R_2}=\frac{U}{(U^2/P_1)+(U^2/P_2)}=\frac{P_1P_2}{U(P_1+P_2)}$$

40W 灯泡实际消耗的功率为

$$P_1'=I^2R_1=\frac{P_1^2P_2^2}{U^2(P_1+P_2)^2}\times\frac{U^2}{P_1}$$

$$=\frac{P_1P_2^2}{(P_1+P_2)^2}=\frac{40\times100^2}{(40+100)^2}=20.4\text{（W）}$$

同理，100W 灯泡实际消耗的功率为

$$P_2'=\frac{P_1^2P_2}{(P_1+P_2)^2}=\frac{40^2\times100}{(40+100)^2}=8.16\text{（W）}$$

答： 一只消耗功率为 20.4W，另一只消耗功率为 8.16W。

Lb2D2046 如图 D-20 所示为双稳态电路。$\beta=20$，$I_{cbo}=5\mu A$，试验证饱和条件和截止条件。

解： 饱和条件为 $\beta>\frac{R_K}{R_c}+1$

$$\frac{R_K}{R_c}+1=\frac{15}{2.2}+1=7.8$$

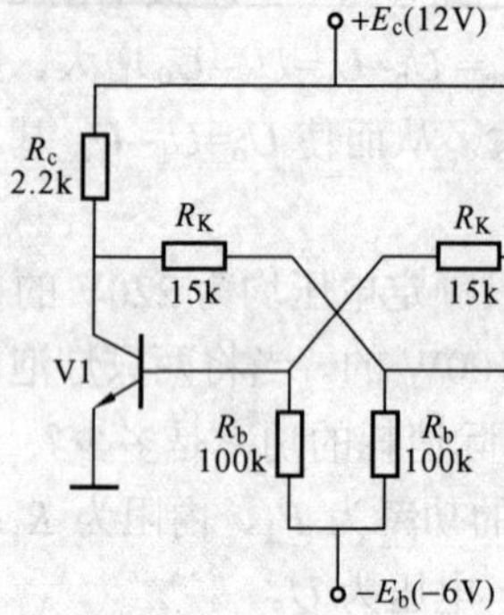

图 D-20

现β>7.8，故满足饱和条件

截止条件为 $R_b < \dfrac{E_b}{I_{cbo}}$

$$\frac{E_b}{I_{cbo}} = \frac{6}{5\times10^{-6}} = 1200\ （k\Omega）$$

现 R_b<1200kΩ，满足截止条件。

答：满足饱和条件及截止条件。

Lb2D3047　如图 D-21 所示电路，四个电容器的电容各为 $C_1=C_4=0.2\mu F$，$C_2=C_3=0.6\mu F$。试求：（1）开关 K 打开时，ab 两点间的等效电容。（2）开关 K 合上时，ab 两点间的等效电容。

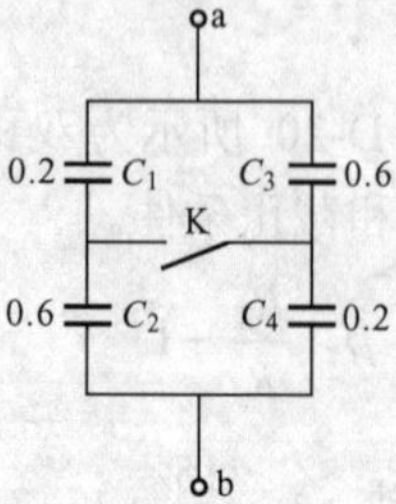

图 D-21

解：（1）开关 K 打开时，其等效电容为

$$C_{ab}=\frac{C_1C_2}{C_1+C_2}+\frac{C_3C_4}{C_3+C_4}$$

$$=\frac{0.2\times0.6}{0.2+0.6}+\frac{0.6\times0.2}{0.6+0.2}=0.3\text{（μF）}$$

（2）开关 K 合上时，其等效电容

$$C_{ab}=\frac{(C_1+C_3)(C_2+C_4)}{C_1+C_2+C_3+C_4}$$

$$=\frac{0.8\times0.8}{0.8+0.8}=0.4\text{（μF）}$$

答：开关 K 打开时，等效电容为 0.3μF；开关 K 合上时，等效电容为 0.4μF。

Lb2D4048 根据系统阻抗图 D-22 所示，计算 k 点短路时流过保护安装点的两相短路电流（S_*=100MVA，U_*=66kV）。

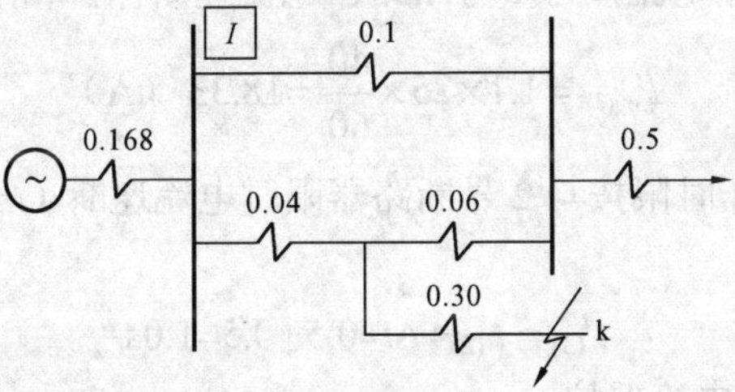

图 D-22

解：$X_*=0.168+\dfrac{0.16\times0.04}{0.16+0.04}+0.3$

$$=0.168+0.032+0.3=0.5$$

$$I_*=\frac{1}{X_*}=\frac{1}{0.5}=2$$

$$I_k^{(2)}=2\times875\times\frac{0.04}{0.04+0.16}\times\frac{\sqrt{3}}{2}=303.1\text{（A）}$$

答：k 点短路时流过保护安装点的两相短路电流为 303.1A。

Lb2D5049 如图 D-23 所示，某 35kV 单电源辐射形线路，L1 的保护方案为限时电流速断和过电流保护，电流互感器为不完全星形接线。已知 L1 的最大负荷电流为 300A，变电站 A 的 1、2 号断路器保护定值如图 D-23 所示。计算 L1 的保护定值（不校灵敏度）。

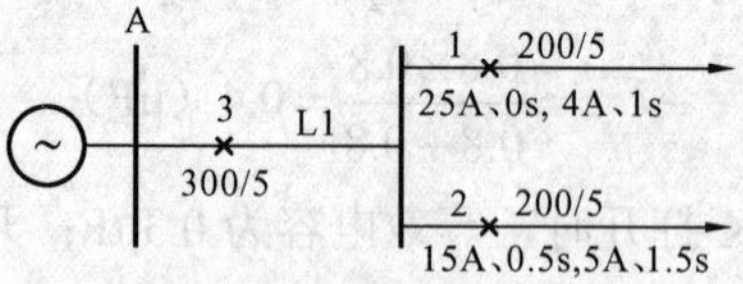

图 D-23

解：L1 的保护定值计算如下：

（1）限时电流速断保护：

1）动作电流按与 1 号断路器电流速断保护相配合，即

$$I'_{op(3)}=1.1\times25\times\frac{40}{60}=18.33\ (\text{A})$$

2）动作时限按与 2 号断路器限时电流速断（$t'_{(2)}=0.5s$）相配合，即

$$t'_{(3)}=t'_{(2)}+\Delta t=0.5+0.5=1.0s$$

（2）过电流保护：

1）动作电流按避越本线路最大负荷电流整定，即

$$I''_{op(3)}=1.2\times\frac{300}{0.85\times60}=7.06\ (\text{A})$$

2）动作时限按与 2 号断路器定时电流（$t''_{(2)}=1.5s$）相配合，即

$$t''_{(3)}=t''_{(2)}+\Delta t=1.5+0.5=2.0s$$

答：限时电流速断保护动作电流为 18.33A，动作时间为 1s；过电流保护动作电流为 7.06A，动作时间为 2s。

Lb2D5050 如图 D-24 所示，1、2 号断路器均装设三段式的相间距离保护（方向阻抗继电器），已知 1 号断路器一次整定阻抗值为：$Z_{set(1)}^{I}$ =3.6Ω/ph，0s，$Z_{set(1)}^{II}$ =11Ω/ph，0.5s，$Z_{set(1)}^{III}$ = 114Ω/ph，3s。AB 段线路输送的最大负荷电流为 500A，最大负荷功率因数角为 $\varphi_{1\max}$ =40°。试计算 2 号断路器距离保护的Ⅰ、Ⅱ、Ⅲ段的二次整定阻抗和最大灵敏角。

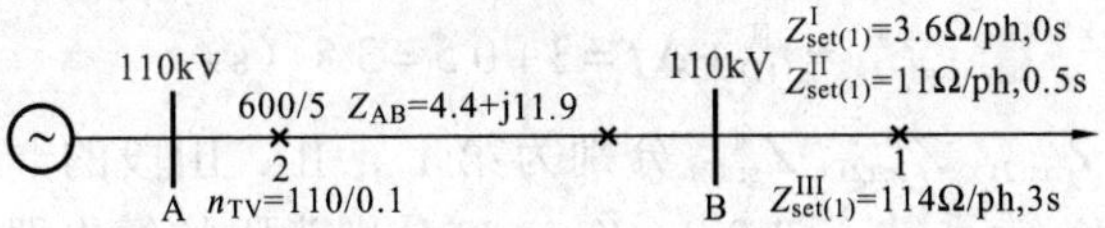

图 D-24

解：2 号断路器距离保护的整定

Ⅰ段按线路全长的 80%整定，则有

$$Z_{set(2)}^{I}=0.8\times12.68=10.144\text{（Ω/ph）}$$

$$Z_{sK(2)}^{I}=Z_{set(2)}^{I}\times\frac{n_{TA}}{n_{TV}}=10.144\times\frac{120}{1100}=1.1\text{（Ω/ph）}$$

动作时间 $t_{(2)}^{I}=0s$

最大灵敏角度 $\varphi_s=\arctan\frac{11.9}{4.4}=69.7^{\circ}$

Ⅱ段按与 1 号断路器的距离Ⅱ段相配合整定，则有

$$Z_{set(2)}^{II}=K_K\times(Z_{AB}+Z_{set(1)}^{II})=0.8\,(12.68+11)=18.944\text{（Ω/ph）}$$

故 $Z_{sK(2)}^{II}=Z_{set(2)}^{II}\times\frac{n_{TA}}{n_{TV}}=18.944\times\frac{120}{1100}=2.064\text{（Ω/ph）}$

动作时间 $t_{(2)}^{II}=t_{(1)}^{II}+\Delta t=0.5+0.5=1.0$（s）

Ⅲ段按最大负荷电流整定，则有最小负荷阻抗

$$Z_{1\min}=\frac{0.9\times110\times10^3}{\sqrt{3}\times5\times10^2}=114.3\ (\Omega/\text{ph})$$

$$Z_{\text{set(2)}}^{\text{Ⅲ}}=\frac{Z_{\text{lmin}}}{K_{\text{rel}}K_{\text{r}}\cos(69.7°-40°)}$$

$$=\frac{114.3}{1.2\times1.15\times\cos29.7°}=95.4\ (\Omega/\text{ph})$$

$$Z_{\text{sK(2)}}^{\text{Ⅲ}}=Z_{\text{set(2)}}^{\text{Ⅲ}}\times\frac{n_{\text{TA}}}{n_{\text{TV}}}=95.4\times\frac{120}{1100}=10.4\ (\Omega/\text{ph})$$

$$t_{(2)}^{\text{Ⅲ}}=t_{(1)}^{\text{Ⅲ}}+\Delta t=3+0.5=3.5\ (\text{s})$$

式中：$Z_{\text{set(2)}}^{\text{I}}$、$Z_{\text{set(2)}}^{\text{II}}$、$Z_{\text{set(2)}}^{\text{Ⅲ}}$分别为第Ⅰ、Ⅱ、Ⅲ段的一次整定阻抗；$K_{\text{K}}$为系数，取 0.8；$K_{\text{rel}}$、$K_{\text{r}}$分别为阻抗继电器的可靠系数和返回系数；$Z_{\text{sK(2)}}^{\text{I}}$、$Z_{\text{sK(2)}}^{\text{II}}$、$Z_{\text{sK(2)}}^{\text{Ⅲ}}$分别为第Ⅰ、Ⅱ、Ⅲ段继电器的整定阻抗值。故 2 号继电器距离保护的Ⅲ段整定值分别为：

Ⅰ段 $Z_{\text{sK(2)}}^{\text{I}}$=1.1Ω/ph，动作时间为 0s；

Ⅱ段 $Z_{\text{sK(2)}}^{\text{II}}$=2.06Ω/ph，动作时间为 1.0s；

Ⅲ段 $Z_{\text{sK(2)}}^{\text{Ⅲ}}$=10.4Ω/ph，动作时间为 3.5s；

φ_{s}=69.7°

答：Ⅰ段 Z_{sK}^{I}=1.1Ω/ph，0s；Ⅱ段 $Z_{\text{sK}}^{\text{II}}$=2.06Ω/ph，1.0s；Ⅲ段 $Z_{\text{sK}}^{\text{Ⅲ}}$=10.4Ω/ph，3.5s。

Jd5D1051 电流启动的防跳中间继电器，用在额定电流为 2.5A 的跳闸线圈回路中，应如何选择其电流线圈的额定电流？

解：防跳中间继电器电流线圈的额定电流，应有 2 倍灵敏度来选择，即

$$I_{\text{e}}=\frac{2.5}{2}=1.25\ (\text{A})$$

为可靠起见，应选用额定电流为 1A 的防跳中间继电器。

答：选额定电流为1A。

Jd5D2052 一电流继电器在刻度值为5A的位置下，五次检验动作值分别为4.95A、4.9A、4.98A、5.02A、5.05A，求该继电器在5A的整定位置下的离散值？

解：五次平均值为

$$\frac{4.95+4.9+4.98+5.02+5.05}{5}=4.98\text{（A）}$$

$$\text{离散值(\%)}=\frac{\text{与平均值相差最大的数值}-\text{平均值}}{\text{平均值}}$$

$$=\frac{4.9-4.98}{4.98}=-1.61\%$$

答：离散值为–1.61%。

Jd5D3053 某设备装有电流保护，电流互感器的变比是200/5，电流保护整定值是4A，如果一次电流整定值不变，将电流互感器变比改为300/5，应整定为多少安培？

解：原整定值的一次电流为4×200/5=160（A）

当电流互感器的变比改为300/5后，其整定值应为

$$I_{set}=160\div(300/5)=2.67\text{（A）}$$

答：整定值为2.67A。

Jd5D4054 某断路器合闸接触器的线圈电阻为600Ω，直流电源为220V，怎样选择重合闸继电器的参数？

解：断路器合闸接触器线圈的电流为

$$I=\frac{220}{600}=0.366\text{（A）}$$

为保证可靠合闸，重合闸继电器额定电流的选择应与合闸接触器线圈相配合，并保证对重合闸继电器的动作电流有不小

于 1.5 的灵敏度，故重合闸继电器的额定电流应为

$$I_e = \frac{0.366}{1.5} = 0.244\text{（A）}$$

取 I_e=0.25A

答：额定电流为 0.25A。

Jd5D5055 如图 D-25 所示，在实现零序电压滤过器接线时，将电压互感器二次侧开口三角形侧 b 相绕组的极性接反。若已知电压互感器的一次侧相间电压为 105kV，一次绕组与开口三角形绕组之间的变比为 $n = \frac{110/\sqrt{3}}{1/10}$，求正常情况下 m、n 两端的电压。

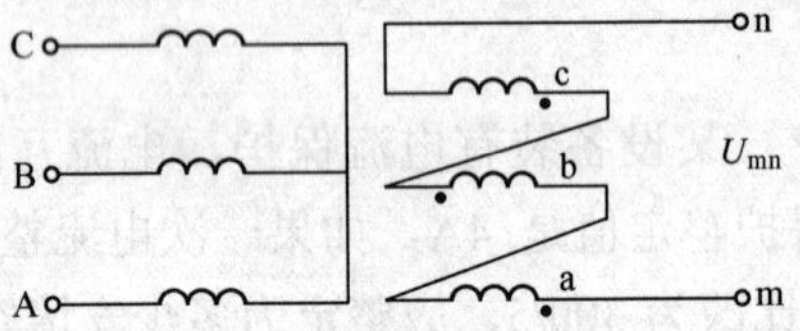

图 D-25

解：∵ $\dot{U}_a - \dot{U}_b + \dot{U}_c = -2\dot{U}_b$

$$\therefore U_{mn} = \frac{2\times 105/\sqrt{3}\times 1000}{110/\sqrt{3}\times 10/1} = 191\text{（V）}$$

答：191V。

Jd4D1056 有一全阻抗继电器整定阻抗为 5Ω/ph，当测量阻抗为(4+j4)Ω/ph 时，继电器能否动作？

解：测量阻抗为(4+4j)Ω/ph，其模值为 5.66Ω，大于整定值阻抗，故继电器不动作。

答：不动作。

Jd4D1057 DW2-35 型断路器的额定开断电流 I_b 是 11.8kA，那么断路器的额定遮断容量 S 是多少？

解：$S=\sqrt{3}U_eI_b=\sqrt{3}\times35\times11.8=715.34$（MVA）

答：遮断容量为 715.34MVA。

Jd4D1058 对额定电压为 100V 的同期检查继电器，其整定角度为 40° 时，用单相电源试验，其动作电压怎样计算？

解：在任一线圈通入可调交流电压，另一线圈短路，继电器的动作电压为

$$U_{op}=2U\sin(\delta/2)=2\times100\sin(40°/2)=200\sin20°=68.4\text{（V）}$$

Jd4D2059 某 110kV 线路距离保护Ⅰ段定值 $Z_{op}=3\Omega/ph$，电流互感器的变比是 600/5，电压互感器的变比是 110/0.1。因某种原因电流互感器的变比改为 1200/5，试求改变后第Ⅰ段的动作阻抗值。

解：该定值的一次动作阻抗为

$$Z_{op}\times n_{TV}/n_{TA}=3\times1100/120=27.5\text{（}\Omega/ph\text{）}$$

改变电流互感器变比后的Ⅰ段动作阻抗值为

$$Z'_{op}\times n_{TA}/n_{TV}=27.5\times240/1100=6\text{（}\Omega/ph\text{）}$$

答：动作阻抗值为 6Ω/ph。

Jd4D2060 已知控制电缆型号为 KVV_{29}–500 型，回路最大负荷电流 $I_{lmax}=2.5A$，额定电压 $U_e=220V$，电缆长度 $L=250m$，铜的电阻率 $\rho=0.0184\Omega mm^2/m$，导线的允许压降不应超过额定电压的 5%。求控制信号馈线电缆的截面积。

解：电缆最小截面积

$$S\geqslant\frac{2\rho LI}{\Delta U}=\frac{2\times0.0184\times250\times2.5}{220\times5\%}=2.09\text{（mm}^2\text{）}$$

故应选截面积为 $2.5mm^2$ 的控制电缆。

答：截面积选为 $2.5mm^2$。

Jd4D3061 在图 D-26 中，已知 E_1=6V，E_2=3V，R_1=10Ω，R_2=20Ω，R_3=400Ω，求 b 点电位 φ_b 及 a、b 点间的电压 U_{ab}。

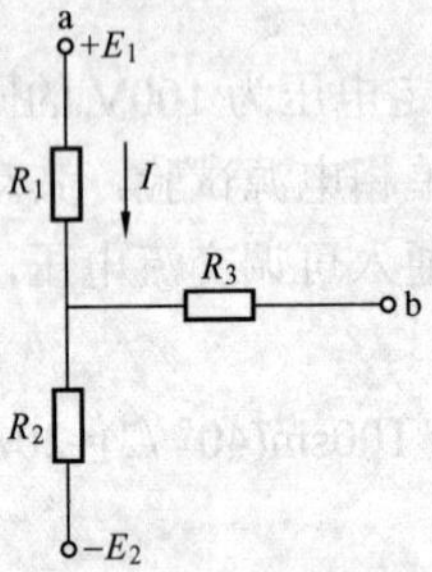

图 D-26

解：这是一个 E_1、E_2、R_1 和 R_2 相串联的简单回路（R_3 中无电流流过），回路电流为

$$I=\frac{E_1+E_2}{R_1+R_2}=\frac{(6+3)\text{V}}{(10+20)\Omega}=0.3\ (\text{A})$$

$$\varphi_a=E_1=6\text{V}$$

$$\varphi_b=IR_2-E_2=0.3\text{A}\times 20\,\Omega-3\text{V}=3\ (\text{V})$$

$$U_{ab}=\varphi_a-\varphi_b=6\text{V}-3\text{V}=3\ (\text{V})$$

答：U_{ab} 为 3V。

Jd4D3062 如图 D-27 所示为 35kV 系统的等效网络，试计算在 k 点发生两相短路时的电流及 M 点的残压（图中的阻抗是以 100MVA 为基准的标幺值，35kV 系统取平均电压 37kV）。

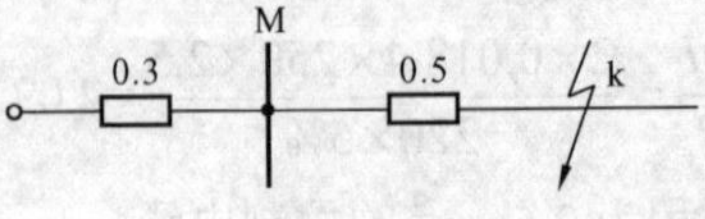

图 D-27

解：短路电流

$$I_k = \frac{1}{0.3+0.5} \times \frac{\sqrt{3}}{2} \times \frac{100\times10^6}{37\times10^3\sqrt{3}} = 1689 \text{（A）}$$

M 点的残压

$$U_M = \frac{1}{0.3+0.5} \times 0.5 \times 37\,000 = 23\,125 \text{（V）}$$

答：M 点的残压为 23 125V。

Jd4D4063 如图 D-28 所示系统，试计算断路器 1 相间距离保护Ⅰ段的二次整定值和最大灵敏角。

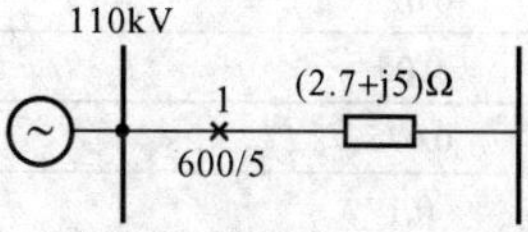

图 D-28

解：（1）动作阻抗的整定

线路阻抗的模值 $Z_L = \sqrt{2.7^2 + 5^2} = 5.68$（Ω/ph）。距离保护的第Ⅰ段按线路全长的 80%整定，则一次整定阻抗值为 Z'_{set}=5.68×0.8=4.5（Ω/ph），二次整定阻抗值为 Z''_{set}=4.5×120/1100=0.49（Ω/ph）。

（2）最大灵敏角按线路阻抗角整定，即

$$\varphi_s = \tan^{-1}\frac{5}{2.7} = 61.6°$$

故第Ⅰ段整定阻抗的二次值为 0.49Ω/ph，最大灵敏角为 61.6°。

答：二次整定阻抗为 0.49Ω/ph，最大灵敏角为 61.6°。

Jd4D4064 如图 D-29 所示，已知电源电压为 220V，出口中间继电器直流电阻为 10 000Ω，并联电阻 R=1500Ω，信号继电器的参数如表 D-2 所示。

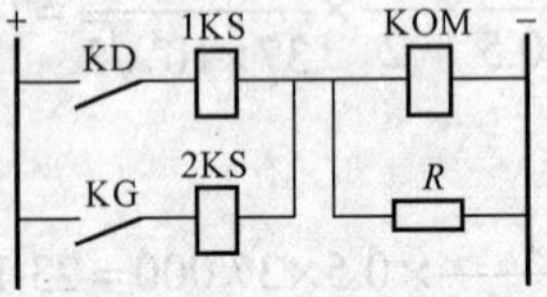

图 D-29

表 D-2 信号继电器参数表

编号	额定电流（A）	信号直阻（Ω）
1	0.015	1000
2	0.025	329
3	0.05	70
4	0.075	30
5	0.1	18

试选用适当的信号继电器，使之满足电流灵敏度大于 1.5，压降小于 10%U_e 的要求，并计算灵敏度和压降。

解:（1）KOM 电阻与 R 并联后电阻为 R_J

$$R_J = 10\,000//1500 = \frac{10\,000 \times 1500}{10\,000 + 1500} = 1304\text{（Ω）}$$

（2）当一套保护动作，KS 的压降小于 10%U_e 时，有 $R_{KS}/(R_{KS}+R_J)$＜10%，即 $R_{KS} < \frac{R_J}{9}$=1304/9=145（Ω），R_{KS}＜145Ω，故选 3、4 号或 5 号信号继电器。

（3）两套保护都动作，并要求 KS 有大于 1.5 的电流灵敏度，则

$$\frac{220}{2 \times 1.5 \times (R_{KS}/2 + R_J)} > I_{op}$$

以 R_{KS}=145Ω代入，求得 I_{op}＜0.053（A），由此可见，只有 3 号信号继电器能同时满足灵敏度的要求，故选择之。

（4）选用 3 号信号继电器后，计算其灵敏度和电压降。最大压降为 $70/(70+1304)U_e=5.1\%U_e$。

灵敏度为 $220/(1304+70/2)\times2\times0.05=1.64$

答：最大压降为 $5.1\%U_e$，灵敏度为 1.64。

Jd4D5065 如图 D-30 所示电路。已知 $R_1=6\Omega$，$R_2=3.8\Omega$。电流表 A1 读数为 3A（内阻为 0.2Ω），电流表 A2 读数为 9A（内阻为 0.19Ω）。试求：（1）流过电阻 R_1 的电流 I_1；（2）电阻 R_3 和流过它的电流 I_3。

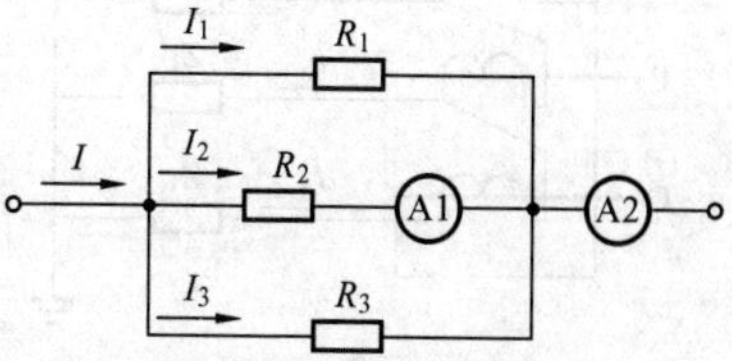

图 D-30

解：（1）因为并联电路两端的电压为 U，则

$$U=I_2(R_2+0.2)=3\times(3.8+0.2)=12\text{（V）}$$

所以 $$I_1=U/R_1=12/6=2\text{（A）}$$

（2）流过电阻 R_3 的电流为

$$I_3=9-(I_1+I_2)=9-(2+3)=4\text{（A）}$$

$$R_3=U/I_3=12/4=3\text{（Ω）}$$

答：I_1 为 2A，I_3 为 4A，R_3 为 3Ω。

Jd4D5066 已知断路器的合闸时间为 0.3s，计算备用电源自投装置中闭锁合闸的中间继电器返回时间 t_r。

解：中间继电器的返回时间按备用电源只投入一次整定，即

$$2t_o>t_r>t_o$$

$\therefore \qquad t_r = t_o + \Delta t = 0.3 + 0.3 = 0.6$（s）

式中 t_o——全部合闸时间；

t_r——中间继电器返回时间；

Δt——储备时间，取 0.2～0.3s。

答：中间继电器的返回时间为 0.6s。

Jd3D4067 试计算如图 D-31 所示接线在 AB 两相短路时 A 相电流互感器的视在负载。

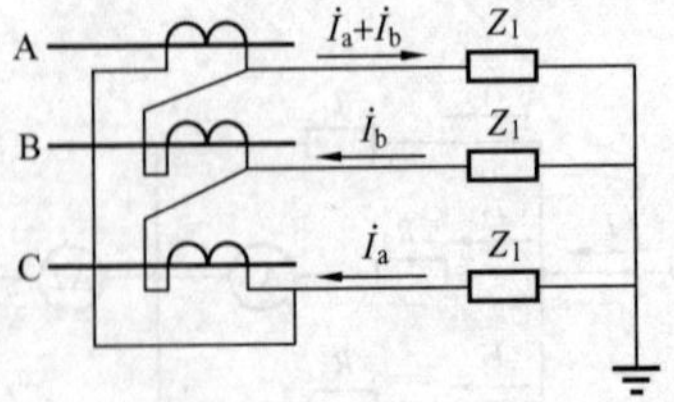

图 D-31

解：A、B 两相短路时，A 相电流互感器两端的电压为

$$\dot{U}_a = (\dot{I}_a + \dot{I}_b)Z_l + \dot{I}_a Z_l = 3\dot{I}_a Z_l \ (\because \dot{I}_a = \dot{I}_b)$$

故 A 相电流互感器的视在负载为

$$Z_H = \frac{\dot{U}_a}{\dot{I}_a} = 3Z_l$$

答：负载为 $3Z_l$。

Jd3D3068 有一方向阻抗继电器的整定值 Z_{set}=4Ω/ph，最大灵敏角为 75°，当继电器的测量阻抗为 $3\angle 15°$ Ω/ph 时，继电器是否动作（见图 D-32）。

解：设整定阻抗在最大灵敏角上，如图 D-32 所示。

Z_{set} 与测量阻抗 Z_m 相差 60°，当整定阻抗落在圆周 15° 处时，其动作阻抗为 Z_{op}=4cos60°=2（Ω/ph），而继电器的测量阻

抗为 $3\angle 15^\circ$ Ω/ph，大于 2Ω/ph，故继电器不动作。

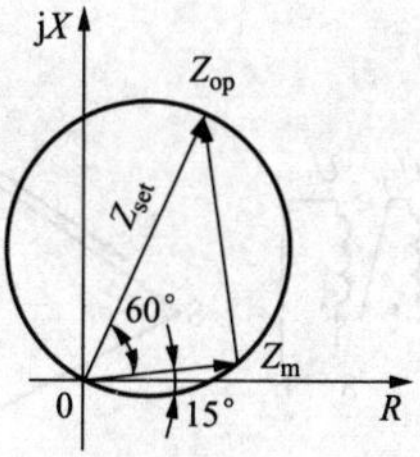

图 D-32

答：继电器不动作。

Jd3D4069 某线路负荷电流为 3A（二次值），潮流为送有功功率，$\cos\varphi=1$，用单相瓦特表作电流回路相量检查，并已知 $U_{AB}=U_{BC}=U_{CA}=100V$。试计算出 $\dot{I}_A$ 对 $\dot{U}_{AB}$、$\dot{U}_{BC}$、$\dot{U}_{CA}$ 的瓦特表读数。

解：$W_{AB}=\dot{U}_{AB}\dot{I}_A\cos\varphi=100\times3\times\cos30^\circ=259.8$（W）

$$W_{BC}=\dot{U}_{BC}\dot{I}_A\cos(120^\circ-30^\circ)=100\times3\times\cos90^\circ=0\text{（W）}$$

$$W_{CA}=\dot{U}_{CA}\dot{I}_A\cos(120^\circ+30^\circ)=100\times3\times\cos150^\circ=-259.8\text{（W）}$$

答：W_{AB} 为 259.8W，W_{BC} 为 0W，W_{CA} 为−259.8W。

Jd3D5070 一组电压互感器，变比 $(110\,000/\sqrt{3})/(100/\sqrt{3})$ 100，其接线如图 D-33（a）所示，试计算 S 端对 a、b、c、N 的电压值。

解：电压互感器的相量图如图 D-33（b）所示。

图中 $U_a=U_b=U_c=58V$

$$U_{At}=U_{Bt}=U_{Ct}=100V$$

故 $U_{Sa}=U_{Sb}=\sqrt{100^2+58^2-2\times100\times58\cos120^\circ}=138$（V）

$$U_{Sc}=100-58=42\text{（V）}$$

$$U_{Sn}=100\text{（V）}$$

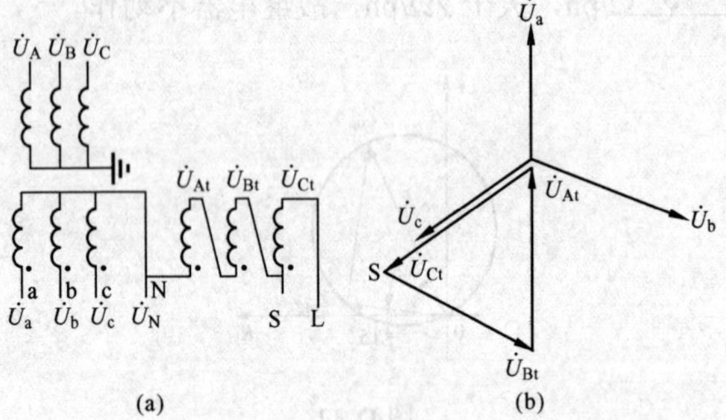

图 D-33

答：U_{Sa} 等于 U_{Sb} 且等于 138V，U_{Sc} 为 42V，U_{Sn} 为 100V。

Jd2D2071 如图 D-34 所示，有对称 T 型四端网络，R_1=R_2=200Ω，R_3=800Ω，其负载电阻 R=600Ω，求该四端网络的衰耗值。

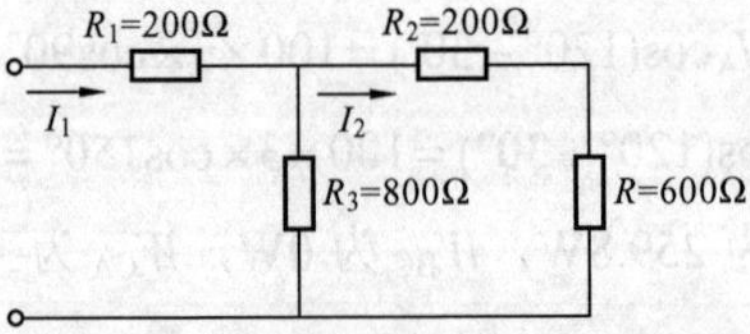

图 D-34

解：用电流比求

$$\because I_2 = I_1 \times \frac{800}{200+800+600} = \frac{1}{2} I_1$$

$$\therefore L = 20\lg\frac{I_1}{I_2} = 20\lg\frac{I_1}{\frac{1}{2}I_1} = 6.02 \text{（dB）}$$

答：衰耗为 6.02dB。

Jd2D3072 如图 D-35 所示，求在三种两相短路时，电流互感器的二次视在负载。

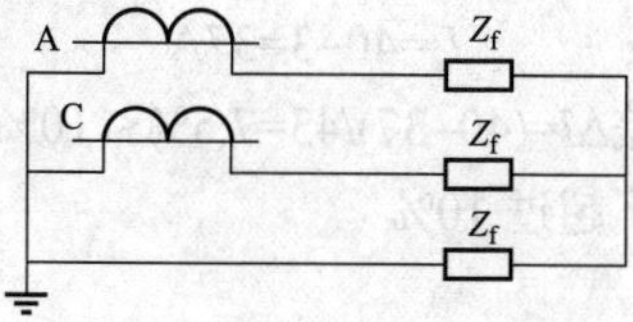

图 D-35

解：

A、B 两相短路时

$$\dot{U}_a = \dot{I}_a Z_f + \dot{I}_a Z_f = 2\dot{I}_a Z_f$$

$$Z_{fh} = \frac{\dot{U}_a}{\dot{I}_a} = 2Z_f$$

同理，B、C 两相短路时

$$Z_{fh} = \frac{\dot{U}_c}{\dot{I}_c} = 2Z_f$$

C、A 两相短路时，因零线内无电流，故

$$\dot{U}_c = \dot{I}_c Z_f,\quad \dot{U}_c = \dot{I}_c Z$$

$$Z_{fh} = \frac{\dot{U}_c}{\dot{I}_c} = \frac{\dot{I}_c Z_f}{\dot{I}_c} = Z_f$$

故 AB、BC 两相短路时，二次视在负载为 $2Z_f$，CA 两相短路时，二次视在负载为 Z_f。

Jd2D4073 某一电流互感器的变比为 600/5，某一次侧通过最大三相短路电流 4800A，如测得该电流互感器某一点的伏安特性为 I_c=3A 时，U_2=150V，试问二次接入 3Ω负载阻抗（包括电流互感器二次漏抗及电缆电阻）时，其变比误差能否超过 10%？

解： 二次电流为 4800/120=40A

$$U_1'=(40-3)\times 3=111\text{V}$$

因 111V＜150V　相应 I_e'＜3A，若 I_e' 按 3A 计算，则

$$I_2=40-3=37\text{A}$$

此时变比误差 $\Delta I=(40-37)/43=7.5\%<10\%$

故变比误差不超过 10%

Jd2D5074　如图 D-36 所示为一结合滤过器，工作频率为 380kHz，从线路侧测量时，U_1=10V，U_2=5.05V，U_3=2.4V。求输入阻抗和工作衰耗。

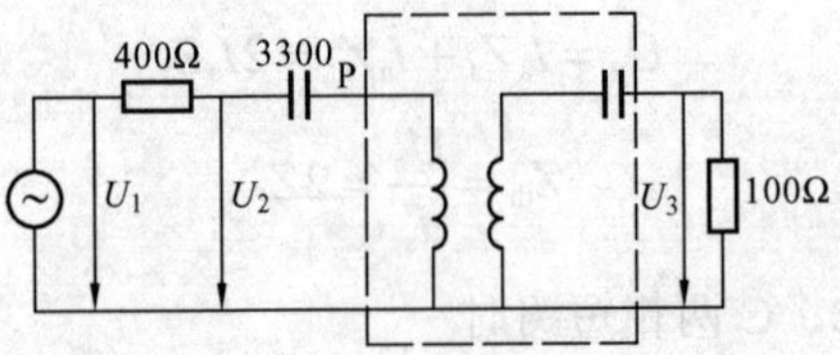

图 D-36

解：工作衰耗

$$b=\ln\frac{U_1}{4U_3}=\ln\frac{10}{4\times 2.4}=0.04\ \text{（Np）}$$

输入阻抗

$$Z=\frac{400}{\dfrac{U_1}{U_3}-1}=\frac{400}{\dfrac{10}{5.05}-1}=400\ \text{（Ω）}$$

答：输入阻抗为 400Ω，工作衰耗为 0.04Np。

Je5D1075　某台电力变压器的额定电压为 220/121/11kV，连接组别为 YNynd12-11，已知高压绕组为 3300 匝，试求变压器的中、低压绕组各为多少匝？

解：该变压器中压绕组匝数为

$$N_2=\frac{3300}{220}\times121\approx1815\text{（匝）}$$

该变压器低压绕组匝数为

$$N_3=\frac{3300}{220}\times11\times\sqrt{3}\approx286\text{（匝）}$$

答：中压绕组匝数为1815匝，低压绕组匝数为286匝。

Je5D2076 有一灯光监视的控制回路，其额定电压为220V，现选用额定电压为220V的DZS-115型中间继电器。该继电器的直流电阻为15kΩ，如回路的信号灯为110V、8W，灯泡电阻为1510Ω，附加电阻为2500Ω，合闸接触器的线圈电阻为224Ω，试问当回路额定值在80%时，继电器能否可靠动作？

解：该继电器上的电压为

$$U_K=\frac{0.8U_eR_K}{R_K+R_{HG}+R_{ad}+R_{KM}}$$

$$=\frac{0.8\times220\times15\,000}{15\,000+1510+2500+224}=137\text{（V）}$$

按要求该继电器获得的电压大于额定电压 U_e 的 50%就应可靠动作，137＞110（220×50%），故继电器能可靠动作。

答：能可靠动作。

Je5D3077 有一只 DS-30 型时间继电器，当使用电压为220V，电流不大于 0.5A，时间常数不大于 5×10^{-3}s 的直流有感回路，继电器断开触点（即常开触点）的断开功率不小于50W，试根据技术条件的要求，计算出触点电路的有关参数？

解：根据技术条件的要求，可以计算出触点电路的参数如下：

$$I=\frac{P}{U}=\frac{50}{220}=0.227\text{（A）}$$

$$R=\frac{U}{I}=\frac{220}{0.227}\approx970\text{（Ω）}$$

$$\because \tau = \frac{L}{R}$$

$\therefore L=\tau R=5\times 10^{-3}\times 970=4.85$（H）

答：电流为 0.227A，电阻为 970Ω，电感为 4.85H。

Je5D4078 用一只标准电压表检定甲、乙两只电压表时，读得标准表的指示值为 100V，甲、乙两表的读数各为 101V 和 99.5V，试求它们的绝对误差各是多少？

解：由$\Delta=A_X-A_o$得：

甲表的绝对误差　$\Delta_1=101-100=+1$（V）

乙表的绝对误差　$\Delta_2=99.5-100=-0.5$（V）

答：两只表的绝对误差分别为+1V 和−0.5V。

Je5D5079 有一台额定容量为 120 000kVA 的电力变压器，安装在某地区变电所内，该变压器的额定电压为 220/121/11kV，连接组别为 YNynd12-11，试求该变压器在额定运行工况下，各侧的额定电流是多少？各侧相电流是多少？

解：高压侧是星形连接，相、线电流相等，即

$$I_{l1}=I_{ph1}=\frac{120\ 000}{\sqrt{3}\times 220}=315\ (\text{A})$$

中压侧也是星形连接，其相、线电流相等，即

$$I_{l2}=I_{ph2}=\frac{120\ 000}{\sqrt{3}\times 121}=573\ (\text{A})$$

低压侧是三角形连接，其相、线电流是$\sqrt{3}$关系，所以先求其额定电流，即线电流

$$I_{l3}=\frac{120\ 000}{\sqrt{3}\times 11}=6298\ (\text{A})$$

相电流为　$$I_{ph3}=\frac{I_{l3}}{\sqrt{3}}=\frac{6298}{\sqrt{3}}=3636\ (\text{A})$$

答：高压侧额定电流和相电流均为315A，中压侧额定电流和相电流均为 573A，低压侧的额定电流为 6298A，相电流为3636A。

Je4D1080 设某110kV线路装有距离保护装置，其一次动作阻抗整定值为 Z_{op}=18.33Ω/ph，电流互感器的变比 n_{TA}=600/5，电压互感器的变比为 n_{TV}=110/0.1。试计算其二次动作阻抗值（设保护采用线电压、相电流差的接线方式）。

解：$$Z'_{op}=\frac{n_{TA}\times Z_{op}}{n_{TV}}=\frac{600/5}{110/0.1}\times 18.32=2\ (\Omega/ph)$$

答：二次动作阻抗为2Ω/ph。

Je4D2081 计算35kV线路备用电源自投装置中，检查线路电压继电器的整定值。

解：按躲过备用电源处的最低运行电压整定为

$$U_{set}=\frac{U_{min}}{K_{rel}n_{TV}K_r}=\frac{35\,000\times 0.9}{1.2\times 350\times 1.15}=64\ (V)$$

式中 K_r——返回系数，取1.1～1.15；

K_{rel}——可靠系数，取1.1～1.2；

n_{TV}——电压互感器变比；

U_{min}——备用母线最低运行电压，一般取 $0.9U_e$。

答：电压继电器整定值为64V。

Je4D3082 如图 D-37 所示，在断路器的操作回路中，绿灯是监视合闸回路的，已知操作电源电压为220V，绿灯为8W、110V，附加电阻为2.5kΩ，合闸接触器线圈电阻为600Ω，最低动作电压为30%U_n，试计算绿灯短路后，合闸接触器是否能启动？

解：考虑操作电源电压波动＋10%，即220×1.1=242（V）

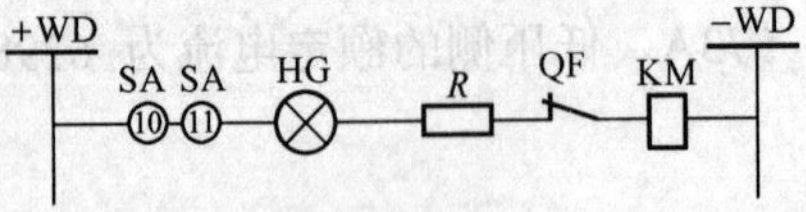

图 D-37

HG 短路后，KM 线圈上的电压为

$$U_{KM}=\frac{242\times600}{2500+600}=46.8\ (\text{V})$$

$$U_{KM}\%=\frac{46.8}{220}\times100\%=21.3\%$$

因为 $U_{KM}\%<30\%U_e$

故合闸接触器不会启动。

答：不会启动。

Je4D3083 有一只毫安表，不知其量程，已知其内部接线如图 D-38 所示。R_g=1000Ω，R_l=1000Ω，表头满刻度电流为 500μA，今打算把它改制成量限为 300V 的电压表，问应在外电路串联阻值为多大的电阻？

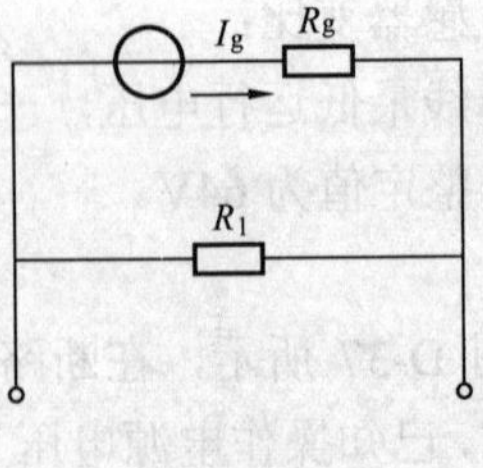

图 D-38

解：设该毫安表的量限（满刻度电流）是 I，则

$$I=I_g+\frac{I_gR_g}{R_l}$$

$$=500\mu A+\frac{500\mu A\times1000\Omega}{1000\Omega}$$

$$=1000\mu A=1\text{（mA）}$$

设并联电路等效电阻为 R_p，则

$$R_p=\frac{R_gR_1}{R_g+R_1}=\frac{1\times1}{1+1}\times10^3\Omega=500\text{（Ω）}$$

设改制后的电压量限为 U，应串联的电阻为 R_2，则

$$R_2=\frac{U}{I}-R_p=\frac{300}{1\times10^{-3}}-500\Omega=299.5\text{（kΩ）}$$

答：应串联电阻值为 299.5kΩ。

Ja4D3084 已知一个 R、L 串联电路，其电阻和感抗均为 10Ω，试求在线路上加 100V 交流电压时，电流是多少？电流电压的相位差多大？

解：电路的阻抗为

$$Z=\sqrt{R^2+X_L^2}=\sqrt{10^2+10^2}=10\sqrt{2}=14.1\text{（Ω）}$$

电路中的电流为

$$I=U/Z=100/14.1=7.1\text{（A）}$$

电流电压的相位差为

$$\varphi=\arctan X_L/R=\arctan10/10=45°$$

答：电流为 7.1A，电流与电压的相位差为 45°。

Je4D4085 作电流互感器 10%误差曲线试验时，如何计算母线差动保护的一次电流倍数？

解：一次电流的计算倍数为

$$m=\frac{KI_{kmax}}{I_e}$$

式中 I_{kmax}——最大穿越性故障电流；

I_e——电流互感器一次额定电流；

K——考虑非周期分量影响的系数，取 1.3。

答：一次电流倍数为 $m=\dfrac{KI_{kmax}}{I_e}$。

Je4D4086　试计算图 D-39 中两相电流差接线的过流保护用电流互感器的二次负载。

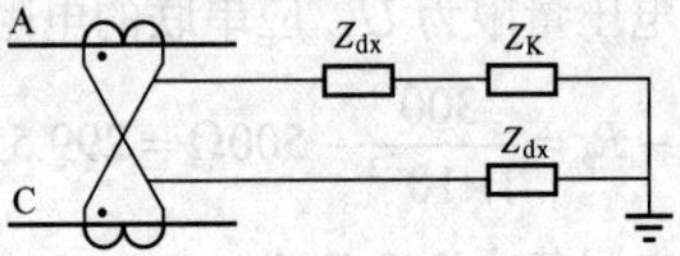

图 D-39

解：因 AC 两相短路时电流互感器负载最大，由图知

$$U_k=2I_k(2Z_{dx}+Z_K)$$

故电流互感器的二次负载为

$$Z_1=\frac{U_k}{I_k}=2I_k\frac{2Z_{dx}+Z_K}{I_k}=4Z_{dx}+2Z_K$$

答：二次负载为 $4Z_{dx}+2Z_K$。

Ja4D2087　如图 D-40 所示，$R_1=R_2=R_3=R_4$，求等效电阻 R。

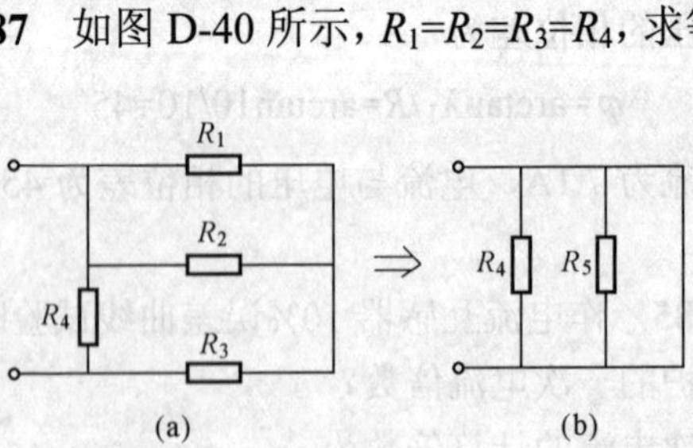

图 D-40

解：图（a）的等效电路为图（b），由图（b）可得

$$R_5=R_1\times R_2/(R_1+R_2)+R_3=(3/2)R_1$$

$$R=R_5\times R_4/(R_5+R_4)=3/5R_1$$

答： 等效电阻为$\frac{3}{5}R_1$。

Je3D2088 已知合闸电流 I=78.5A，合闸线圈电压 U_{de}=220V；当蓄电池承受冲击负荷时，直流母线电压为 U_{cy}=194V，铝的电阻系数ρ= 0.028 3Ωmm²/m，电缆长度为 110m，选择合闸电缆的截面。

解：（1）求允许压降

$$\Delta U=U_{cy}-K_iU_{de}=194-0.8\times220=18\text{（V）}$$

式中 K_i——断路器合闸允许电压的百分比，取 K_i=0.8。

（2）求电缆截面

$$S=\frac{2\rho LI}{\Delta U}=\frac{2\times0.028\,3\times110\times78.5}{18}=27.15\text{（mm}^2\text{）}$$

故应选择截面积为 35mm² 的电缆。

答： 电缆截面应选为 35mm²。

Je3D3089 有一台 SFL1-50000/110 型双绕组变压器，高低压侧的阻抗压降 10.5%，短路损耗为 230kW，求变压器绕组的电阻和漏抗值。

解： 变压器绕组电阻

$$R_T=\Delta P_0\times10^3\frac{U_e^2}{S_e^2}=230\times10^3\times\frac{110^2}{50\,000^2}=1.11\text{（Ω）}$$

变压器漏抗

$$X_T=U_0\%U_e^2\frac{10^3}{S_e}=10.5\%\times110^2\times\frac{10^3}{50\,000}=25.41\text{（Ω）}$$

答： 绕组电阻为 1.11Ω，漏抗为 25.41Ω。

Je3D4090 有些距离保护中阻抗继电器采用线电压相电

流的接线方式，试分析证明这种接线方式在不同相间短路时，其测量阻抗不相等。

解：设 U_K、I_K 为加入继电器的电压和电流，Z_m 为测量阻抗，I_k 为故障电流，Z_1 为线路每公里阻抗，L 为保护安装点到故障点的距离。则对于三相短路是

$$U_K^3=\sqrt{3}I_K^{(3)}Z_1L$$

式中　$I_K^{(3)}=I_K^{(3)}$（设 n_{TV}=1，n_{TA}=1）

所以　$$\dot{Z}_K^{(3)}=\frac{U_K^{(3)}}{I_K^{(3)}}=\sqrt{3}Z_1L$$

对于两相短路有

$$U_K^{(2)}=2I_K^{(2)}Z_1L \quad I_K^{(2)}=I_K^{(2)}$$

所以　$$\dot{Z}_K^{(2)}=\frac{U_K^{(2)}}{I_K^{(2)}}=2Z_1L$$

显然　$$\dot{Z}_K^{(2)}\neq\dot{Z}_K^{(3)}$$

答：三相短路时测得 $\sqrt{3}Z_1L$，两相短路时测得 $2Z_1L$，故测量阻抗不相等。

Je3D5091　已知GZ-800型高频阻波器的电感量 L 为200μH，工作频率为122kHz，求调谐电容 C 值。

解：L=200μH，f=122kHz

由　$2\pi fC=\dfrac{1}{2\pi fL}$　　得　$C=\dfrac{1}{4\pi^2f^2L}$

$$\therefore C=\frac{1}{4\times3.14^2\times(122\times10^3)^2\times10^{-6}\times200}=8517.5\text{（pF）}$$

答：调谐电容为8517.5pF。

Je3D5092　接地距离和阻抗选相元件为什么要加入零序

补偿，零序补偿 K 值等于什么？

解： 为了使接地距离和方向阻抗选相元件在接地故障时，能准确地测定距离，其接线采取

$$\frac{\text{相电压}}{\text{相电流}}+\text{零序补偿}（K3I_0）$$

$$\dot{I}_{A}=\dot{I}_{A1}+\dot{I}_{A2}+\dot{I}_{A0}$$

$$\begin{aligned}\dot{U}_{A}&=\dot{U}_{A1}+\dot{U}_{A2}+\dot{U}_{A0}\\&=\dot{I}_{A1}z_1L+\dot{I}_{A2}z_2L+\dot{I}_{A0}z_0L\end{aligned}$$

$\because Z_1=Z_2$

$$\begin{aligned}\dot{U}_{A}&=(\dot{I}_{A1}+\dot{I}_{A2}+\dot{I}_{A0})Z_1+\dot{I}_{A0}(Z_0-Z_1)\\&=\dot{I}_{A}Z_1+\dot{I}_{A0}(Z_0-Z_1)\\&=\left(\dot{I}_{A}+3\dot{I}_{A0}\frac{Z_0-Z_1}{3Z_1}\right)Z_1\end{aligned}$$

$$\therefore K=\frac{Z_0-Z_1}{3Z_1}$$

答： K 值等于 $\dfrac{Z_0-Z_1}{3Z_1}$。

Je2D4093 试证明 0° 接线的阻抗继电器，在三相或两相短路情况下其测量阻抗均相等。

解：（1）当三相短路时，加入到三个继电器的电压和电流均为 $U_K^{(3)}=\sqrt{3}I^{(3)}Z_1L$

$$I_K^{(3)}=\sqrt{3}I^{(3)}$$

$$Z^{(3)}=\frac{U_K^{(3)}}{I_K^{(3)}}=Z_1L$$

（2）当两相短路时，加入故障相继电器的电压和电流

$$U_K^{(2)}=2I^{(2)}Z_1L$$

$$I_K^{(2)}=2I^{(2)}$$

$$Z^{(2)}=\frac{U_K^{(2)}}{I_K^{(2)}}=Z_1L$$

即 $$Z^{(3)}=Z^{(2)}=Z_1L$$

答： 测量阻抗均为 Z_1L。

Je2D4094 有一高频阻波器，电感量 100μH，阻塞频率为 400kHz。求阻波器内需并联多大电容才能满足要求。

解： 谐振频率为

$$f_0=\frac{1}{2\pi\sqrt{LC}}$$

并联电容为

$$C=\frac{1}{4\pi^2 f_0^2 L}$$

$$=\frac{10^{12}}{4\times 3.14^2\times 400^2\times 1000^2\times 100\times 10^{-6}}=1585\text{（pF）}$$

即阻波器内并联 1585pF 的电容才能满足要求。

答： 需并 1585pF 电容。

Je2D4095 结合滤过器的试验接线如图 D-41 所示，在高频工作频段所测得的数值为：U_1=10V，U_2=4.8V，U_3=5.15V，U_4=9.45V，各元件参数如图 D-41 所示。试计算结合滤过器电缆侧的输入阻抗和工作衰耗。

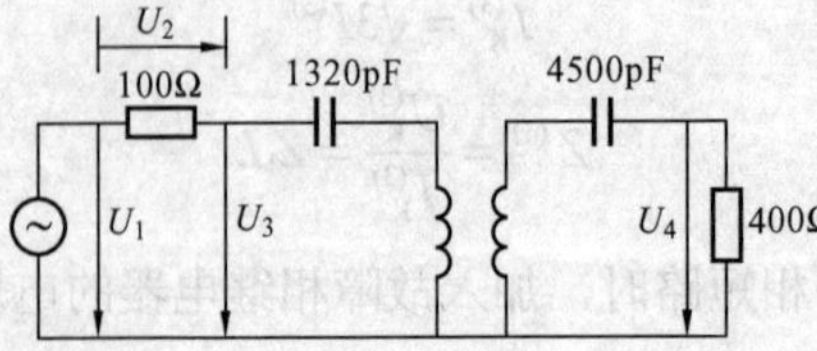

图 D-41

解：（1）电缆侧的输入阻抗

$$Z=\frac{U_3}{\frac{U_2}{100}}=\frac{5.15}{4.8}\times100=107.3\ (\Omega)$$

（2）工作衰耗

$$b=\ln\frac{U_1}{U_4}=\ln\frac{10}{9.45}=0.056\ (\text{Np})=0.486\ (\text{dB})$$

答：输入阻抗为 107.3Ω，工作衰耗为 0.486dB。

Je2D4096 如图 D-42 所示，一衰耗值 P 为 8.686dB 的对称 T 型四端网络的特性阻抗与负载阻抗相等，均为 75Ω。求该四端网络的参数 R_1、R_2 及 R_3 值。

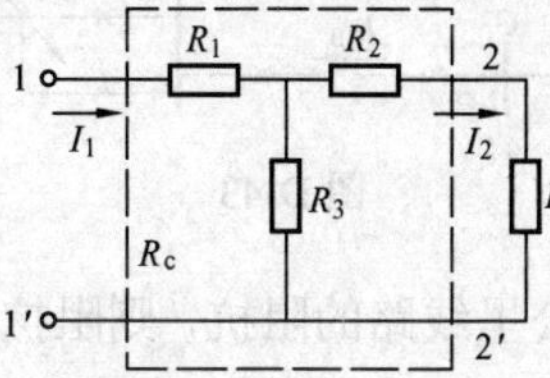

图 D-42

解：根据题意 $R_C=R=75\Omega$，$R_1=R_2$

故实际只要求 R_1、R_3 即可，列方程

$$R_1+\frac{R_3(R_2+R)}{R_2+R_3+R}=R_C$$

$\ln\frac{I_1}{I_2}=P$，即

$$\frac{I_1}{I_2}=\frac{R_2+R_3+R}{R_3}$$

∵$R_C=R$，$R_1=R_2$，根据上述两式可求出

$$R_1=R_2=R\times\frac{e^p-1}{e^p+1},R_3=\frac{2R}{e^p-e^{-p}}$$

将实际数值 P=8.686dB 换算成奈培单位，即为 1Np，代入上式，得

$$R_1 = R_2 = 75\times\frac{e^p - 1}{e^p + 1} = 34.66\ (\Omega)$$

$$R_3 = \frac{2\times R}{e^p - e^{-p}} = 63.83\ (\Omega)$$

答：R_1 与 R_2 相等且为 34.66Ω，R_3 为 63.83Ω。

Je2D5097 如图 D-43 所示，母线 A 处装有距离保护，当 k1 处发生短路故障时，请说明助增电流对距离保护的影响。

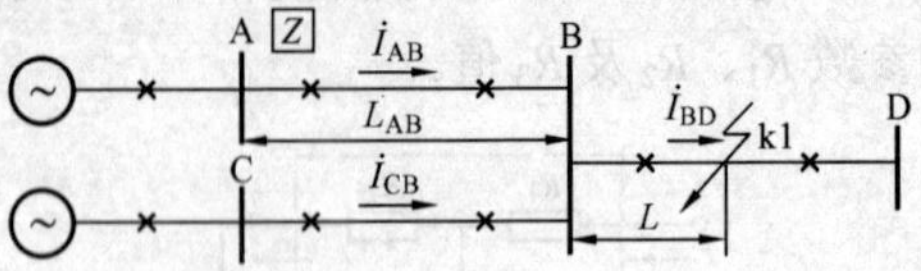

图 D-43

解：设 Z_1 为每公里线路的阻抗，则阻抗元件感受到的测量阻抗为

$$Z_{mA} = \frac{I_{AB}Z_1L_{AB} + I_{BD}Z_1L}{I_{AB}} = Z_1L_{AB} + K_bZ_1L$$

$$K_b = \frac{|I_{BD}|}{|I_{AB}|}$$

式中 K_b 为分支系数。

因为$|I_{BD}|>|I_{AB}|$，所以 $K_b>1$。

由于助增电流 I_{CB} 的存在，使得 $Z_{mZ}\neq Z_1(L_{AB}+L)$，即阻抗元件的感受阻抗不能反映保护安装处到短路点的距离，而是使 Z_{mA} 大于该段距离内的线路阻抗，即助增电流增大了阻抗继电器的测量阻抗，使得距离保护的灵敏度降低。

答：故障支路电流大于保护安装支路电流，故助增电流存在。

Je2D5098 在发电机出口将A相直接接地，然后发电机零起升压，检验其定子接地保护（只反应零序电压的定值），试问发电机升压至一次电压 U_{BC} 为多少伏时，其定子接地保护刚好动作（已知：定子接地保护定值为15V，电压互感器变比为 $10/\sqrt{3}$ kV/ $100/\sqrt{3}$ V/100/3V）。

解：∵发电机出口A相直接接地

∴电压互感器开口三角A相电压 $U_a=0$

电压互感器开口三角上电压为 $3U_0=U'_a+U'_b+U'_c=U'_b+U'_c$

要使接地保护动作，应有 $3U_0=U'_b+U'_c=15$（V）

由此可以看出 $U'_b+U'_c=\sqrt{3}\times\sqrt{3}\times U_c=3U_0=15$（V）

∴ $U_c=15/3=5$（V），折算到电压互感器一次侧的零序电压为

$$5\times 10/\sqrt{3}/(100/3)=1.5/\sqrt{3}\ \text{(kV)}$$

∴ $$U_{BC}=1.5\ \text{(kV)}$$

即，当发电机升压至 $U_{BC}=1.5$kV时，其定子接地保护刚好动作。

答：升压至 $U_{BC}=1.5$kV时。

Je2D599 如图D-44所示，计算过流保护定值，并按本线路末端故障校验灵敏度（已知：$I_K=876$A，$K_c=1$，$n_{TA}=600/5$）。

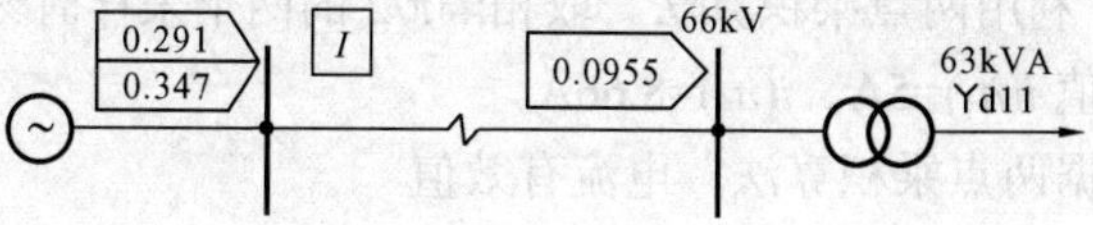

图D-44

解：$$I_{gmax}=\frac{W_g}{U_e\times\sqrt{3}}=\frac{63}{66\times\sqrt{3}}=551.12\ \text{(A)}$$

$$I_{set}=\frac{K_{rel}\times K_c}{K_r\times n_{TA}}I_{gmax}=\frac{1.2\times 1}{0.85\times 600/5}\times 551.12=6.48\ \text{(A)}$$

$$X_{X\Sigma}=0.347+0.095=0.4425$$

$$I_K^{(2)}=\frac{1}{X_{X\Sigma}}I_K\times\frac{\sqrt{3}}{2}=\frac{1}{0.4425}\times876\times0.866=1716\text{（A）}$$

$$K_{sen}=I_K^{(2)}/n_{TA}I_{set}=\frac{1716\Big/\dfrac{600}{5}}{6.48}=2.2$$

答： 灵敏度为2.2。

Lc1D3100 已知被采样函数为 $i(t)=10\sin\omega t$（A），一周期内采样点数 $N=12$。试画出采样输出波形，并分别用两点乘积算法和微分算法求电流有效值 I。

解： 被采样函数 $i(t)=10\sin\omega t$ 波形如图 D-45（a）所示。一周期内采样点 $N=12$ 时的采样输出波形如图 D-45（b）所示。

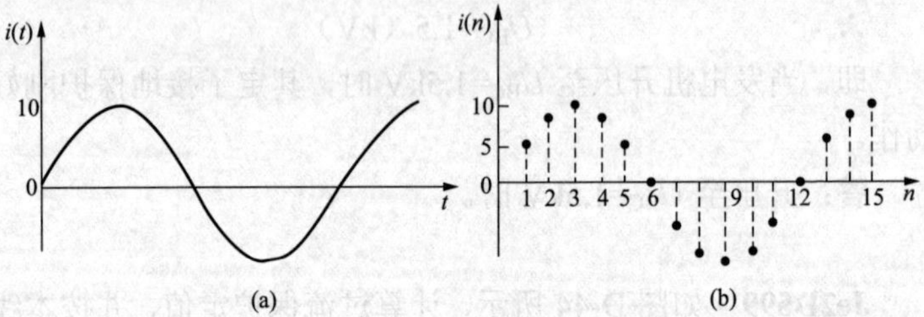

图 D-45

1）利用两点乘积算法。取相隔π/2 的两个采样时刻 n_1、n_4 的采样值 $i(n_1)=5A$、$i(n_4)=8.66A$。

根据两点乘积算法，电流有效值

$$I=\sqrt{\frac{i_{(n_1)}^2+i_{(n_4)}^2}{2}}=\sqrt{\frac{5^2+8.66^2}{2}}=7.07\text{（A）}$$

2）微分算法。利用差分求导，取 t 为 $t_{(2)}$和 $t_{(1)}$的中点，则

$$i'=\frac{i_{(2)}-i_{(1)}}{T_a}=\frac{8.66-5}{1.67}=2.19\text{（A/ms）}$$

t 时刻的电流采样值为

$$i=\frac{i_{(2)}+i_{(1)}}{2}=\frac{8.66+5}{2}=6.83\text{（A）}$$

所以电流有效值

$$I=\sqrt{\frac{i^2+(i'/\omega)^2}{2}}=\sqrt{\frac{6.83^2+(2.19/0.314)^2}{2}}=6.903\text{（A）}$$

Lb1D4101 某地区电网电力铁路工程的供电系统采用的是 220kV 两相供电方式，但牵引站的变压器 T 为单相变压器，其典型系统如图 D-46 所示。

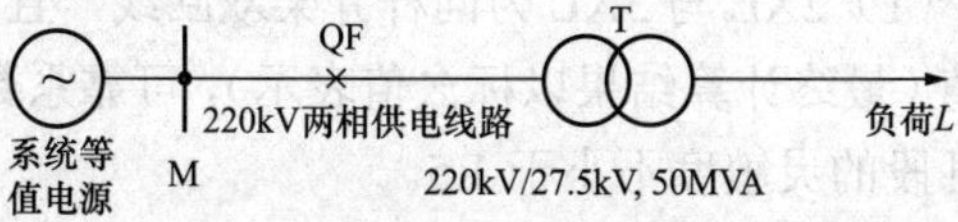

图 D-46

假设变压器 T 满负荷运行，母线 M 的运行电压和三相短路容量分别为 220kV 和 1000MVA，两相供电线路非常短，断路器 QF 保护设有负序电压和负序电流稳态启动元件，定值的一次值分别为 22kV 和 120A。

试问：（1）忽略谐波因素，该供电系统对一、二次系统有何影响？

（2）负序电压和负序电流启动元件能否启动？

解：（1）由于正常运行时，有负序分量存在，所以负序电流对发电机有影响，负序电压和负序电流对采用负序分量的保护装置有影响。

（2）计算负序电流。

正常运行的负荷电流 $I=S/U=50\times1000/220=227$（A）

负序电流 $I_2=I/1.732=227/1.732=131$（A）

所以负序电流启动元件能启动。

计算负序电压

系统等值阻抗 $Z=220^2/1000=48.4$（Ω）

负序电压 $U_2=ZI_2=48.4\times131=6340$（V）=6.34kV

所以负序电压启动元件不能启动。

答：（1）负序电流对发电机有影响，负序电压和负序电流对采用负序分量的保护装置有影响。

（2）负序电流启动元件能启动，负序电压启动元件不能启动。

Lb1D3102 如图 D-47 所示，计算 220kV lXL 线路 M 侧的相间距离Ⅰ、Ⅱ、Ⅲ段保护定值。

已知：（1）2XL 与 3XL 为同杆并架双回线，且参数一致，均为标幺值（最终计算结果以标幺值表示），可靠系数均取 0.8，相间距离Ⅱ段的灵敏度不小于 1.5。

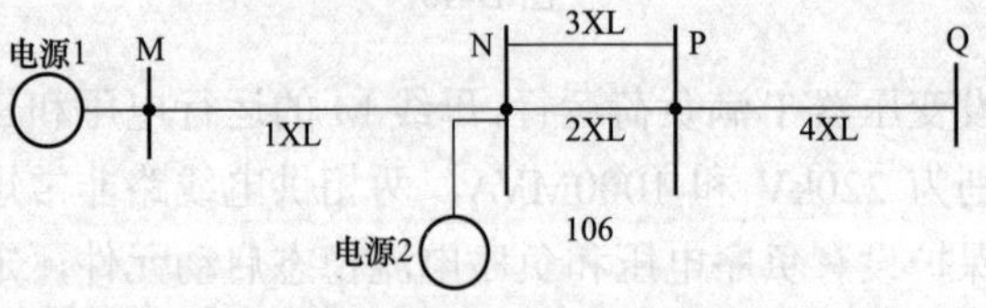

图 D-47

（2）发电机以 100MVA 为基准容量，230kV 为基准电压，1XL 的线路阻抗为 0.04，2XL、3XL 的线路阻抗为 0.03，2XL、3XL 的 N 侧的相间距离Ⅱ段定值为 0.08，t_2=0.5s。

（3）P 母线故障，线路 1XL 的故障电流为 18，线路 2XL、3XL 的故障电流各为 20。

（4）1XL 的最大负荷电流为 1200A。（Ⅲ段仅按最大负荷电流整定即可，不要求整定时间）

解：

1）$Z_{I1XL}=0.8\times0.04=0.032$，$t=0$

2）计算Ⅱ段距离，考虑电源 2 停运，取得最小助增系数

$$K^{FZ}=9/18=0.5$$

与线路 2XL 的Ⅰ段配合：Z_{II}=0.8×0.04+0.8×0.5×Z_{I2XL}=0.032+0.8×0.5×0.8×0.03=0.041 6

灵敏度：1.5×0.04=0.06，0.041 6 小于 0.06，灵敏度不符合要求。

与线路 2XL 的Ⅱ段配合：Z_{II}=0.8×0.04+0.8×0.5×0.08=0.064，t=0.8～1.0s

灵敏度符合要求。

3）Z_{III}=0.8×0.9×230/(1.73×1.2)=79.7（Ω）

换算成标幺值 Z_{III}=79.7×100/(230×230)=0.151

Lb1D3103 如图 D-48 所示系统，已知 X_{G*}=0.14，X_{T*}=0.094，$X_{0.T*}$=0.08，线路 L 的 X_{1*}=0.126（上述参数均已统一归算至 100MVA 为基准的标幺值），且线路的 X_0=3X_1（已知 220kV 基准电流 I_{B1}=263A，13.8kV 基准电流 I_{B2}=4.19kA）。试求：

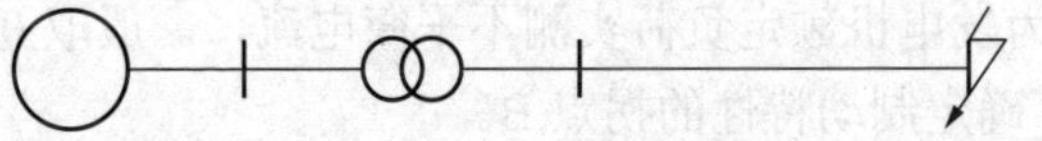

图 D-48

（1）K 点发生三相短路时，线路 L 和发电机 G 的短路电流；

（2）K 点发生单相短路时，线路 L 短路电流。

解：

（1）K 点三相短路时，短路电流标幺值为：I=1/(0.14+0.094+0.126)=1/0.36=2.78

220kV 基准电流 I_{B1} 为：I_{B1}=263（A）

13.8kV 基准电流 I_{B2} 为：I_{B2}=4.19（kA）

则线路短路电流 I_L=2.78×263=731（A）

发电机短路电流 I_G=2.78×4190=11 648（A）

（2）K 点发生单相短路时：

接地故障电流标幺值为：$I_A=3I_0=3E/(X_1+X_2+X_0)=3/(0.36+0.36+0.458)=2.547$

则线路短路电流为：$I_A=2.547\times263=670$（A）

答：（1）K 点发生三相短路时，线路 L 的短路电流为 I_L 为 731A，发电机 G 的短路电流 I_G 为 11 648A。

（2）K 点发生单相短路时线路 L 的短路电流 I_A 为 670A。

Lb1D3104 怎样理解发电机比率制动式差动保护按照规程要求整定时，当发电机机端两相金属性短路时，差动保护的灵敏系数一定大于 2。

答：比率制动特性纵差保护需要整定以下三个参数：

（1）确定差动保护的最小动作电流。其公式为

$$I_{op.0}=K_{rel}\times2\times0.03I_{gn}/n_a$$

或者 $I_{op.0}=K_{rel}I_{unb}$

式中，K_{rel} 为可靠系数，取 1.5，I_{gn} 为发电机额定电流，n_a 是变比，I_{unb} 为发电机额定负荷实测不平衡电流，一般取 $0.3I_{gn}/n_a$。

（2）确定制动特性的拐点 B。

$$I_{res.0}=0.8\sim1.0I_{gn}/n_a$$

（3）按照最大外部短路电流差动保护不误动的条件，确定制动特性的 C 点。

$$I_{op.max}=K_{rel}I_{unb.max}$$

K_{rel} 为可靠系数，取 1.3～1.5

$$I_{unb.max}=KA_pK_{cc}K_{er}I_{kmax}/n_a$$

KA_p 为非周分量系数，取 1.5～2；K_{CC} 为 TA 同型系数，取 0.5；K_{er} 为互感器变比误差，取 0.1；I_{kmax} 为最大外部三相短路电流周期分量，取 $I_{op.max}=K_{rel}I_{umb.max}$

按照以上整定：C 点的最大制动系数

$K_{res.max}=0.15$，取 0.3

设机端最大短路电流为 I_{max}

$I_{op.max}=K_{rel}I_{unb.max}=0.3I_{max/na}$。

灵敏系数：

$$K=(0.866\ I_{max/na})/I_{op.max}=2.89$$

Lb1D2105 220kV 线路如图 D-49（a）所示，K 点 A 相单相接地短路。电源、线路阻抗标幺值已注明在图中，设正、负序电抗相等，基准电压为 230kV，基准容量为 1000MVA。

（1）绘出 K 点 A 相接地短路时复合序网图。

（2）计算出短路点的全电流（有名值）。

解：（1）复合序网图如图 D-49（b）所示：

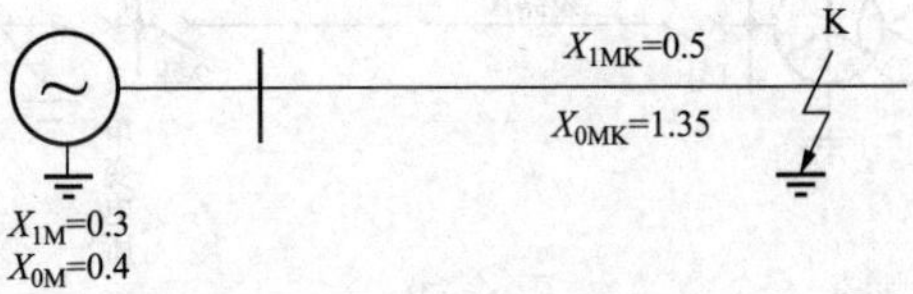

(a)

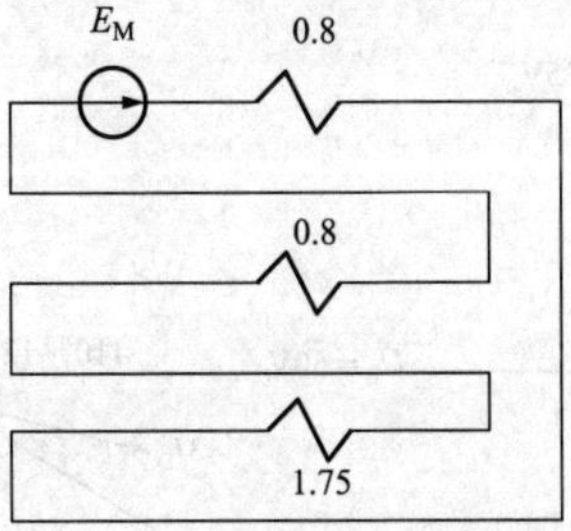

(b)

图 D-49

（2）$X_{1M\Sigma}=X_{2M\Sigma}=X_{1M}+X_{1MK}=0.3+0.5=0.8$

$X_{0M\Sigma}=X_{0M}+X_{0MK}=0.4+1.35=1.75$

基准电流 $I=1000/(1.732\times230)=2.51$（kA）

$I_A=3I/(2X_{1M\Sigma}+X_{0M\Sigma})=3\times2.51/(2\times0.8+1.75)=2.25$（kA）

Je1D5106 如图 D-50（a）所示的 220kV 线路 A 的高频闭锁方向零序电流保护，在区外 K 点 A 相接地短路时，因甲变电所电压互感器二次采用 B 相接地，中性线又发生断线，使加于甲变电所 2 号断路器保护上的三相电压数值（二次值）和相间角度如图 D-50（b）所示。该保护又采用了自产 $3U_0$ 图中 KW 为零序功率方向继电器。

（1）请分析 A 线高频闭锁方向零序电流保护此时为什么会误动？

（2）如何改进此保护？

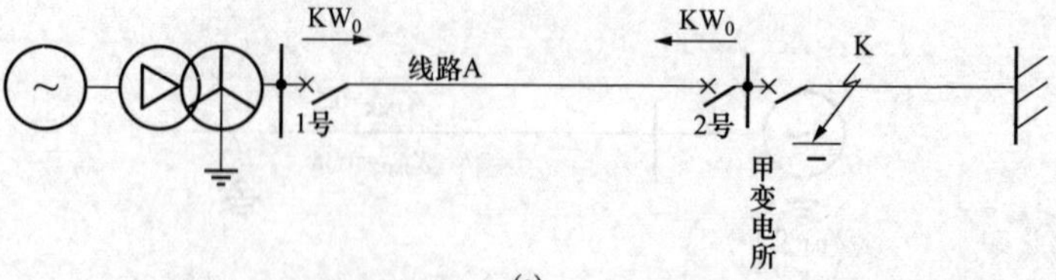

(a)

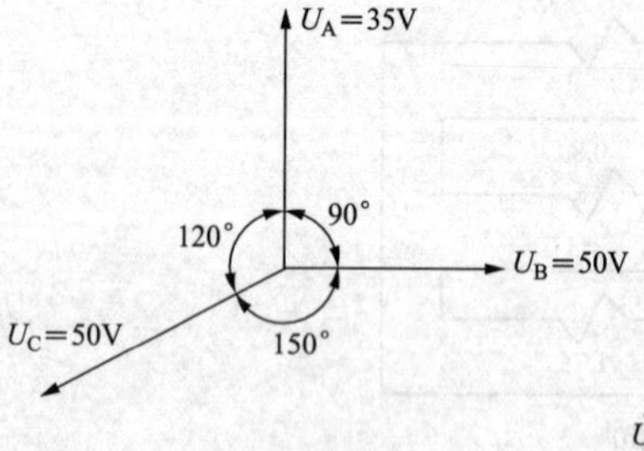

(b)

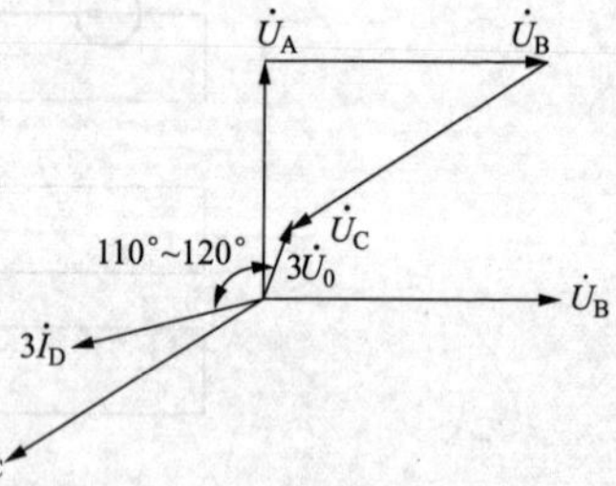

(c)

图 D-50

答：（1）误动原因分析。

线路 A 高频闭锁误动的关键在于线路 A 的 2 号断路器高频闭锁零序方向此时是否动作。因该保护采用自产 $3U_0$，按本题条件，$3U_0$ 分析如下

$$
\begin{aligned}
3\dot{U}_0 &= \dot{U}_A + \dot{U}_B + \dot{U}_C \\
&= U_A - jU_B - U_C \sin 30° + jU_C \cos 30° \\
&= U_A - U_C \sin 30° - j(U_B - U_C \cos 30°) \\
&= 35 - 50 \times 0.5 - j50(1 - 0.866) \\
&= 10 - j6.5
\end{aligned}
$$

计算结果表明 $3U_0$ 的相位与 U_A 的相位相近。用作图法求 $3U_0$ 如图 D-50（c）所示。具体分析如下：

K 点 A 相接地短路时，流过 2 号断路器的 $3I_0$。为反向，故 $3I_0$ 超前于 U_0 的相位为 110°～120°，构成了 2 号断路器零序方向动作条件，而 1 号断路器零序方向为正方向。从而使 A 线高频闭锁方向零序电流保护在区外故障时误动作。

（2）可采取的改进措施。

造成该保护误动作的最根本原因是电压互感器二次采用 B 相接地，中性线断线不易发现。在一次系统单相接地时，中性点位移。因此，电压互感器二次不宜采用 B 相接地方式，应改为零线接地方式，或者零线中的所串触点设有监视及闭锁回路；或者保护不采用自产 $3U_0$，均可避免保护在区外故障时误动作。

Lb1D5107 如图 D-51 所示，F1、F2：S_e=200MVA U_e=10.5kV X_d'' =0.2

T1：接线 YnYnd11 S_e=200MVA

U_e=230kV/115kV/10.5kV

U_k 高–中%=15% U_k 高–低%=5% U_k 低–中%=10%（均为全容量下）

T2：接线 Yd11 S_e=100MVA U_e=115kV/10.5kV

U_k%=10%

基准容量 S_j=1000MVA 基准电压 230kV，115kV，10.5kV

假设：① 发电机、变压器 X_1=X_2=X_0；② 不计发电机、变压器电阻值。请回答以下问题。

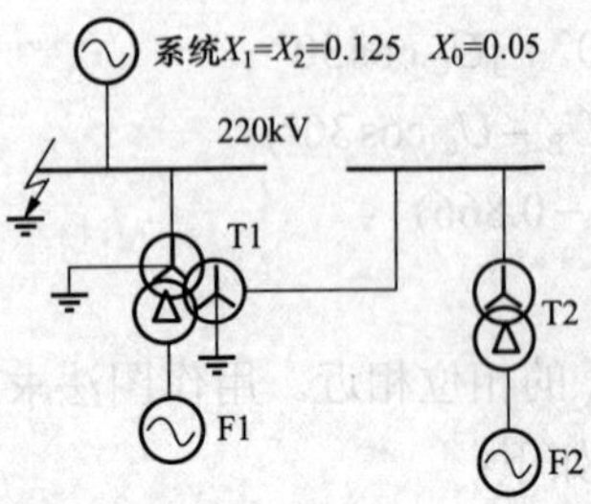

图 D-51

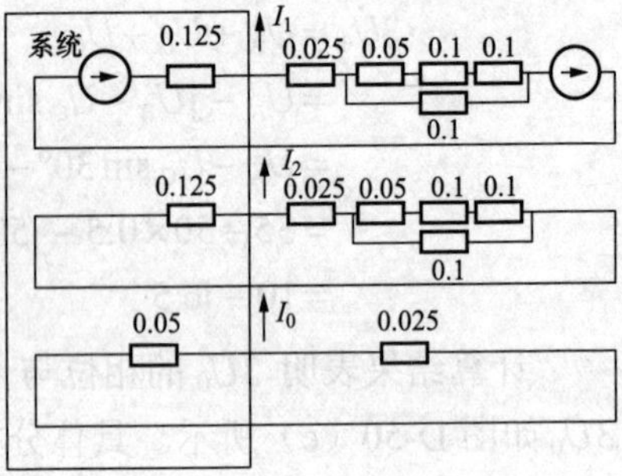

图 D-52

（1）计算出图中各元件的标么阻抗值；

（2）画出在 220kV 母线处 A 相接地短路时，包括两侧的复合序网图；

（3）计算出短路点的全电流（有名值）；

（4）计算出流经 F1 的负序电流（有名值）。

解：（1）计算各元件标么阻抗

① 求 F1、F2 的标么值

$$X_{*j}= X_d'' \times S_j/S_e =0.2\times100/200=0.1$$

② 求 T1 的标么值

$$X_1*=[(0.15+0.05-0.1)/2]\times(100/200)=0.025$$

$$X_2*=[(0.15+0.1-0.05)/2]\times(100/200)=0.05$$

$$X_3*=[(0.1+0.05-0.15)/2]\times(100/200)=0$$

③ 求 T2 的标么值

$$X_{*j}=(U_k\%/100)\times S_j/S_e = (10/100)\times100/100=0.1$$

（2）画 220kV 母线 A 相接地短路包括两侧的复合序网图，如图 D-52 所示。

（3）220kV 母线 A 相接地故障，故障点总的故障电流

$X_{1\Sigma}* = 0.125//[0.1//(0.05+0.1+0.1)+0.025]=0.054\ 4=X_{2\Sigma}*$

$X_{0\Sigma}* = 0.05//0.025=0.016\ 7$

220kV 电流基准值：100×1000/1.732/230=251(A)

10.5kV 电流基准值：100×1000/1.732/10.5=5499(A)

I_a=3×[1/(2×0.054 4+0.016 7)] ×251=6002(A)

（4）流过 F1 的负序电流

I_2=(6002/3)×(5499/251)×(0.054 4/0.096 4)×(0.071 4/0.1)=17 660

Je1D5108 对零序电流方向保护，试分析回答下列问题：

（1）微机线路零序电流方向保护的零序方向元件通常采用 –110° 灵敏角。在图 D-53（a）和图 D-53（b）两种情况下，试在图上连接 TV 开口三角绕组到零序保护 $3U_0$ 的连线（端子排的 U_{LN} 为极性端，端子排 U_L 为非极性端）。

（2）“四统一”线路零序方向保护的零序方向元件采用 70° 灵敏角，现场 TV、TA 的接线如图 D-53（c）。现进行带负荷检查方向性试验，用试验电压 S 进行试验，试验时的潮流为有功 P=10MW、无功 Q=–10MW，试说明试验方法，并分析零序方向元件的动作情况（要求画出相量分析图）。

解：（1）图 D-53（a）为 c 尾接 U_L，a 头接 U_{LN}；图 D-53（b）为 c 头接 U_{LN}，a 尾接 U_L。

（2）

（a）将 L 到方向元件的连线断开，将电压 S 接入方向元件的极性端。

（b）判断 S 为–(U_b+U_a)=U_c（方向极性端到非极性端）。

（c）做试验相量图如图 D-53（d）所示。

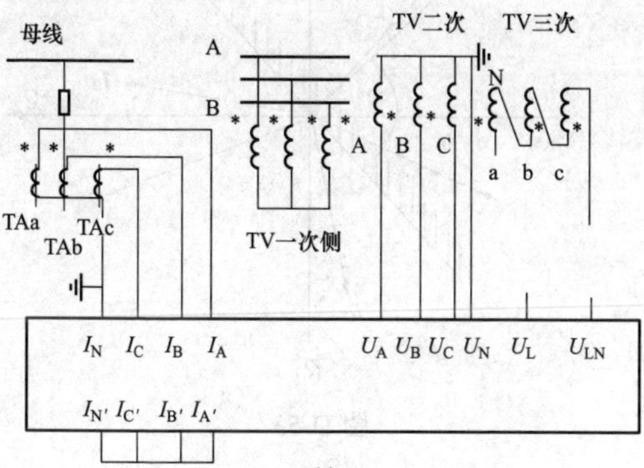

(a)

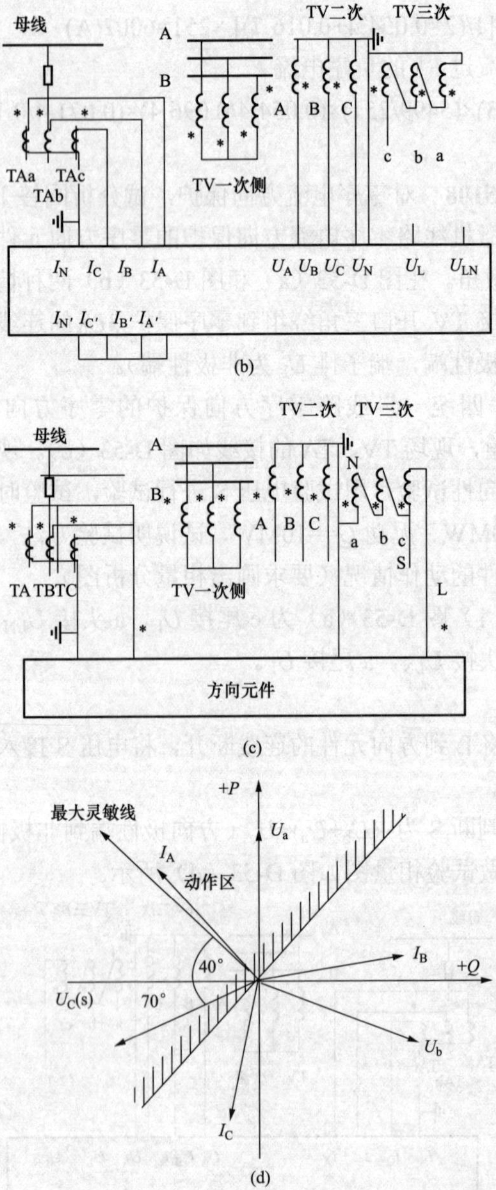
母线
A
B
TV二次
TV三次
A B C
c b a
TAa TAc
TAb
TV一次侧
I_N I_C I_B I_A
U_A U_B U_C U_N
U_L U_{LN}
$I_{N'}$ $I_{C'}$ $I_{B'}$ $I_{A'}$
(b)
母线
A
B
TV二次
TV三次
N
A B C
a b c
S
L
TA TBTC
TV一次侧
方向元件
(c)
+P
最大灵敏线
U_a
I_A
动作区
40°
70°
I_B
+Q
U_C(s)
U_b
I_C
(d)

图 D-53

（d）零序方向元件依次通入 I_A、I_B、I_C，零序方向元件动作情况如下：

通入 I_A：零序方向元件动作；

通入 I_B：零序方向元件不动作；

通入 I_C：零序方向元件不动作。

注意：通入电流时不要造成电流开路，如通入 I_A，要先将 I_B、I_C、I_N 短接，再拆开 I_B、I_C 连片。

Jd1D3109 某电流互感器变比均为 600/5，带有 3Ω负载（含电流互感器二次漏抗）。已测得此电流互感器二次伏安特性如图 D-54 所示。试分析一次最大短路电流为 4800A 时，此电流互感器变比误差是否满足 10%的要求？如有一组同型号、同变比的备用电流互感器，可采取什么措施来满足要求？

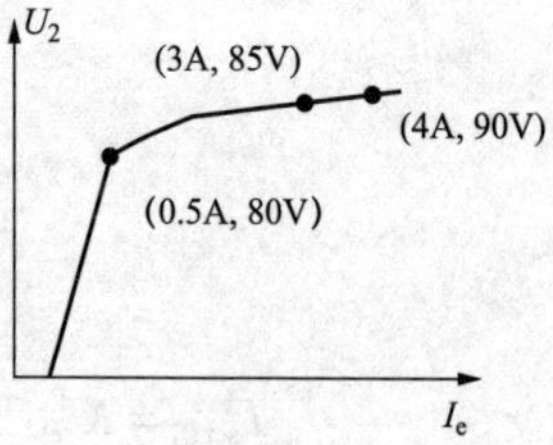

图 D-54

解：（1）在最大短路电流情况下，折算到电流互感器二次侧的一次电流为 4800/120=40（A）

（2）按 10%的误差计算，在最大短路电流情况下，电流互感器二次负载上的电流 40×0.9=36（A）

二次负载上的电压 36×3=108（V）＞90（V）

因此电流互感器实际的励磁电流会大于 4A，不满足 10%的误差要求。

（3）用两组电流互感器串联可以解决。

（4）两组电流互感器串联后，其伏安特性在电流为 0.5A 时，电压约为 80×2=160（V）左右，大于 108V。按 0.5A 的励磁电流计算，其误差为 0.5/40=0.012 5=1.25%。实际误差应小于 1.25%。

Lb1D2110 如图 D-55 所示网络，试计算保护 1 电流速断保护的动作电流，动作时限及最小保护范围，并说明当线路长度减到 40km、20km 时情况如何？由此得出什么结论？

已知：

解：I_{AB}=60km 时：

$$I_{K\cdot B\cdot max}=\frac{E_s}{Z_{s\cdot min}+Z_1 l_{AB}}=\frac{115/\sqrt{3}}{1.2+0.4\times 60}$$

$$=1.84kA$$

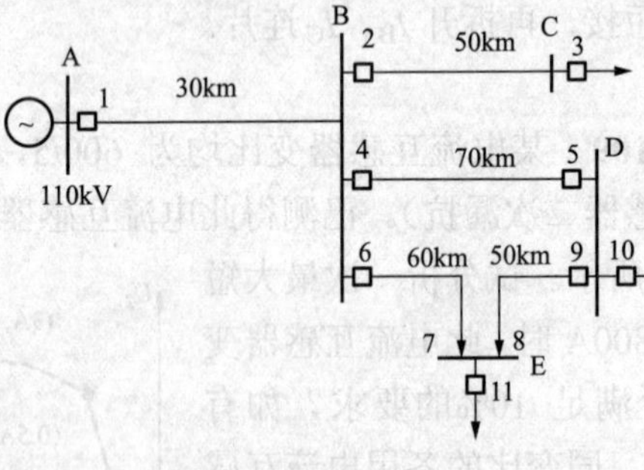

图 D-55

$$I^{I}_{act\cdot 1}=K^{I}_{rel}\cdot I_{K\cdot B\cdot max}=1.2\times 1.84=2.21kA$$

$$l_{min}=\left(\frac{\sqrt{3}}{2}\cdot\frac{E_s}{I^{I}_{act\cdot 1}}-Z_{s\cdot max}\right)\Big/Z_1=19.95km$$

$$l_{min}\%=33.25\%>15\%,\quad t^{I}_{1}=0s$$

当 l_{AB}=40km 时：

$I^{I}_{act\cdot 1}$=2.84kA，l_{min}%=14%<15%，t^{I}_{1}=0s

当 l_{AB}=20km 时：

$I^{I}_{act\cdot 1}$=3.984kA，l_{min}%=–44.5%，即没有保护范围，t^{I}_{1}=0s

由此得出结论：当线路较短时，电流速断保护范围将缩短，甚至没有保护范围。

Lb1D2111 假设线路空载，已知保护安装处与短路点电流的分支系数（保护安装处短路电流与短路点短路电流之比）K_{f0}，K_{f1}=K_{f2} 和故障点各序电流 I_{F0}，I_{F1}，I_{F2}，写出保护安装处非故障相相电流表达式。（提示：故障点非故障相相电流等于零$I_{F\phi}=0$，各序电流不一定不等于零）。

解：保护安装处非故障相相电流

$$\begin{aligned}I_{\varphi} &= I_0 + I_1 + I_2 = K_{f0}I_{F0} + K_{f1}I_{F1} + K_{f2}I_{F2}\\ &= K_{f0}I_{F0} - K_{f1}I_{F0} + K_{f1}I_{F0} + K_{f1}I_{F1} + K_{f1}I_{F2}\\ &= (K_{f0} - K_{f1})I_{F0} + K_{f1}(I_{F0} + I_{F1} + I_{F2})\\ &= (K_{f0} - K_{f1})I_{F0} + K_{f1}I_{F\varphi}\\ &= (K_{f0} - K_{f1})I_{F0}\end{aligned}$$

Lb1D4112 YNd11 变压器，当空载变压器 d 侧发生 BC 两相短路时，求出 YN 侧相电流和 d 侧绕组的各相电流，绘出接线图和电流方向。

假设变压器变比等于 1，则匝数比

$$W_Y / W_d = 1/\sqrt{3}$$

已知 d 侧各相电流 $I_a^{(2)} = 0, I_b^{(2)} = -I_c^{(2)}$。

$$\dot{I}_\alpha = \frac{1}{3}(\dot{I}_\alpha - \dot{I}_c), \dot{I}_\beta = \frac{1}{3}(\dot{I}_b - \dot{I}_a), \dot{I}_\gamma = \frac{1}{3}(\dot{I}_c - \dot{I}_b)。$$

解：$I_\alpha^{(2)} = \frac{1}{3}(I_a^{(2)} - I_c^{(2)}), I_\beta^{(2)} = \frac{1}{3}(I_b^{(2)} - I_a^{(2)}), I_\gamma^{(2)} = \frac{1}{3}(I_c^{(2)} - I_b^{(2)})$

$$I_\alpha^{(2)} = \frac{1}{3}I_b^{(2)}, I_\beta^{(2)} = \frac{1}{3}I_b^{(2)}, I_\gamma^{(2)} = -\frac{2}{3}I_b^{(2)}$$

$$I_A^{(2)} = \frac{1}{\sqrt{3}}I_b^{(2)}, I_B^{(2)} = \frac{1}{\sqrt{3}}I_b^{(2)}, I_C^{(2)} = -\frac{2}{\sqrt{3}}I_b^{(2)}$$

接线图和电流方向如图 D-56 所示。

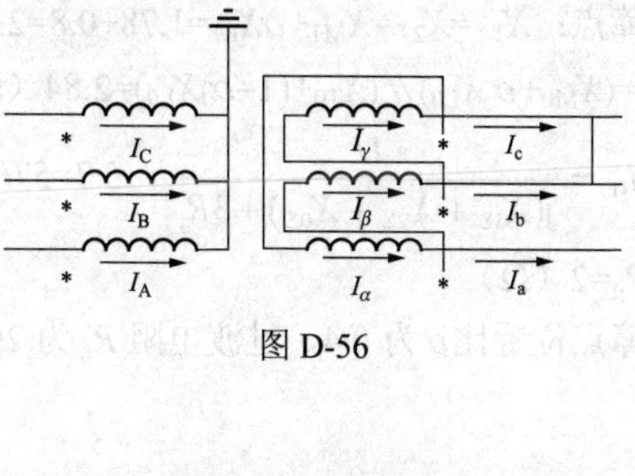

图 D-56

Lb1D5113 如图 D-57 所示，变压器的中性点接地，系统为空载，忽略系统的电阻，故障前系统电势为 57V，线路发生 A 相接地故障，故障点 R_g 不变化。已知：$X_{M1}=X_{M2}=1.78$（Ω），$X_{M0}=3$（Ω）；$X_{L1}=X_{L2}=2$（Ω），$X_{L0}=6$（Ω）；$X_{T1}=X_{T2}=X_{T0}=2.4$（Ω）；保护安装处测得 $I_A=14.4$（A），$3I_0=9$（A）；（以上所给数值均为归算到保护安装处的二次值）

求：（1）故障点的位置比α；

（2）过渡电阻 R_g 的大小。

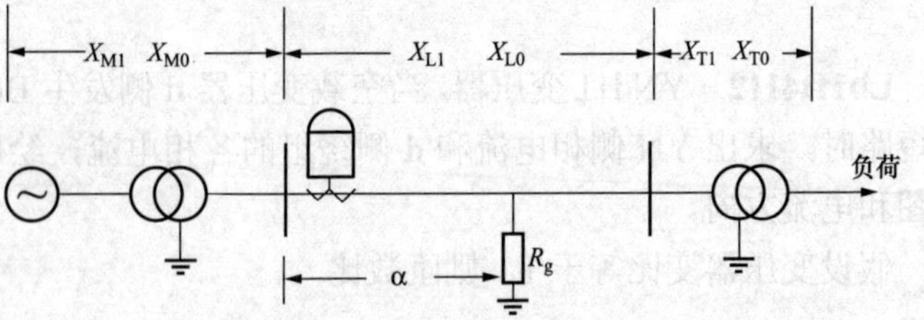

图 D-57

解：

（1）保护安装处：$I_A=I_{1M}+I_{2M}+I_{0M}=14.4$（A），其中 $I_{0M}=3$（A），$I_{1M}=I_{2M}$

得：$I_{1M}=I_{2M}=5.7$（A）

因为故障点的 I_{1F}、I_{2F} 只流向 M 侧，所以：$I_{1M}=I_{1F}=5.7$（A）

$I_{2M}=I_{2F}=5.7$（A）；且在故障点有 $I_{1F}=I_{2F}=I_{0F}=5.7$（A）

求故障点位置：因为 $I_{0F}=I_{0M}+I_{0N}$，所以 $I_{0N}=I_{0F}-I_{0M}=2.7$（A）

$$\frac{I_{0N}}{I_{0M}}=\frac{X_{M0}+\alpha X_{L0}}{X_{N0}+(1-\alpha)X_{L0}},\ \frac{2.7}{3}=\frac{3+\alpha\times 6}{2.4+(1-\alpha)\times 6}$$，解得：$\alpha=0.4$

（2）故障点：$X_{1\Sigma}=X_{2\Sigma}=X_{M1}+\alpha X_{L1}=1.78+0.8=2.58$（Ω）

$X_{0\Sigma}=(X_{M0}+\alpha X_{L0})//(X_{T0}+(1-\alpha)X_{L0})=2.84$（Ω）

因为：$I_{1F}=\dfrac{U}{j(X_{1\Sigma}+X_{2\Sigma}+X_{0\Sigma})+3R_g}$，$5.7=57/(j8+3R_g)$

解得：$R_g=2$（Ω）

答：故障点位置比α为 0.4，过渡电阻 R_g 为 2Ω。

Lb1D5114 如图 D-58（a）所示，已知线路的正序阻抗 $Z_1=0.4\Omega/\text{km}$，阻抗角 Φ_L=75°；可靠系数 $K_{rel}=0.85$；上级的第Ⅱ段与下级的Ⅰ第段配合；电源Ⅰ、Ⅱ的参数 $\dot{E}_1=115/\sqrt{3}$ kV，$Z_{\text{I}}=20\angle75°$（Ω）；$\dot{E}_2=115/\sqrt{3}$kV，$Z_{\text{I}}=10\angle75°$（Ω）；

在变电站 A 上装有方向圆特性的Ⅰ、Ⅱ段阻抗保护，试分析系统振荡时Ⅰ、Ⅱ段阻抗保护误动的可能性及应采取的措施。

解：等效阻抗电路如图 D-58（b）所示

$$Z_{0P}^{\text{I}}=0.85\times0.4\angle75°\times100=34\angle75°\text{（Ω）}$$

$$Z_{0P}^{\Pi}=0.85\times(0.4\angle75°\times100+0.85\times0.4\angle75°\times150)$$
$$=77.25\angle75°\text{（Ω）}$$

振荡时测量阻抗的轨迹

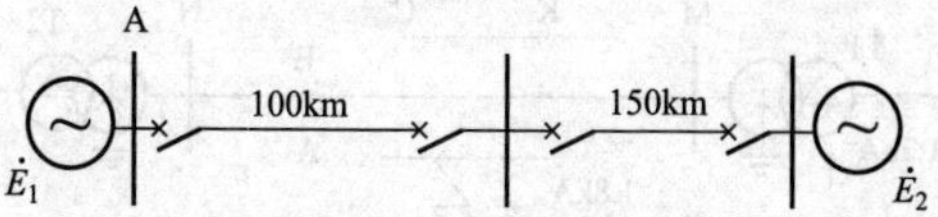

(a)

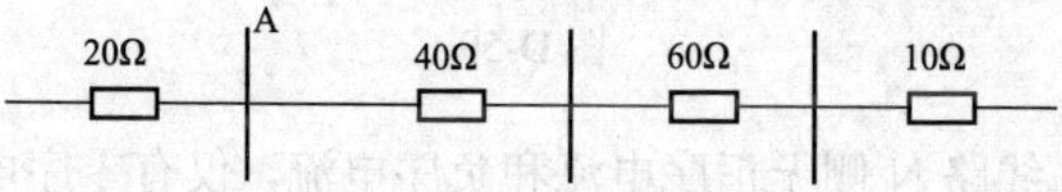

(b)

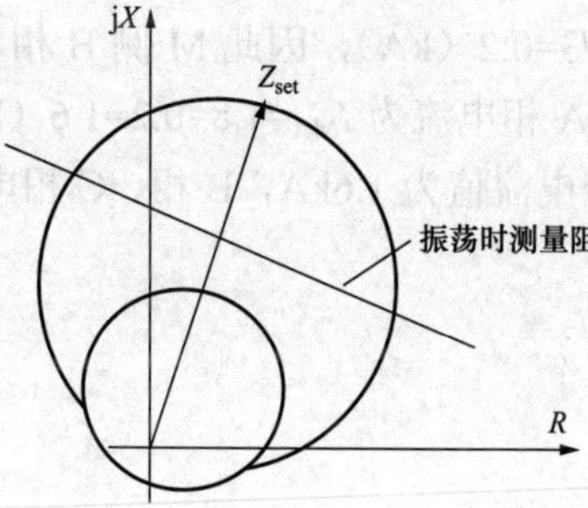

(c)

图 D-58

$$Z_m=\frac{1}{2}Z_\Sigma-Z_F-j\frac{1}{2}Z_\Sigma\cot\frac{\delta}{2}=\frac{1}{2}\times130\angle75^\circ-20\angle75^\circ$$

$$-j\frac{1}{2}\times130\angle75^\circ\cos\frac{\delta}{2}=45\angle75^\circ-j\frac{1}{2}65\angle75^\circ\cot\frac{\delta}{2}$$

$$=45\angle75^\circ-j\frac{1}{2}65\angle75^\circ\cot\frac{\delta}{2}$$

作图如图 D-58（c）所示：

从图中可看出振荡对第Ⅰ段没有影响，对第Ⅱ段有影响。

措施：对第Ⅱ段加振荡闭锁；也可适当延长动作时间。

Lb1D1115 电力系统接线如图 D-59 所示，K 点 A 相接地电流为 1.8kA，T1 中性线电流为 1.2kA，求线路 M 侧的三相电流值。

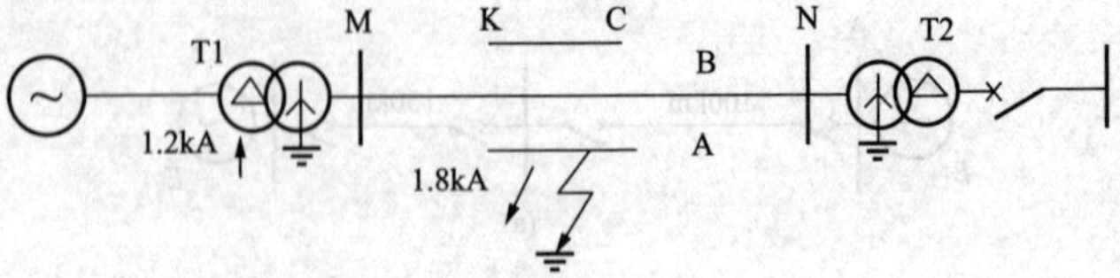

图 D-59

解：线路 N 侧无正序电流和负序电流，仅有零序电流，而每零序相零序电流为

I_0=(1.8−1.2)×1/3=0.2（kA），因此 M 侧 B 相、C 相电流为 0.2kA；线路 M 侧 A 相电流为 I_{MA}=1.8−0.2=1.6（kA）。

答：M 侧 A 相电流值为 1.6kA，B 相、C 相电流为 0.2kA。

4.1.5　绘图题

La5E2001　根据图 E-1 所示电路，画出电压 *U* 和电流 *I* 的相量图。

答：相量图如图 E-2 所示。

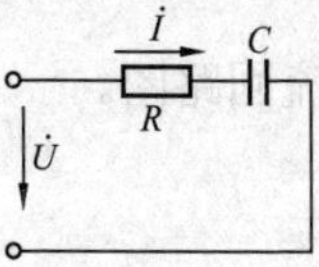

图 E-1

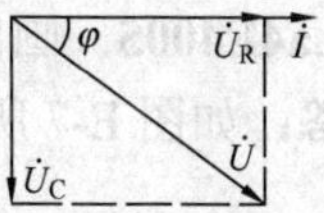

图 E-2

La5E2002　根据图 E-3 所示电路，画出电压和电流的相量图。

答：相量图如图 E-4 所示。

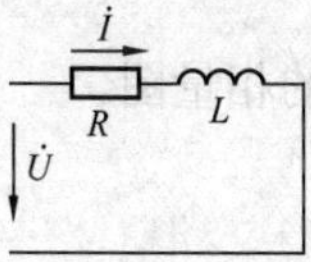

图 E-3

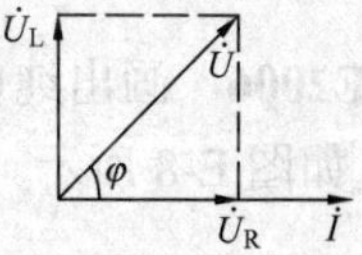

图 E-4

La5E3003　画出电容 C、电感线圈 L1、有磁铁的电感线圈 L2 的图形符号。

答：如图 E-5 所示。

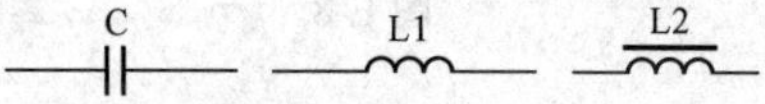

图 E-5

La5E4004　画出一个π形接线电路图。

答：如图 E-6 所示。

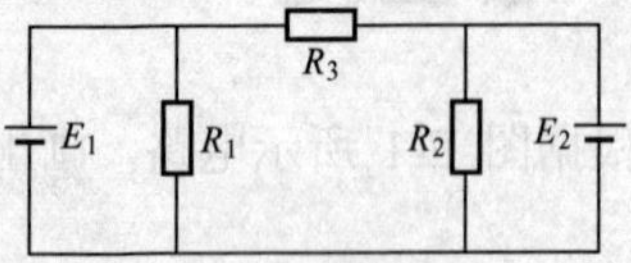

图 E-6

La4E4005 画出一个简单的全电路电流回路图。

答：如图 E-7 所示。

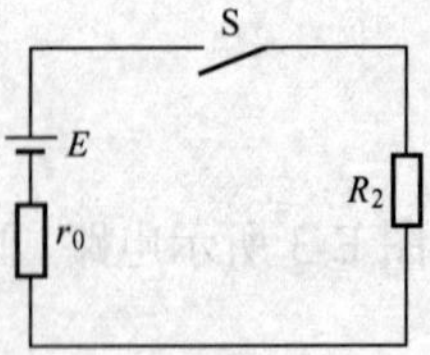

图 E-7

La3E2006 画出纯电感交流电路的相量图。

答：如图 E-8 所示。

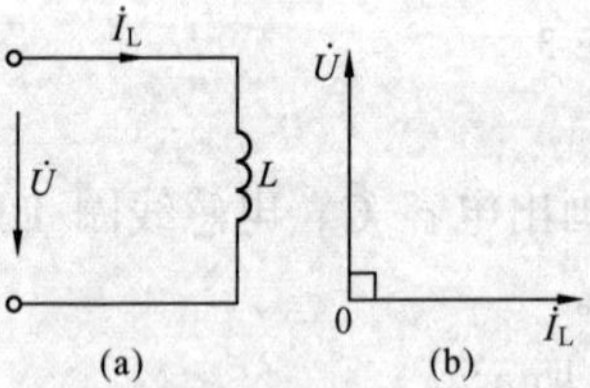

图 E-8

La3E2007 画出三相四线具有 R、L、C 三种负荷的接线图。

答：如图 E-9 所示。

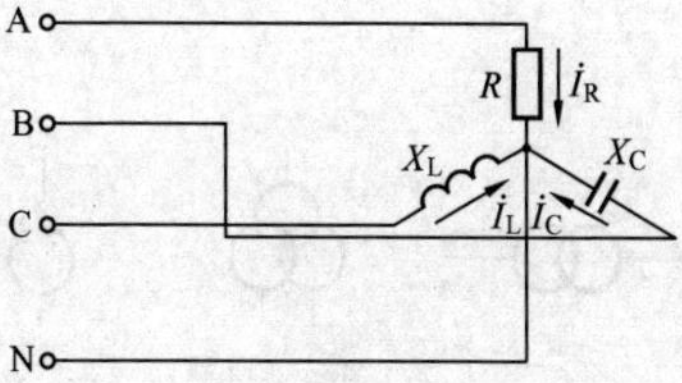

图 E-9

La4E3008 画出继电器延时断开的动合触点和延时闭合的动合触点图形。

答：如图 E-10 所示。

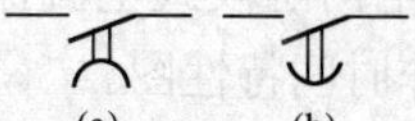

图 E-10

（a）延时断开的动合触点；（b）延时闭合的动合触点

La4E3009 画出继电器延时闭合的动断触点和延时断开的动断触点图形符号。

答：如图 E-11 所示。

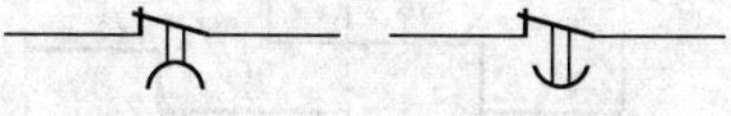

图 E-11

（a）延时闭合的动断触点；（b）延时断开的动断触点

La4E3010 画出双绕组变压器、三绕组变压器、自耦变压器常用图形符号。

答：如图 E-12 所示。

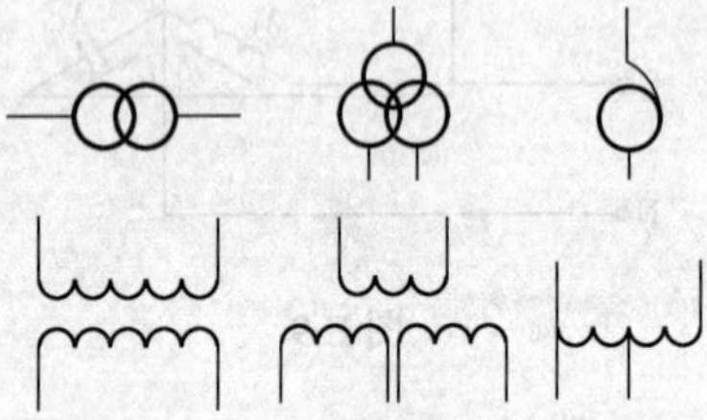

图 E-12

（a）双绕组变压器；（b）三绕组变压器；（c）自耦变压器

La3E3011 画出电网阶段式电流保护的主保护和远后备保护的动作范围及动作时间特性图。

答：如图 E-13 所示。

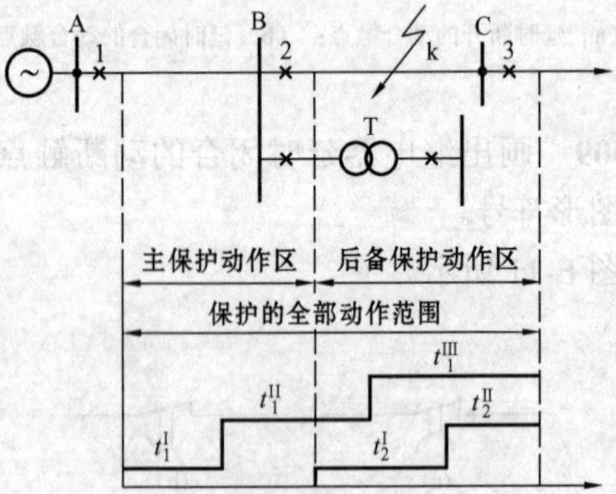

图 E-13

La3E3012 画出距离保护三段式时限特性曲线图。

答：如图 E-14 所示。

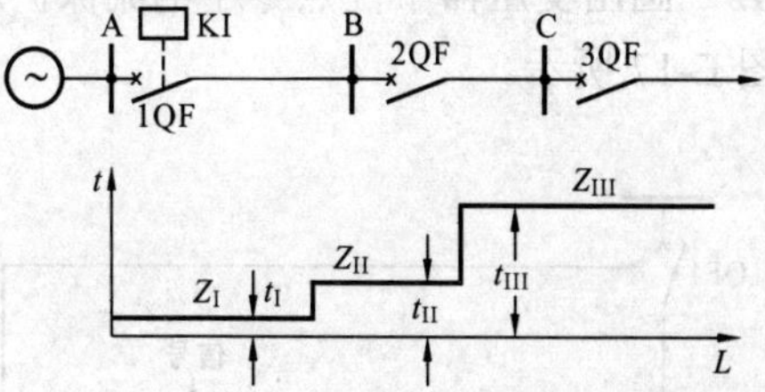

图 E-14

La3E4013 画出阻抗继电器偏移特性圆（$Z'>Z''$）。

答：如图 E-15 所示。

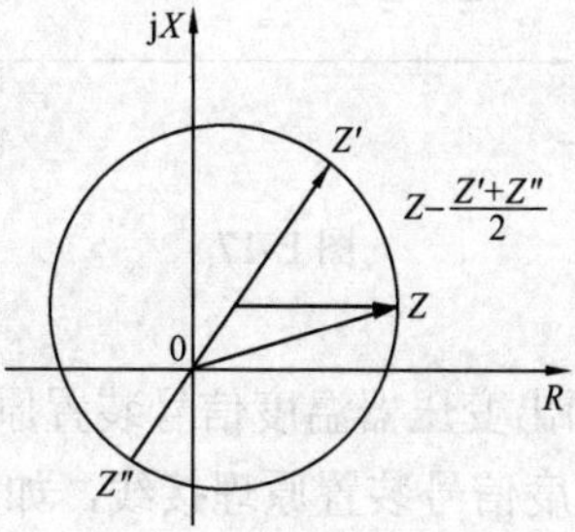

图 E-15

La3E4014 画出电喇叭、调压变压器、电流互感器图形符号。

答：如图 E-16 所示。

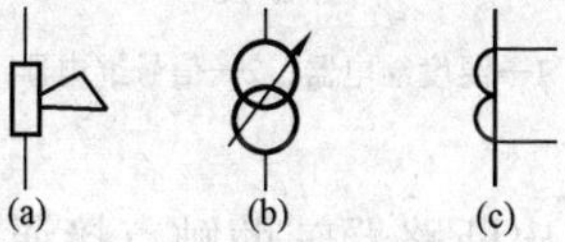

图 E-16

（a）电喇叭；（b）调压变压器；（c）电流互感器

Jd5E2015 画出变压器中性点零序电流保护原理图。

答：如图 E-17 所示。

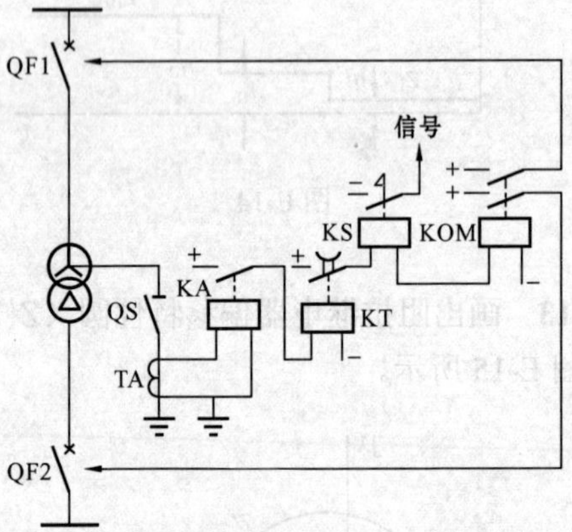

图 E-17

Jd5E2016 画出变压器温度信号装置原理接线图。

答：变压器温度信号装置原理接线，如图 E-18 所示。

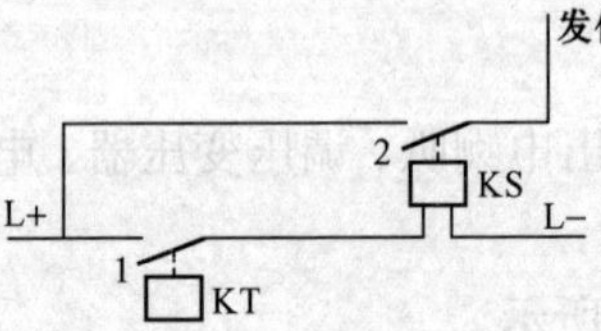

图 E-18

1—温度继电器；2—信号继电器

Jd5E3017 画出断路器辅助触点接通的事故音响启动回路。

答：如图 E-19 所示。

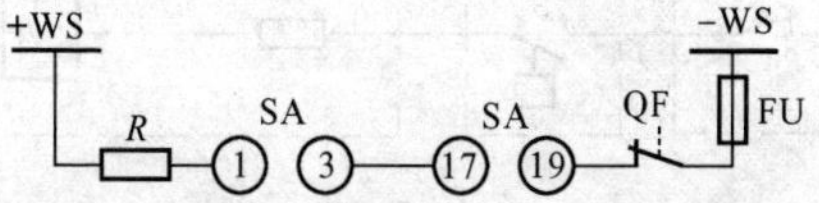

图 E-19

Jd5E3018 画出跳闸位置继电器 KOF 的一对常开触点控制的事故音响启动回路。

答：如图 E-20 所示。

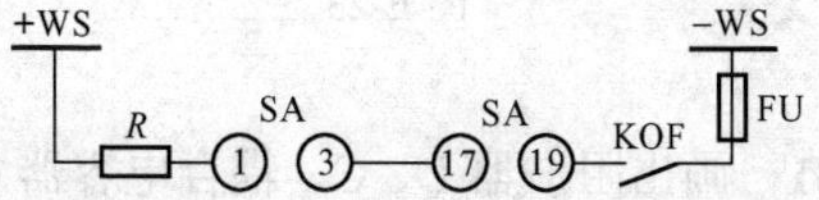

图 E-20

Jd5E3019 某断路器气动机构的重合闸闭锁压力值厂家要求为 1.4MPa，但是断路器第一次分闸后空气压力会瞬间下降到 1.38MPa，低于上述值，这将造成断路器的重合闸功能被闭锁，请在图 E-21 的重合闸闭锁原理图上采取整改措施并画图。

图 E-21 中：P 是断路器气动机构内的重合闸闭锁压力开关常开触点，压力降低后闭合；R 和 KVP 分别是电阻和重合闸压力闭锁继电器，动作后闭锁重合闸。

答：如图 E-22 所示。

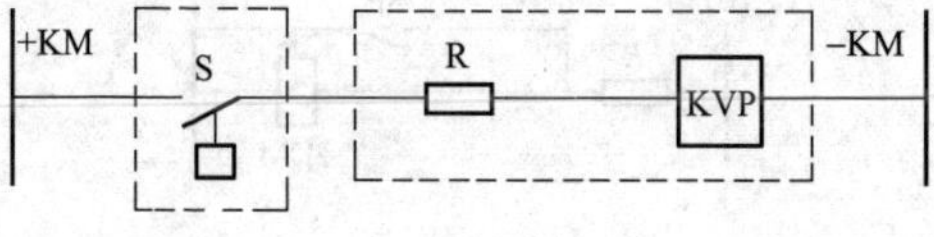

图 E-21

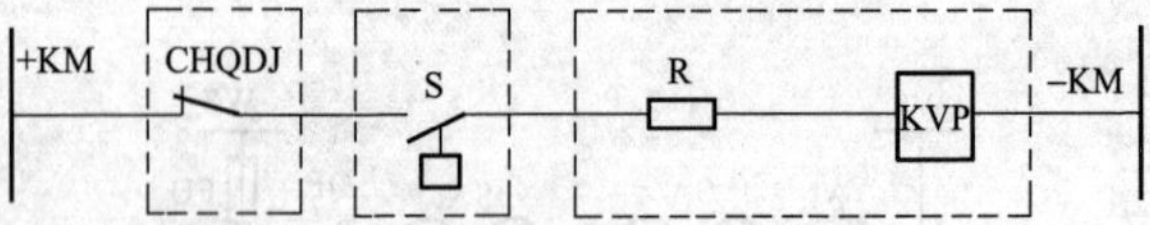

图 E-22

Jd5E1020 画出继电器瞬时切换触点图形符号。

答：如图 E-23 所示。

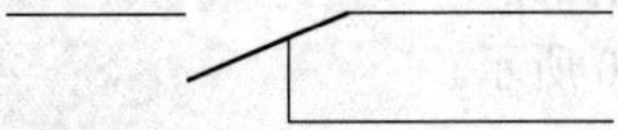

图 E-23

Jd4E3021 画出阻波器 L、C、耦合电容器 C1、线路常用代表符号。

答：如图 E-24 所示。

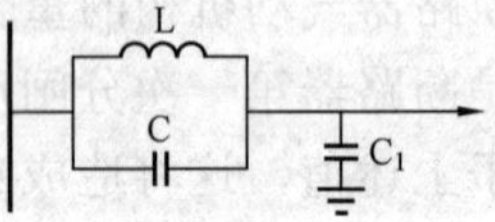

图 E-24

Jd4E3022 画出断路器压力异常（降低）禁止分闸操作电路图。

答：如图 E-25 所示。

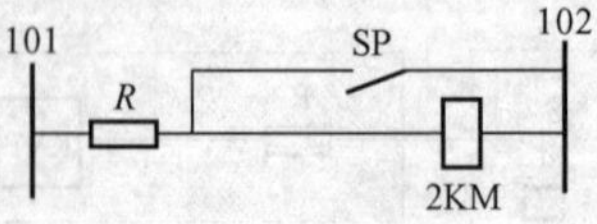

图 E-25

Jd4E3023 画出断路器位置不对应启动重合闸回路。

答：如图 E-26 所示。

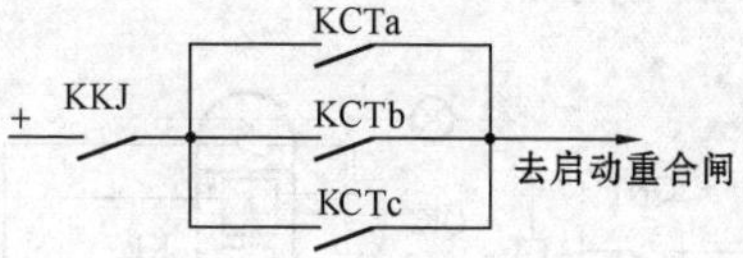

图 E-26

Jd4E4024 画出零序电流滤过器接线图。

答：如图 E-27 所示。

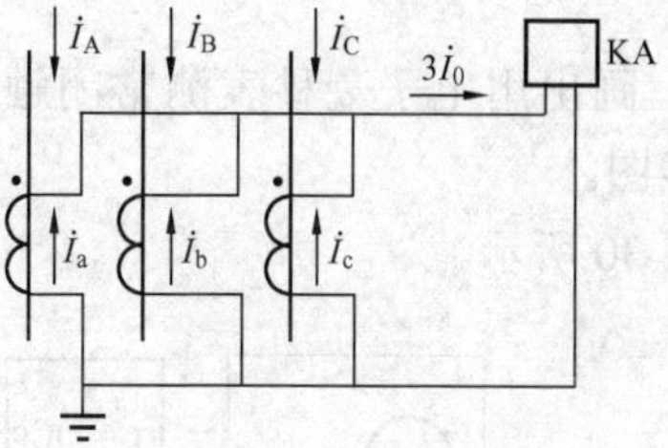

图 E-27

Jd4E4025 画出发电机与无限大容量系统并列运行的等效电路图及相量图。

答：如图 E-28 所示。

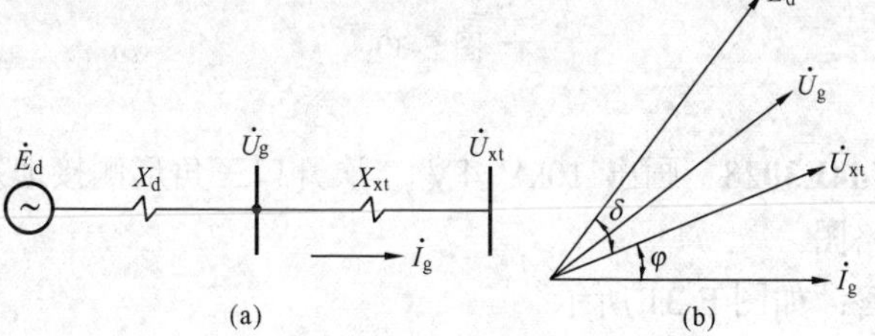

图 E-28

Jd4E5026 画出带电流自保持线圈的中间继电器试验接线图。

答：如图 E-29 所示。

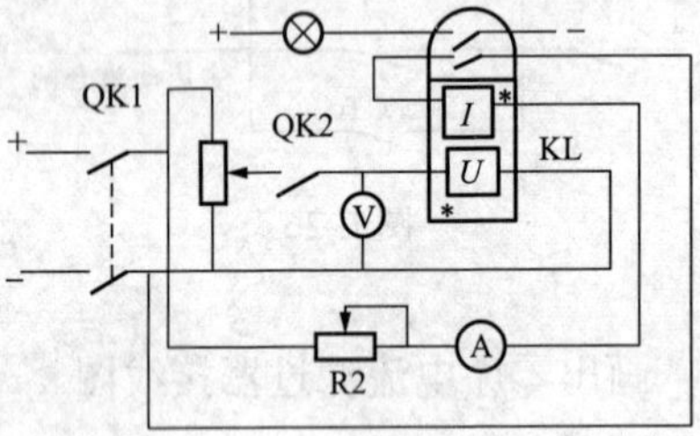

图 E-29

Jd4E4027 画出用电子毫秒表测常闭触点延时动作时间继电器试验接线图。

答：如图 E-30 所示。

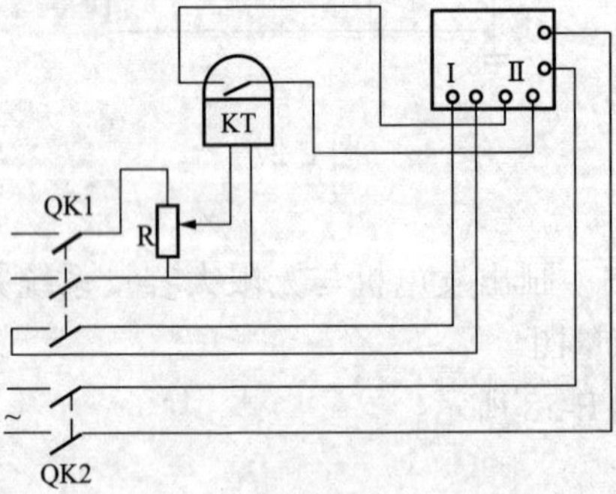

图 E-30

Jd4E3028 画出 10kV TV 二次开口三角形侧接地发信启动回路图。

答：如图 E-31 所示。

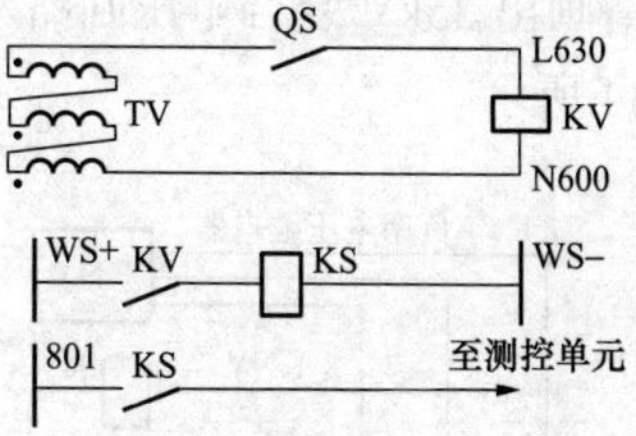

图 E-31

Jd4E3029 图 E-32 为直流系统绝缘监察装置典型接线图，请补充画出虚线框中遗漏部分。

答：如图 E-33 所示。

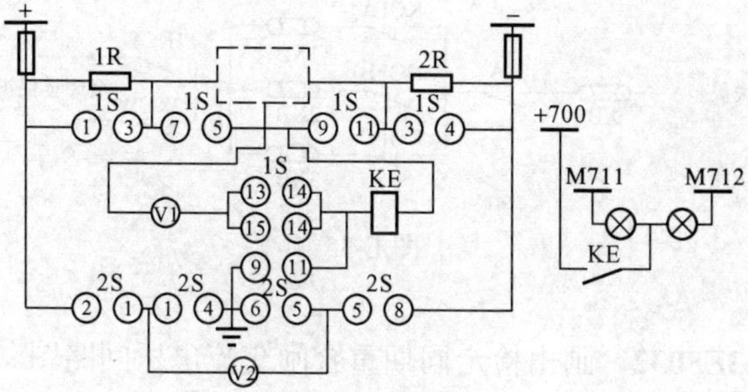

图 E-32

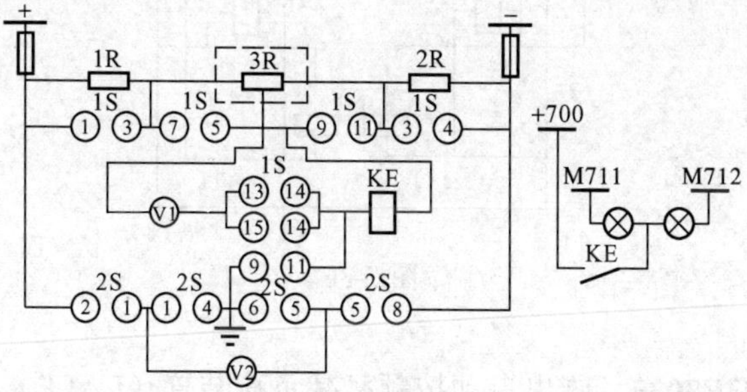

图 E-33

Jd4E3030 请画出35kV复合电压回路。

答：如图E-34所示。

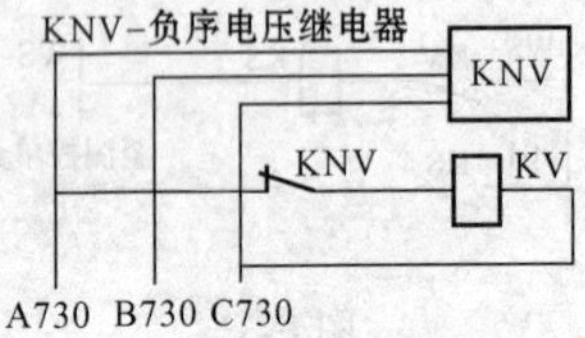

图E-34

Jd3E3031 画出失灵保护启动回路原理图。

答：如图E-35所示。

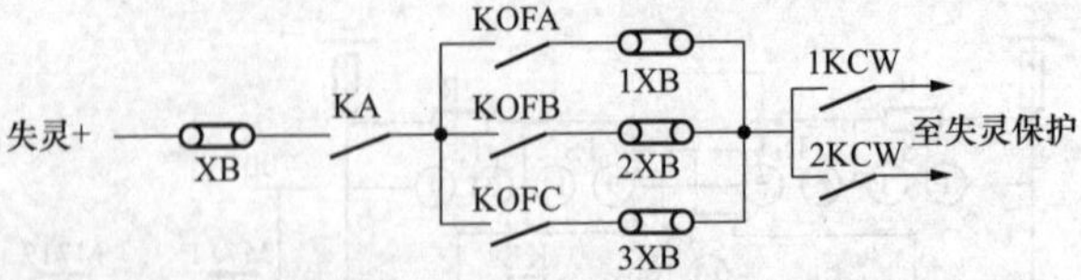

图E-35

Jd3E3032 画出检定同期重合闸交流电压回路图。

答：如图E-36所示。

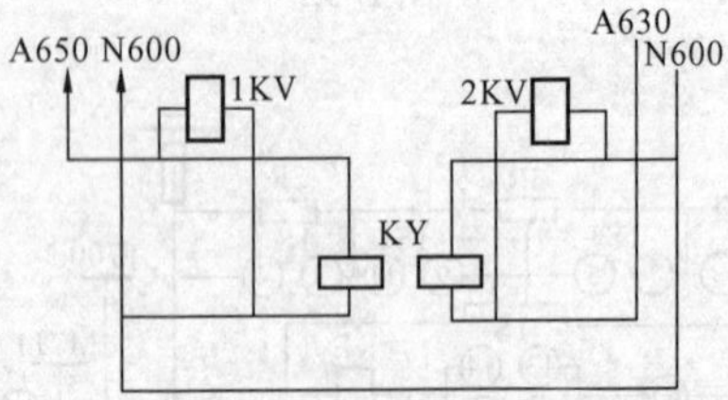

图E-36

Jd3E3033 画出自动按频率减负荷装置（LALF）原理接线图。

答：如图 E-37 所示。

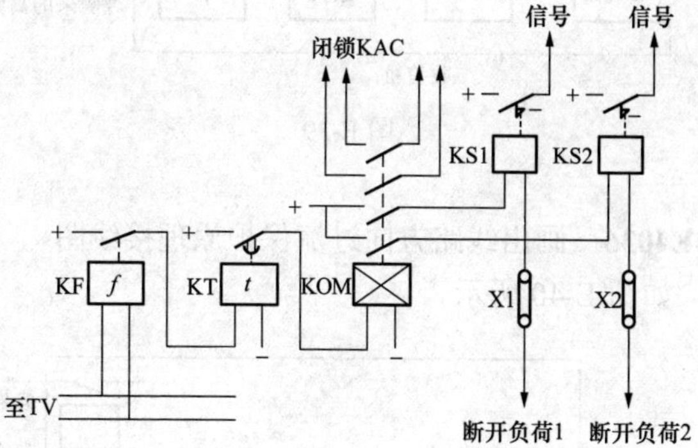

图 E-37

Jd3E3034　画出带有电压抽取装置的耦合电容器回路图。

答：如图 E-38 所示。

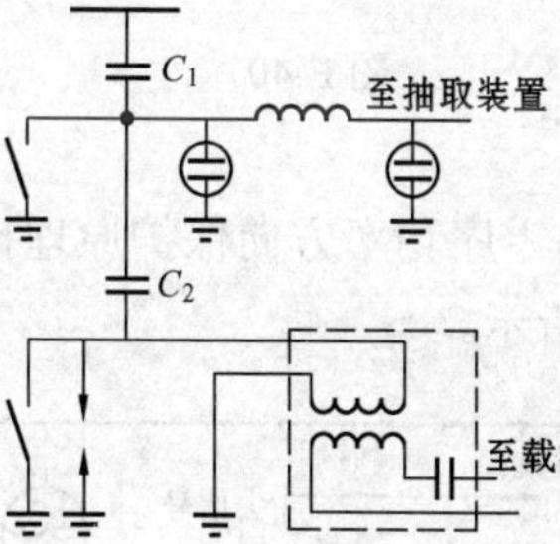

图 E-38

Je3E4035　画出从对侧来的高频信号启动的跳闸回路框图。

答：如图 E-39 所示。

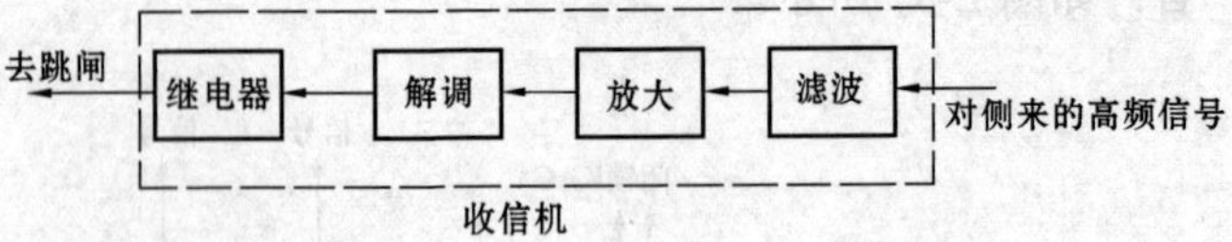

图 E-39

Je4E4036 画出线路方向过流保护原理接线图。

答：如图 E-40 所示。

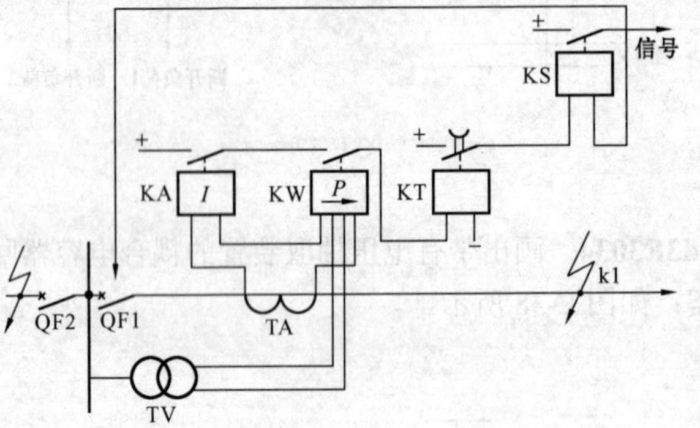

图 E-40

Je4E4037 画出零序功率方向保护原理接线图。

答：如图 E-41 所示。

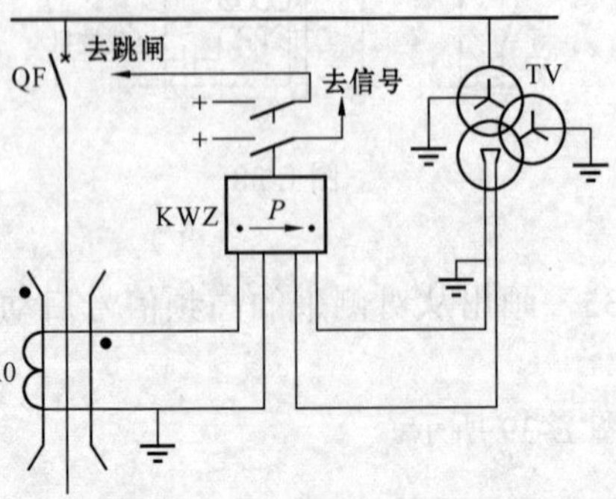

图 E-41

Je3E4038 画出阻抗继电器的记忆回路图。

答：如图 E-42 所示。

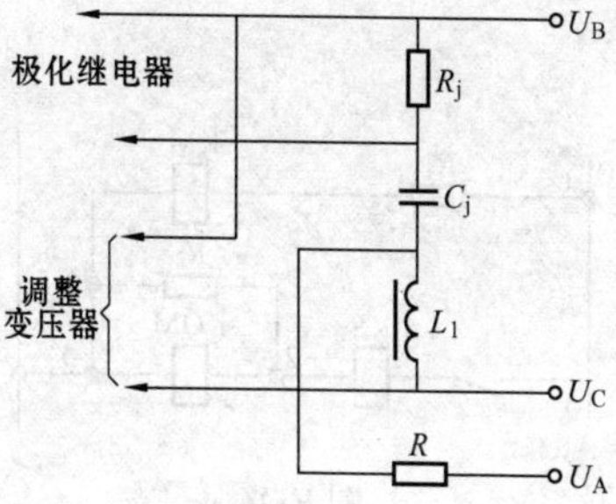

图 E-42

Jd5E3039 画出 10kV 线路过电流保护展开图。

答：如图 E-43 所示。

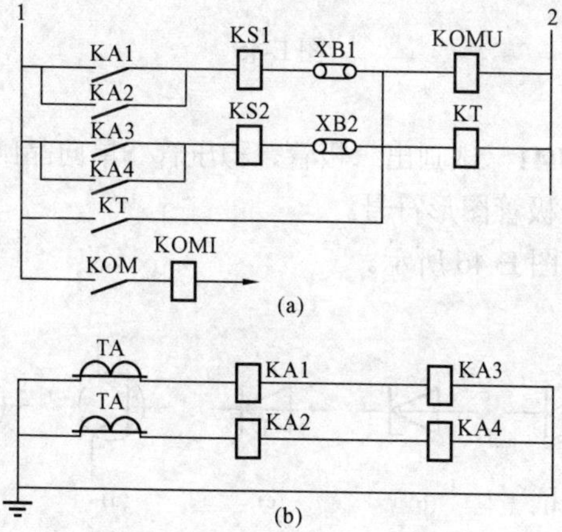

图 E-43

（a）直流回路展开图；（b）交流回路展开图

Jd5E2040 试问如图 E-44 所示接线有何问题，应如何解决？

答：当在图 E-44 中 3、4 点连线断线时，就会产生寄生回路，引起出口继电器 KOM 误动作。

解决措施是将 KM 与 KOM 线圈分别接到负电源，见图 E-45 所示。

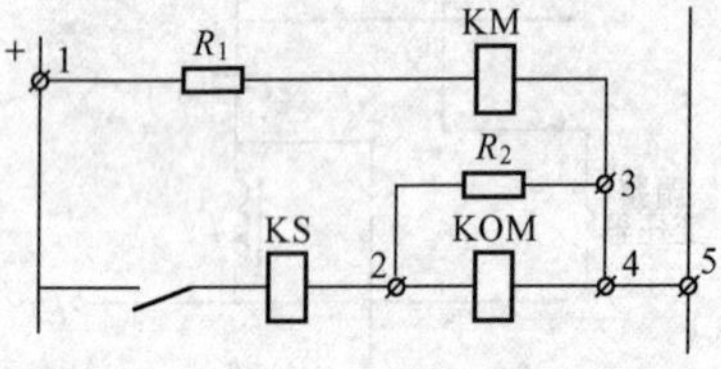

图 E-44

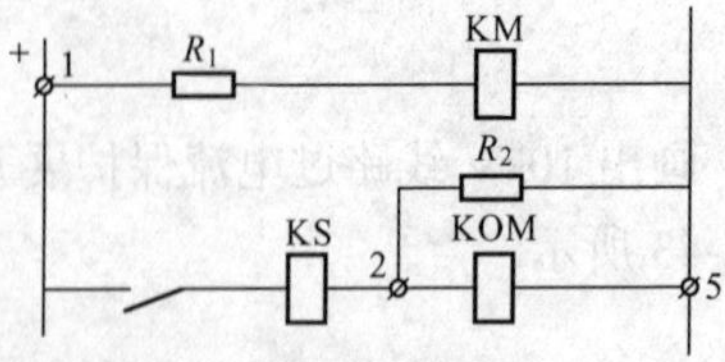

图 E-45

Lb5E1041 试画出二极管、稳压管、单向晶闸管和 NPN、PNP 型的三极管图形符号。

答：见图 E-46 所示。

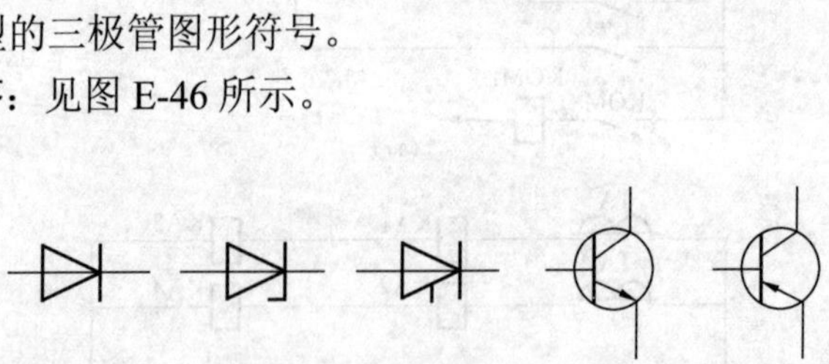

图 E-46

（a）二极管；（b）稳压管；（c）单向晶闸管；

（d）NPN；（e）PNP

Je3E5042 姆欧继电器的动作判据为：

$$270^\circ > \mathrm{Arg}\frac{\dot{U}}{\dot{U}-Z_{set}\dot{I}} > 90^\circ$$

或$\left|\frac{1}{2}Z_{set}\dot{I}\right| > \left|\frac{1}{2}Z_{set}\dot{I}-\dot{U}\right|$试画出其动作特性图。

答：如图 E-47 所示。

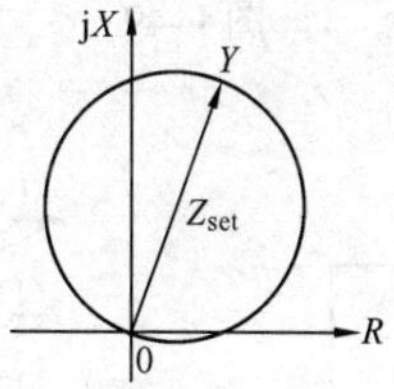

图 E-47

Je3E2043 画出比率制动原理差动继电器制动特性示意图。

答：如图 E-48 所示。

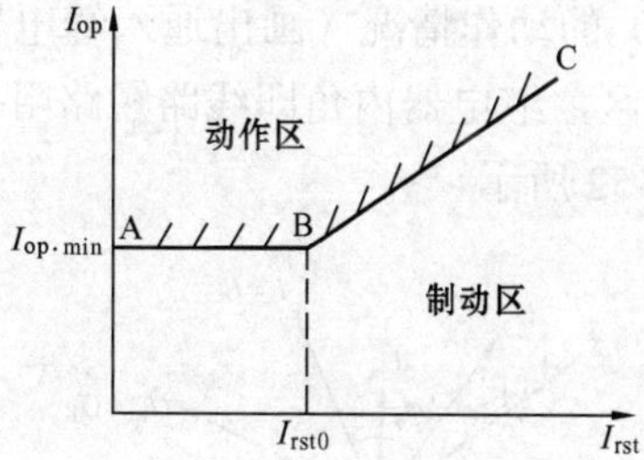

图 E-48

Je4E3044 如图 E-49 所示，画出零序功率方向保护交流回路展开图（要求图形、符号、接线并标明极性）。

答：如图 E-50、E-51 所示。

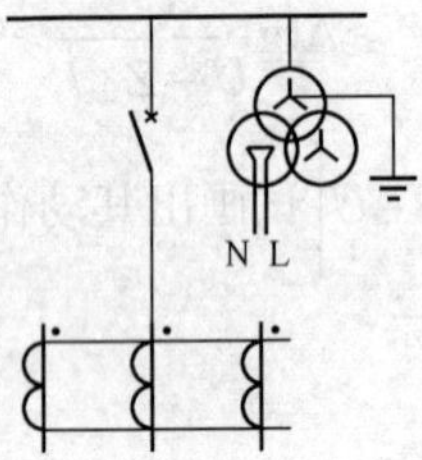

图 E-49

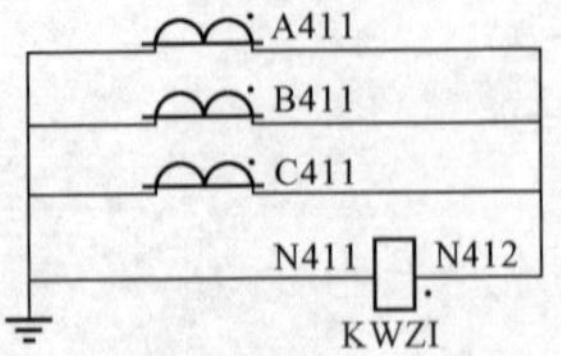

图 E-50

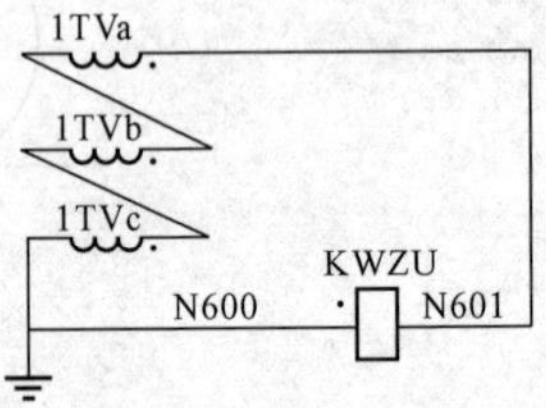

图 E-51

Je4E2045 63kV 系统线路方向过流保护，正方向线路末端发生 AB 两相短路时，试用短路电流、电压分析 A 相方向继电器（90° 接线）的动作情况（画出通入继电器的电流、电压相位，标出动作区，继电器内角即线路短路阻抗角）。

答：如图 E-52 所示。

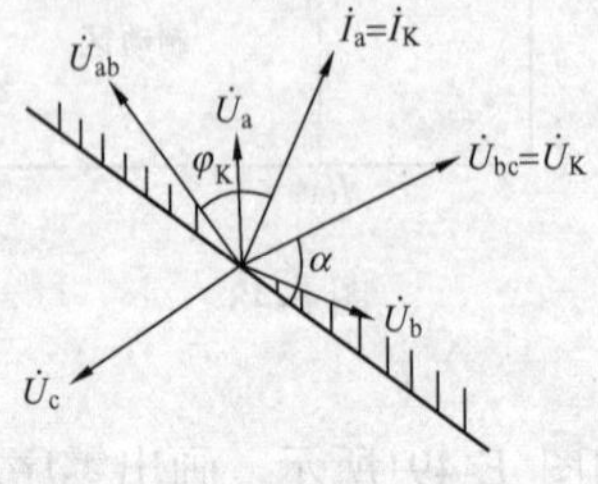

图 E-52

α—继电器内角；φ_K—短路阻抗角；$\dot{U}_K$—通入继电器电压；$\dot{I}_K$—通入继电器电流

Je4E3046 画出用一个电流继电器组成的两相差接线过流保护原理示意图，并分析三相及各种两相短路通入继电器的短路电流。

答：如图 E-53 所示。

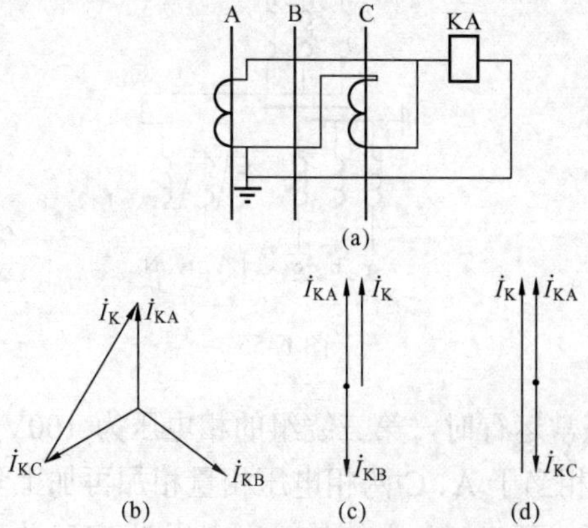

图 E-53

（a）继电器两相差接线；（b）三相短路；

（c）A、B 两相短路；（d）A、C 两相短路

Je3E3047 画出零序电流滤过器在运行中其输入端一相断线时的相量图，并指出其输出电流大小。

答：如 A 相断线时，相量图如图 E-54 所示。此时，零序电流滤过器的输出电流为$-\dot{I}_{Aph}$。

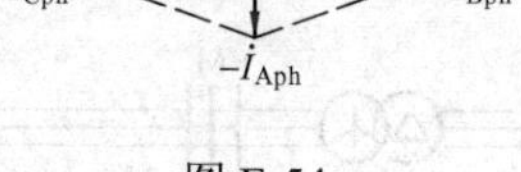

图 E-54

Jd3E3048 如图 E-55 所示，电压互感器的变比为

$110/\sqrt{3}:0.1/\sqrt{3}:0.1$，第三绕组接成开口三角形，但B相极性接反，正常运行时开口三角形侧电压有多少伏？并画出相量图。

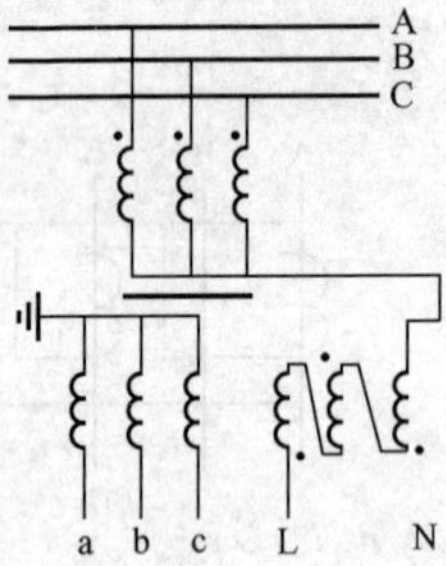

图 E-55

答： 正常运行时，第三绕组的相电压为100V，但B相极性接反时，相当于A、C两相电压相量相加再加上负B相电压，从相量图可知开口三角形侧的输出电压为 $2U_{ph}$ 为200V。相量图见图E-56所示。

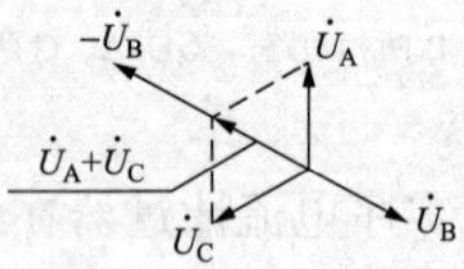

图 E-56

Jd3E3049 画出如图E-57所示网络在k点发生单相接地时故障相电压与零序电压的分布图。

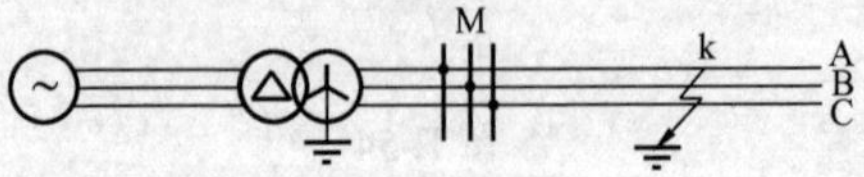

图 E-57

答： 故障相电压与零序电压的分布如图 E-58 所示。

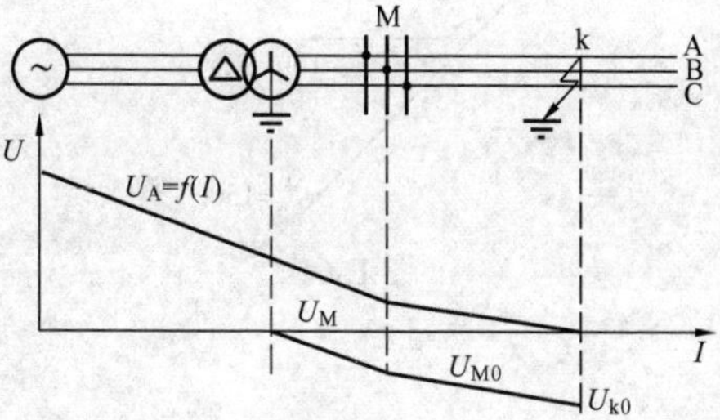

图 E-58

Je4E3050 试画出图 E-59 所示系统在 k 点两相短路时正、负序电压的分布图。

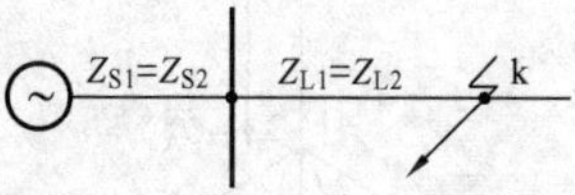

图 E-59

答： 正、负序电压的分布如图 E-60 所示。

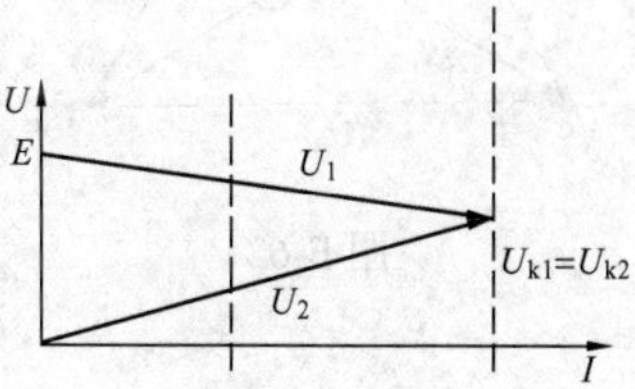

图 E-60

Jd4E3051 画出三个不对称相量 $F_a=100\,e^{j0°}$，$F_b=50\,e^{120°}$、$F_c=150\,e^{-60°}$ 的相量图。

答： 相量图如图 E-61 所示。

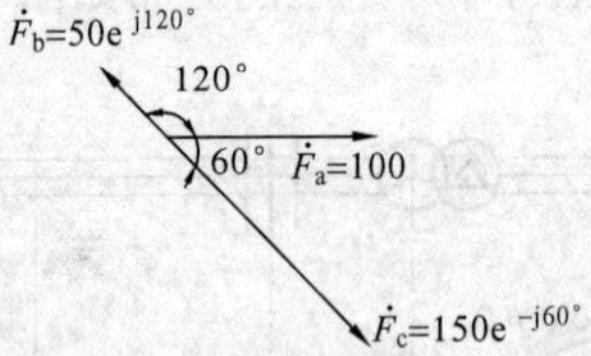

图 E-61

Jd4E4052 画出中性点非直接接地系统中，当单相（A 相）接地时，其电压相量图。

答：如图 E-62 所示。

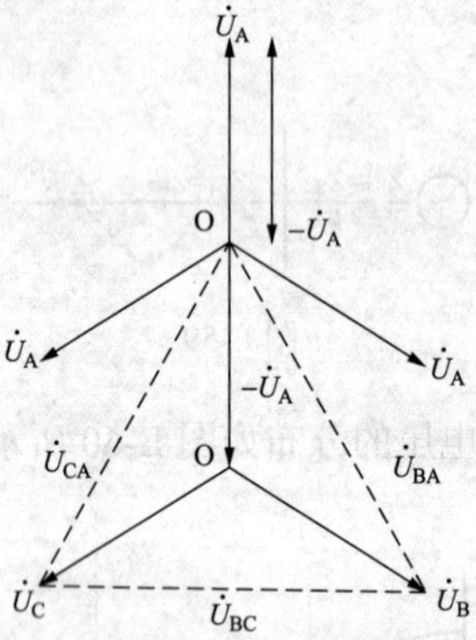

图 E-62

Je3E4053 图 E-63 是一个简单的断路器跳合闸原理图，但该图的“防跃”功能未完善，请在该图的基础上完善“防跃”回路。

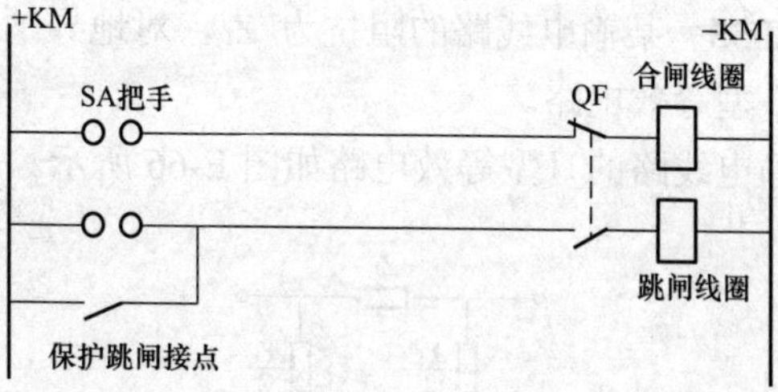

图 E-63

答：如图 E-64 所示。

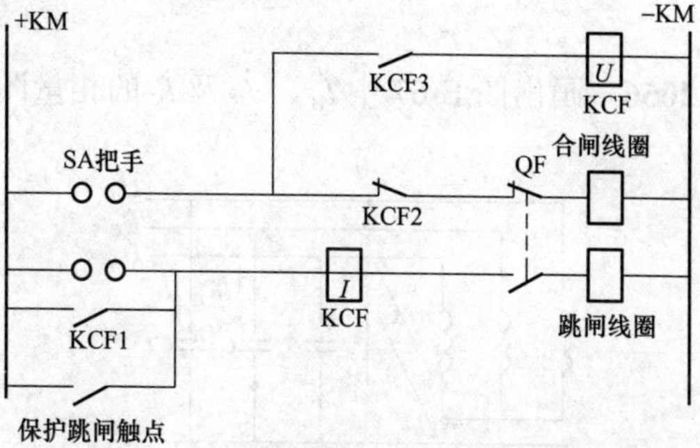

图 E-64

Je3E3054 试画出发电机单继电器横差保护原理接线图。

答：如图 E-65 所示。

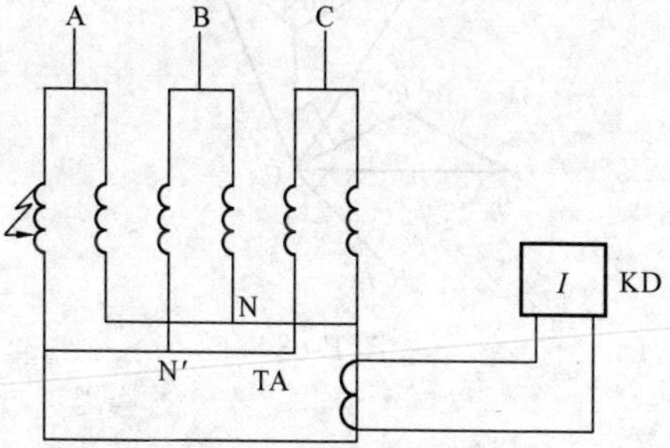

图 E-65

Je3E2055 某输电线路的阻抗为 Z_L，对地导纳为 Y_L，请画出它的Π型等效电路。

答：输电线路的Π型等效电路如图 E-66 所示。

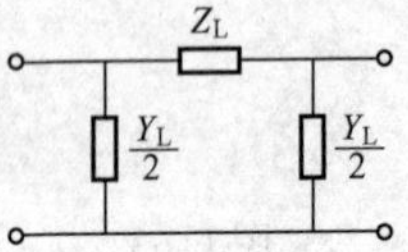

图 E-66

Jd3E2056 画出图 E-67 中 $\dot{I}_B$、$\dot{I}_C$ 及 $\dot{I}_K$ 的相量图。

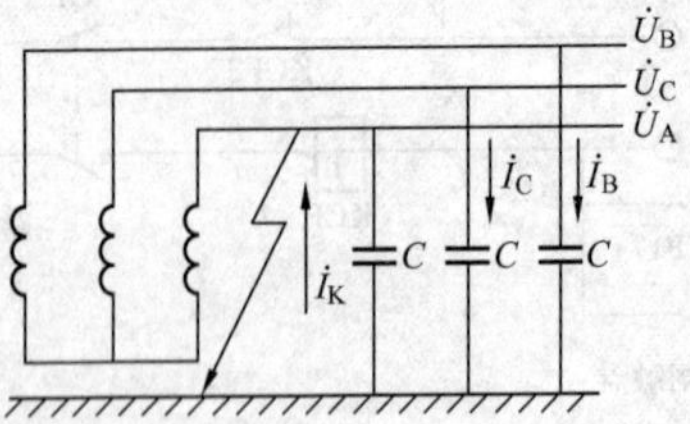

图 E-67

答：相量图如图 E-68 所示。

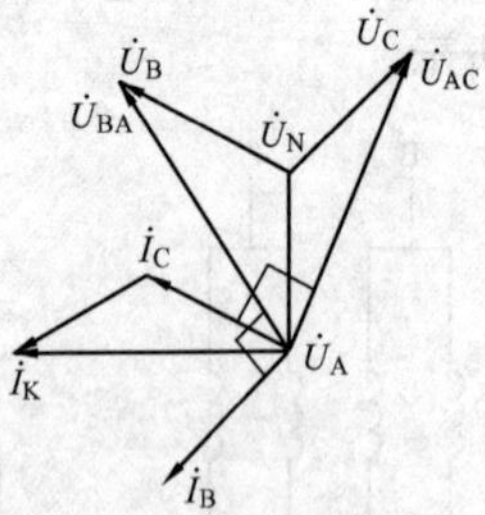

图 E-68

Je3E3057 某负序功率方向继电器在作相量检查时，加入的电压与电流如图 E-69 所示，该线路的负荷潮流为送有功（$\cos\varphi$=1），绘图说明该继电器是否动作？

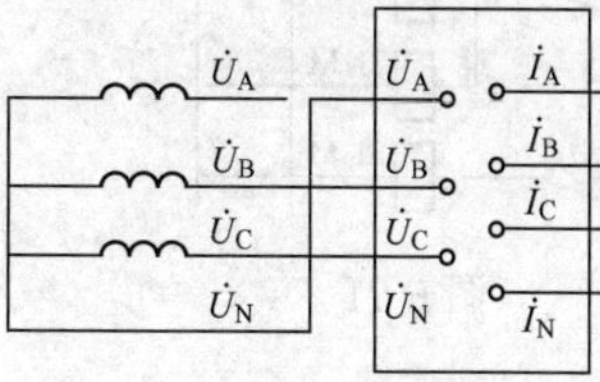

图 E-69

答：如图 E-70 所示，用对称分量法分析知

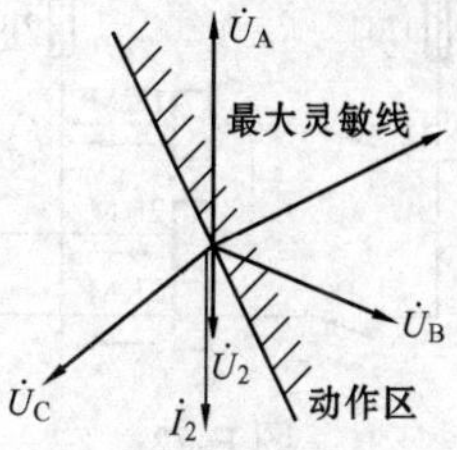

图 E-70

$$\dot{U}_2=\frac{1}{3}(a^2\dot{U}_B+a\dot{U}_C)=-\frac{1}{3}\dot{U}_A$$

$$\dot{I}_2=\frac{1}{3}(a^2\dot{I}_B+a\dot{I}_C)=-\frac{1}{3}\dot{I}_A$$

而负序功率方向继电器最大灵敏角为–105°，由此作出负序功率方向继电器的动作区如图 E-70 所示，此时加入继电器的 U_2 与 I_2 同相且在动作区外，故继电器不动作。

Je3E2058 绘出图 E-71 所可能产生寄生回路的条件及寄生电流的流向。

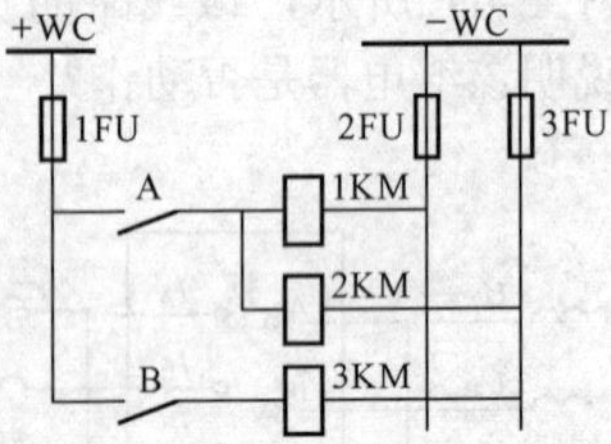

图 E-71

答：当 3FU 熔断时，会造成如图 E-72 中箭头所示的寄生回路。

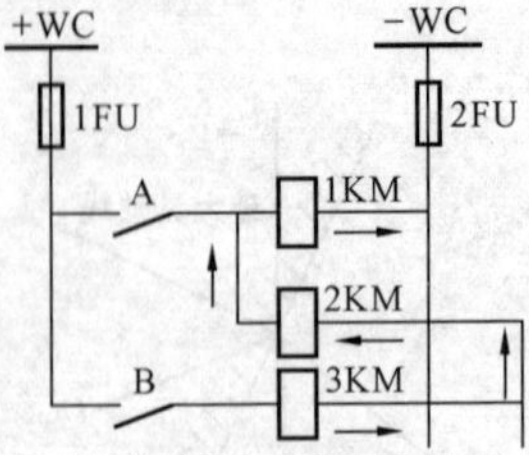

图 E-72

Je3E3059　有一条装设距离保护的 220kV 线路，利用工作电压、负荷电流作相量检查，继电器灵敏角 φ_s=80°，已切换成方向继电器，线路送有功 P=180MW，送无功 Q=60Mvar、现以 AB 相阻抗继电器为例，通入电流 I_{AB}，若接线正确，继电器是否动作，并画出其相量图。

答：阻抗继电器切换成方向继电器后，其最大灵敏角不变，仍为 80°。以 U_{AB} 为参考量，绘出继电器的动作区为-10°～+170°，如图 E-73 所示。再由负荷功率因数角为 $\varphi=\arctan\dfrac{60}{180}=18.4°$ 绘出电流 $\dot{I}_{AB}$ 的相量。由图知，$\dot{I}_{AB}$ 落在动作区，继电器应动作。

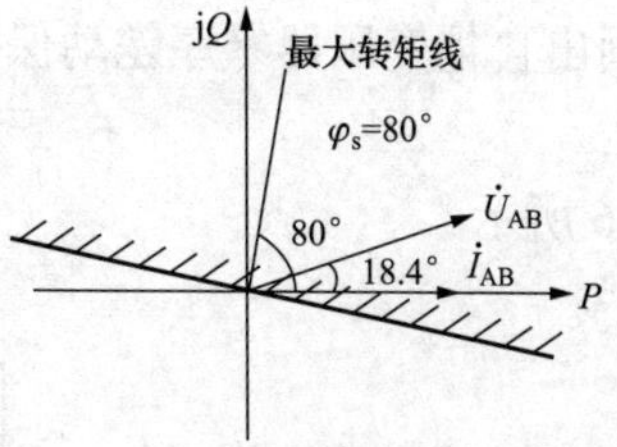

图 E-73

Je5E3060 有两只单刀双投开关，一个装在楼上，另一个装在楼下。请设计一个电路，使在楼上的人和在楼下的人都有关闭和接通装在楼道上的同一个白炽灯（电源是共同的）。

答：按图 E-74 接线即可。开关 K1 和 K2 一个安在楼上，一个安在楼下。

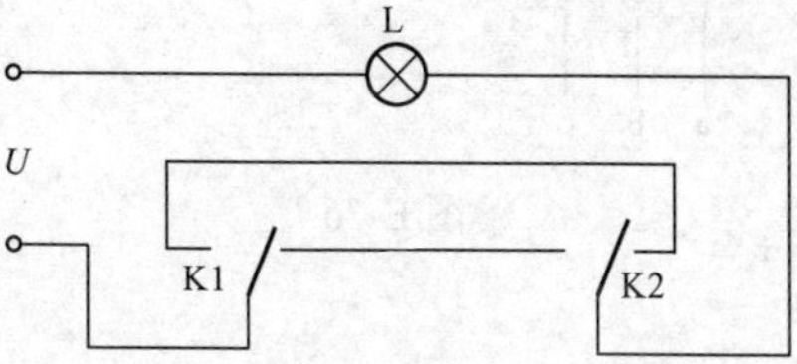

图 E-74

Je3E3061 请画出的双斜率差动继电器动作特性图。（最小动作电流 3A、拐点 1 电流 5A、拐点 2 电流 10A、斜率 K_1=0.5、斜率 K_2=0.75）

答：如图 6-75 所示。

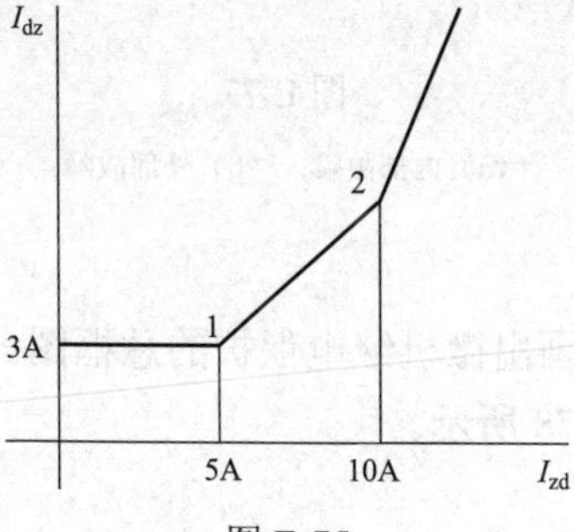

图 E-75

Je3E4062 画出自耦变压器零序差动保护正确接线图，并注明一、二次极性。

答：如图 E-76 所示。

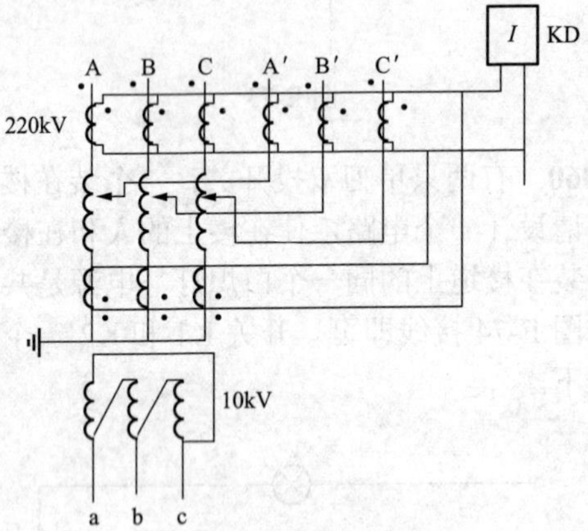

图 E-76

Je3E2063 画出线路故障时功率方向示意图。

答：如图 E-77 所示。

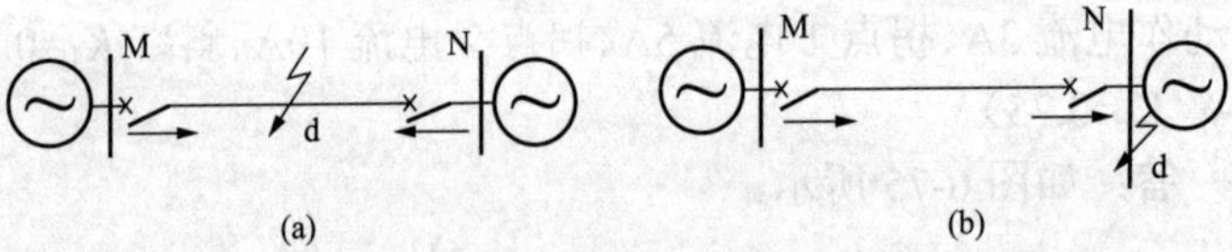

图 E-77

（a）内部故障；（b）外部故障

Je3E2064 画出微机继电保护的总框图。

答：如图 E-78 所示。

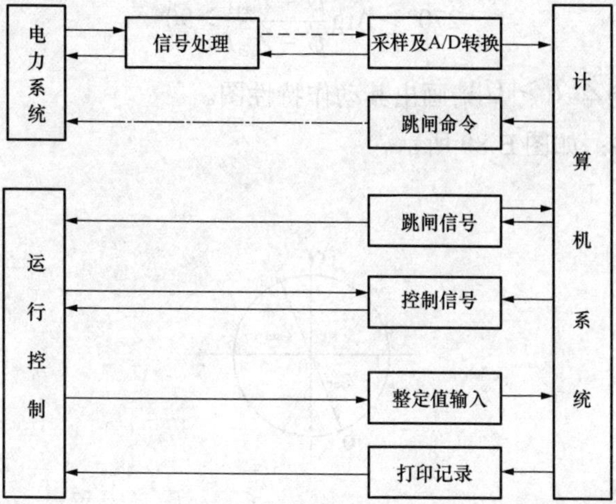

图 E-78

Je4E1065 画出两段式电流保护的交流回路图和直流逻辑图。

答：如图 E-79 所示。

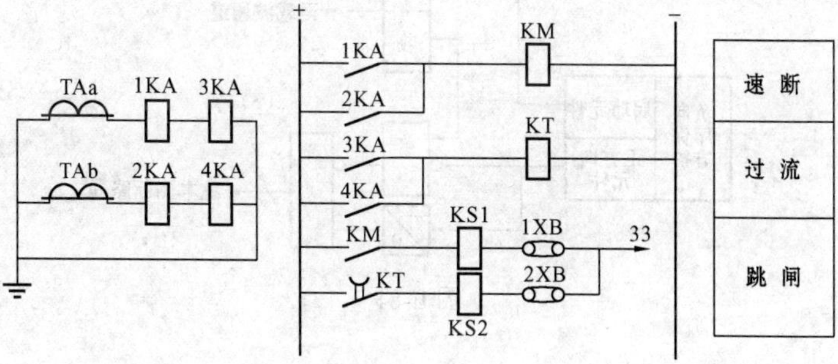

图 E-79

Je4E1066 已知全阻抗继电器的动作判据为：

$$270° > \mathrm{Arg}\frac{\dot{U}+Z_{set}\dot{I}}{\dot{U}-Z_{set}\dot{I}} > 90°$$

或$|Z_{set}\dot{I}| > |\dot{U}|$请画出其动作特性图。

答：如图 E-80 所示。

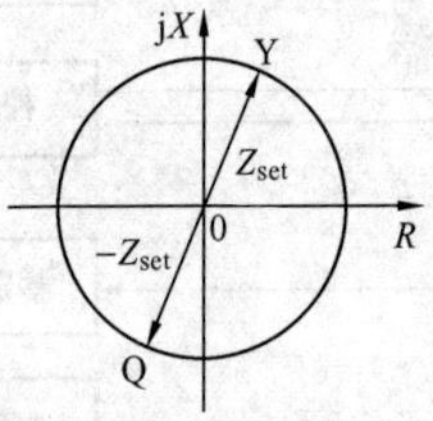

图 E-80

Je3E3067 画出闭锁式纵联方向保护的动作原理框图。

答：如图 E-81 所示。

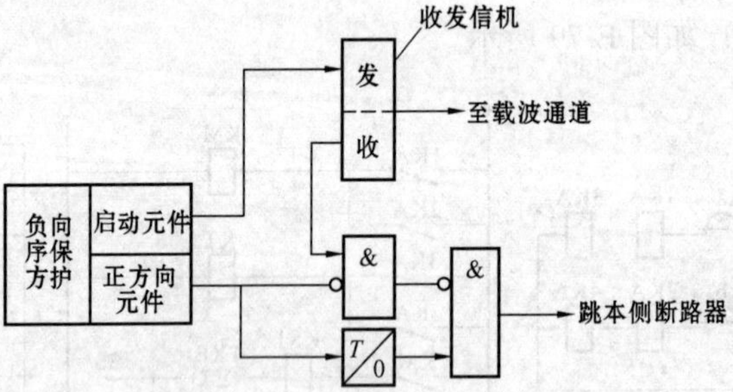

图 E-81

Je3E2068 试绘出高频闭锁零序方向保护的原理方框图。

答：高频闭锁零序方向保护原理方框图如图 E-82 所示。

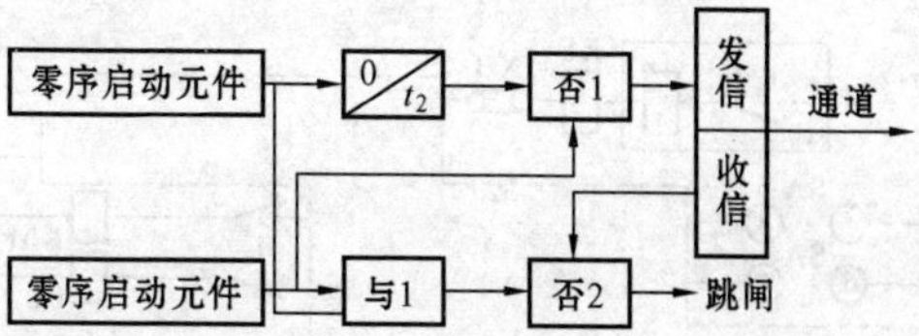

图 E-82

Jd3E2069 一条两侧均有电源的220kV线路k点A相单相接地短路，两侧电源、线路阻抗的标幺值见图 E-83，设正、负序电抗相等。试绘出在k点A相接地短路时，包括两侧的复合序网图。

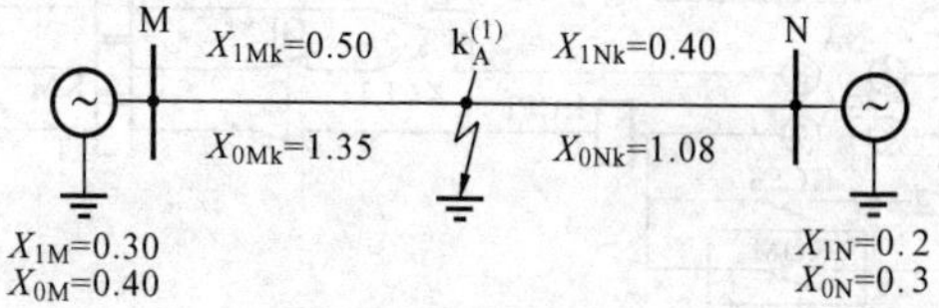

图 E-83

答：如图 E-84 所示。

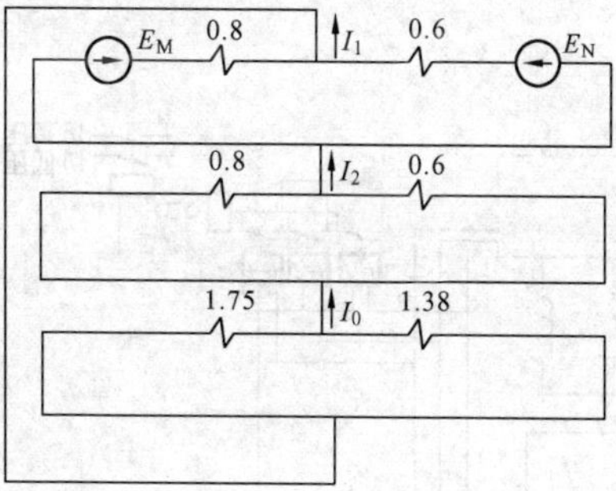

图 E-84

Je4E3070 如图 E-85 所示，补充完善控制回路中防跳闭锁继电器接线图，虚框为遗漏部分。

答：如图 E-86 所示。

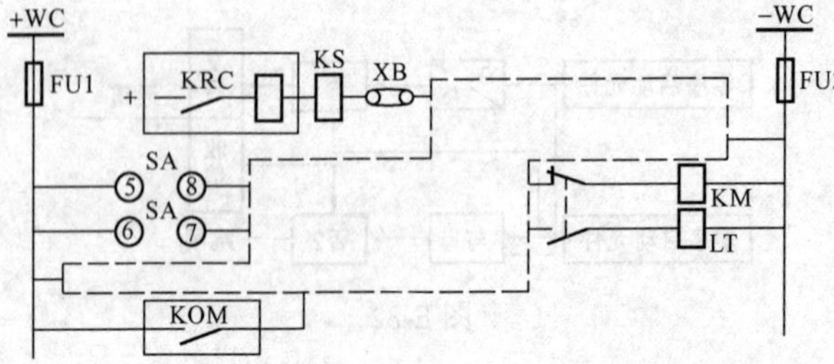

图 E-85

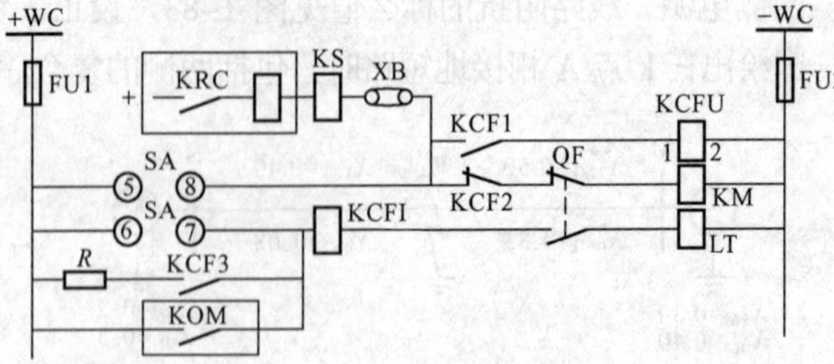

图 E-86

Jd3E3071 如图 E-87 所示，请补充完善 Yd11 接线变压器差动保护的三相原理接线图虚框中所遗漏部分（标出电流互感器的极性）。

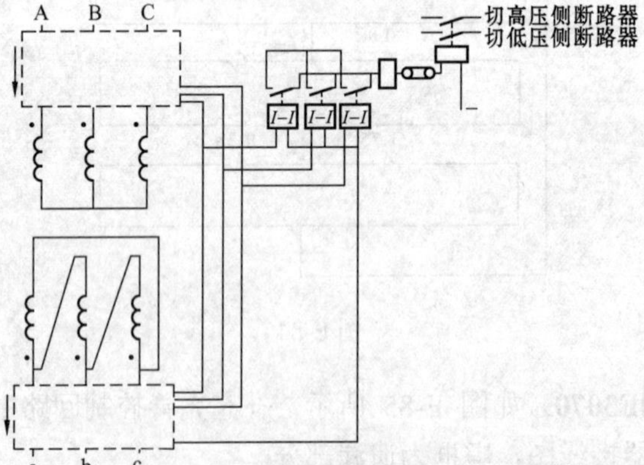

Yd11接线变压器差动保护的三相原理接线图

图 E-87

答：如图 E-88 所示。

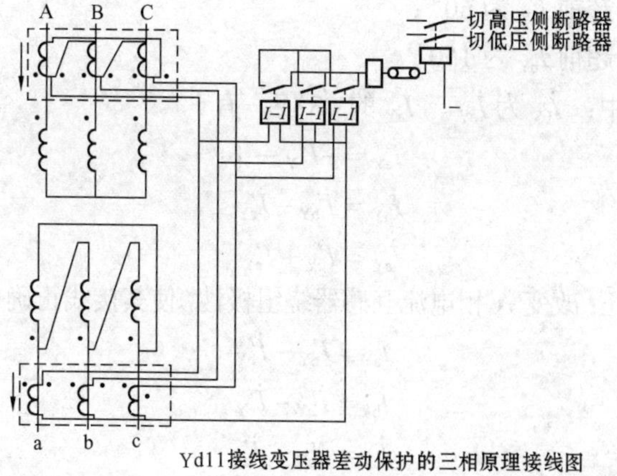

Yd11接线变压器差动保护的三相原理接线图

图 E-88

Je3E5072 有一台 Yd11 接线的变压器，在其差动保护带负荷检查时，测得其 Y 侧电流互感器电流相位关系为 I_{bY} 超前 I_{aY}150°，I_{aY} 超前 I_{cY}60°，I_{cY} 超前 I_{bY}150°，且 I_{bY} 为 8.65A，$I_{aY}=I_{cY}$=5A，试分析变压器 Y 侧电流互感器是否有接线错误，并改正之（用相量图分析）。

答：变压器 Y 侧电流互感器 A 相的极性接反，其接线及相量图如图 E-89 所示。

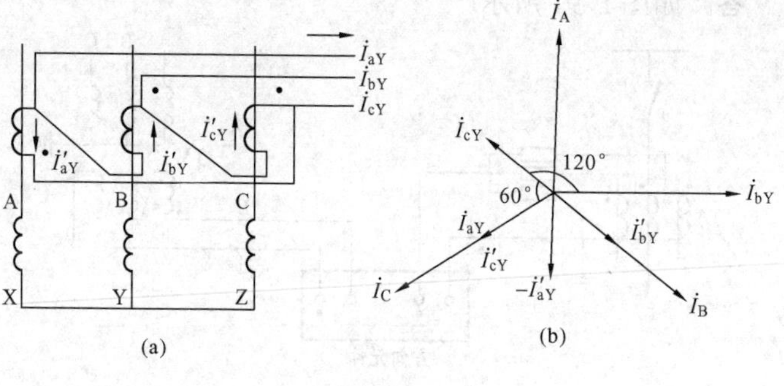

图 E-89

此时：$\dot{I}_{bY}$ 超前 $\dot{I}_{aY}$ 为 150°；

$\dot{I}_{aY}$ 超前 $\dot{I}_{cY}$ 为 60°；

$\dot{I}_{cY}$ 超前 $\dot{I}_{bY}$ 为 150°。

其中：$\dot{I}_{bY}$ 为 $\dot{I}_{cY}$、$\dot{I}_{aY}$ 的 $\sqrt{3}$ 倍，有

$$\dot{I}_{aY} = -\dot{I}'_{aY} - \dot{I}'_{bY}$$

$$\dot{I}_{bY} = \dot{I}'_{bY} - \dot{I}'_{cY}$$

$$\dot{I}_{cY} = \dot{I}'_{cY} + \dot{I}'_{aY}$$

改正：改变 A 相电流互感器绕组极性，使其接线正确后即为：

$$\dot{I}_{aY} = \dot{I}'_{aY} - \dot{I}'_{bY}$$

$$\dot{I}_{bY} = \dot{I}'_{bY} - \dot{I}'_{cY}$$

$$\dot{I}_{cY} = \dot{I}'_{cY} - \dot{I}'_{aY}$$

Je3E4073 将图 E-90 所示零序电流方向保护的接线接正确，并给 TV、TA 标上极性（继电器动作方向指向线路，最大灵敏角为 70°）。

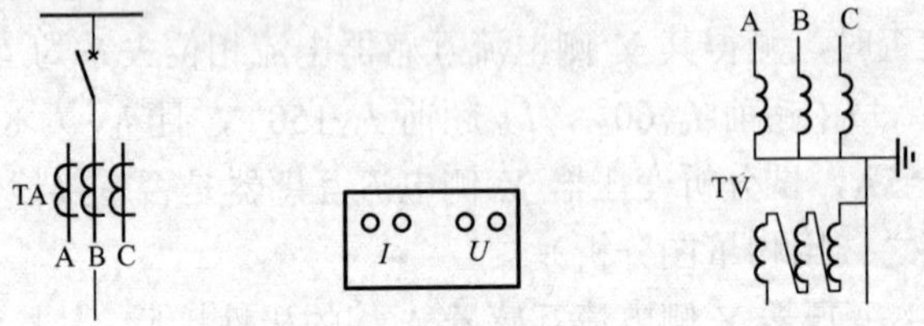

图 E-90

答：如图 E-91 所示。

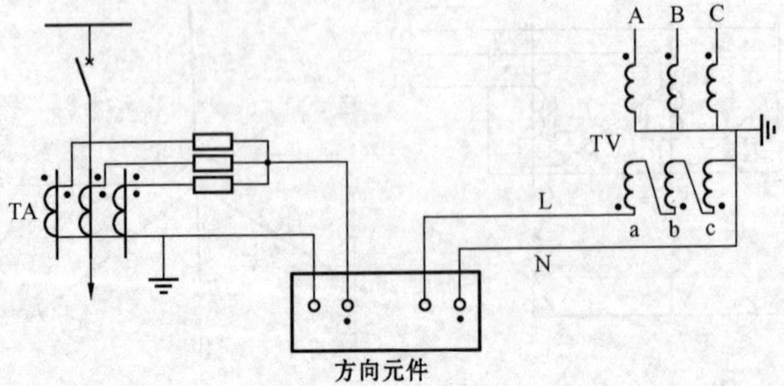

图 E-91

Je2E2074 试给出发电机非全相运行保护的原理接线图。

答：如图 E-92 所示。

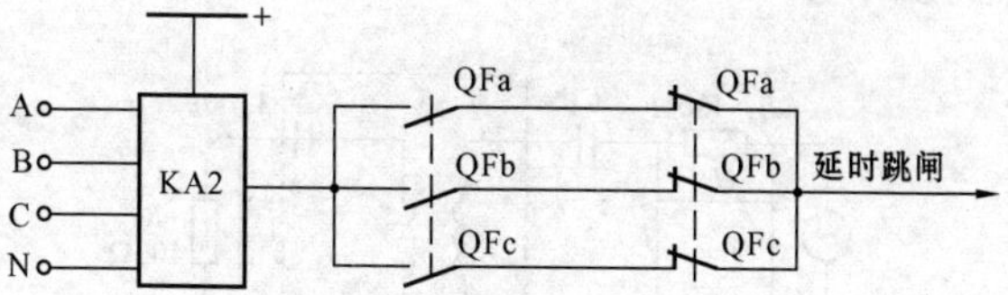

图 E-92

Je2E3075 图 E-93 为负序电压滤过器原理接线图，试画出通入正常电压的相量图（已知 $R_1=\sqrt{3}\,X_{C_1}$，$R_2=\frac{1}{\sqrt{3}}X_{C_2}$）。

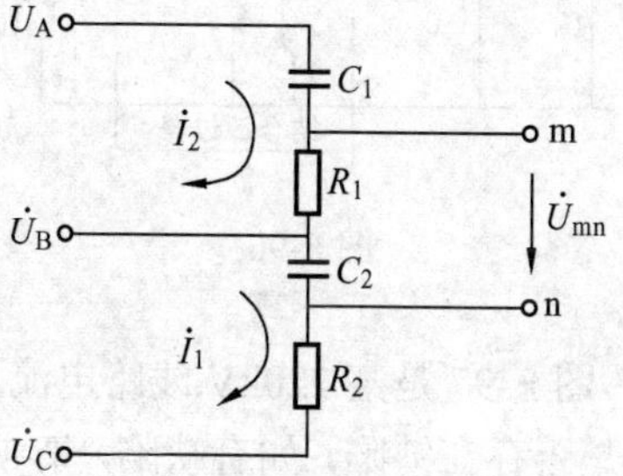

图 E-93

答：如图 E-94 所示。

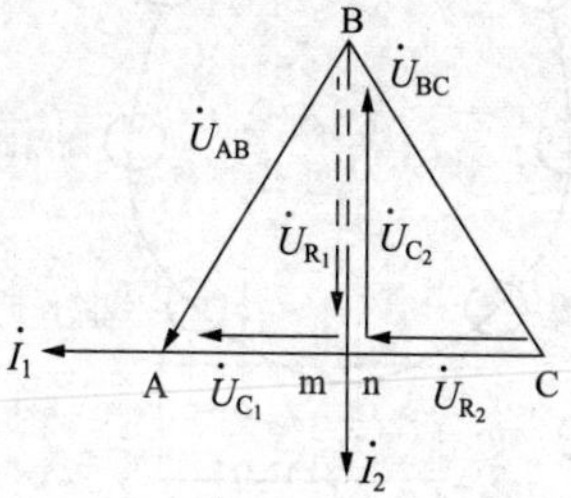

图 E-94

Je2E5076 绘出结合滤波器试验工作衰耗及输入阻抗接线图。

答：从电缆侧试验接线和从线路侧试验接线分别如图E-95、E-96所示。

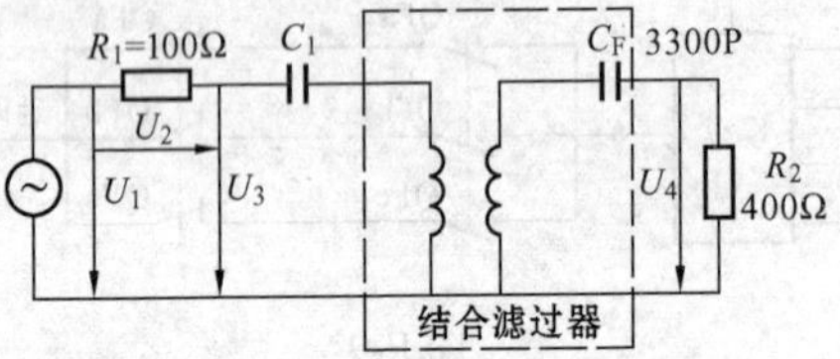

图 E-95

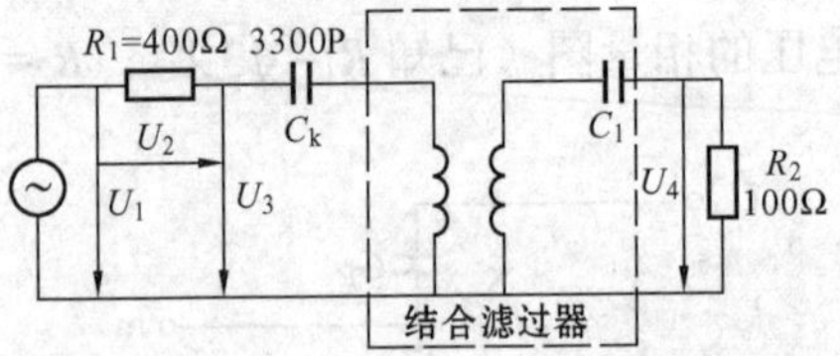

图 E-96

L1bE3077 图E-97是某220kV线路电流互感器的二次绕组布置图，该图是否存在缺陷，如有缺陷，请画出修改后的图。

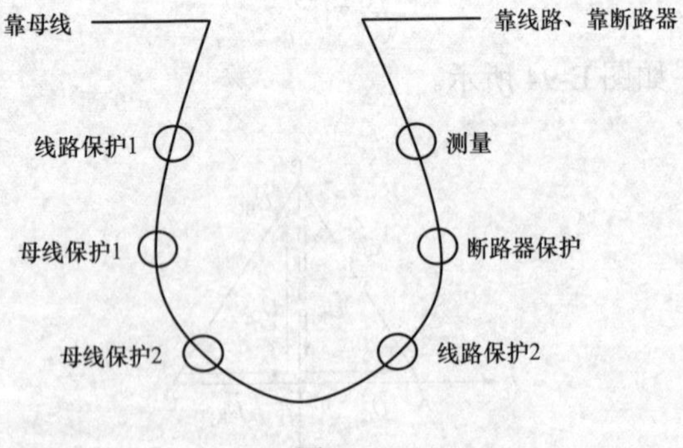

图 E-97

答：（1）上图存在保护死区。

（2）如果线路保护 1 因改定值而退出运行，而故障又发生在母线保护与线路保护 2 的区间内，此时母线保护与线路保护 2 均将拒动。

（3）如果故障发生在母线保护 2 与断路器保护的区间内，即便断路器被跳开，故障仍然存在，但是，母线保护与断路器保护均将拒动。

（4）正确的 TA 二次绕组布置如图 E-98 所示。

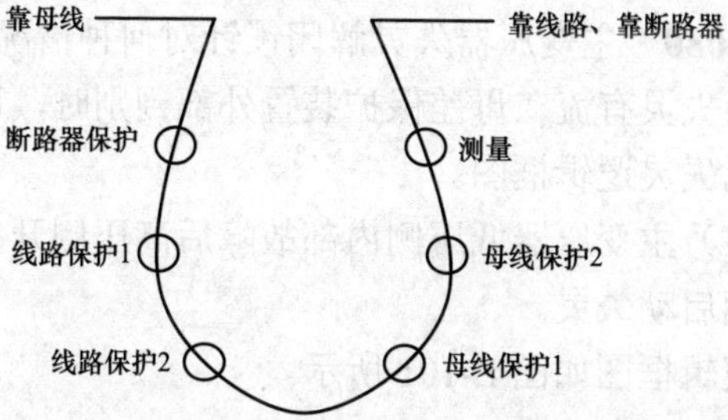

图 E-98

L1bE2078 画出一个开关量输入的电气原理图。

答：如图 E-99 所示。

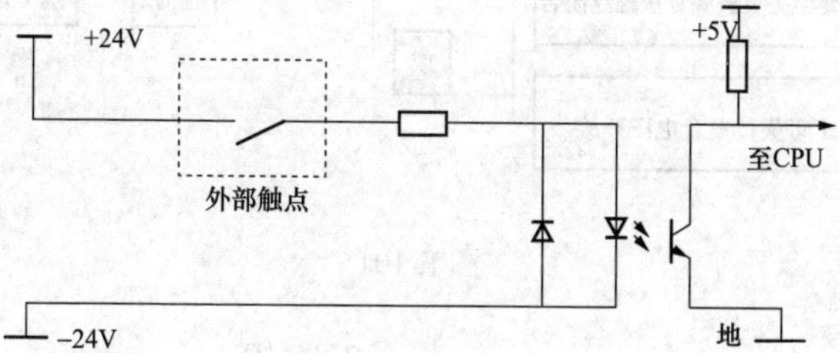

图 E-99

J1dE3079 以南瑞 RCS-902 纵联载波保护为例，配合光电转换装置 FOX-41、复接接口装置 MUX-2M，再上光交换机 SDH 为例子，画出单边保护通道联系图。

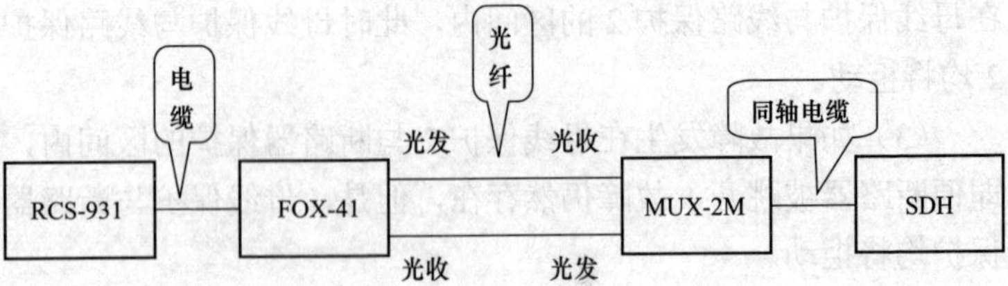

图 E-100

L1bE3080 主变压器失灵解闭锁针对何种情况而设，请举例说明，当失灵有流在母差保护装置外部判别时，请试画出主变压器单元失灵逻辑框图。

答：（1）主变压器低压侧内部故障后高压侧开关失灵或发电机非全相启动失灵。

（2）逻辑框图如图 E-101 所示。

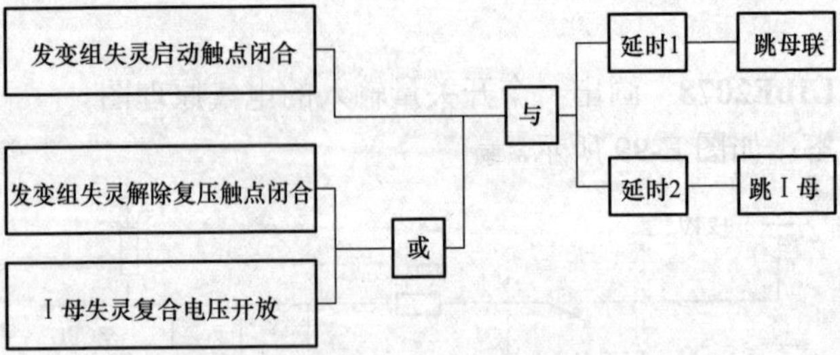

图 E-101

L1bE4081 220kVTV 变比为 $\frac{220}{\sqrt{3}}\Big/\frac{0.1}{\sqrt{3}}\Big/0.1\,\text{kV}$，开口三角的电压接入零序电流方向保护装置内，该 TV 新投并带负荷后，保护人员采用短接开口三角形电压法进行电压相量分析，请根据图 E-102 的短接法，求出 U_{AL} 的电压值，并画出相量图。

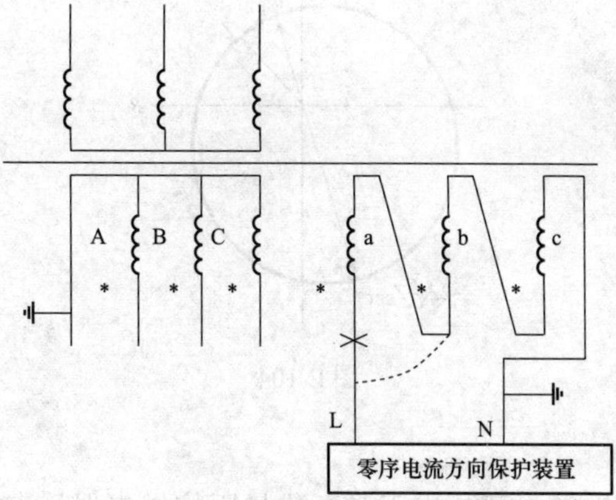

图 E-102

答：（1）U_{AL} 的电压值：100 + 58 = 158（V）

（2）相量图如图 E-103 所示。

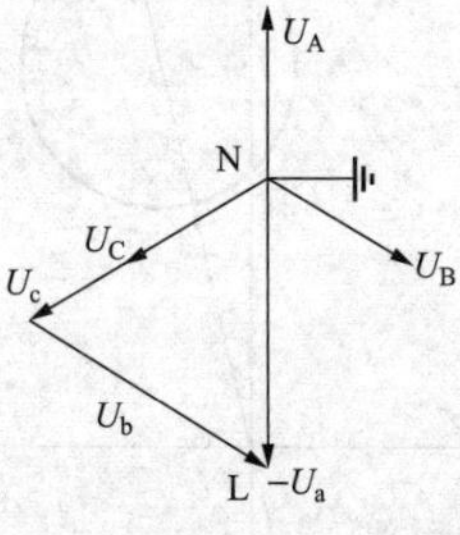

图 E-103

J1dE5082　请画出工频变化量阻抗继电器正向短路动作特性图。

答：如图 E-104 所示。

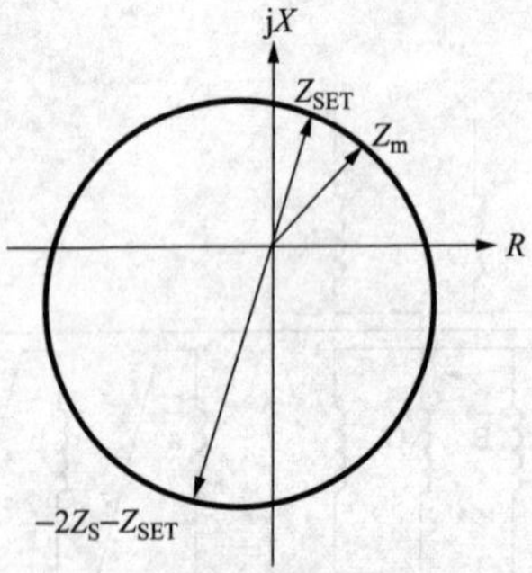

图 E-104

J1dE5083 请画出工频变化量阻抗继电器反向短路动作特性图。

答：如图 E-105 所示。

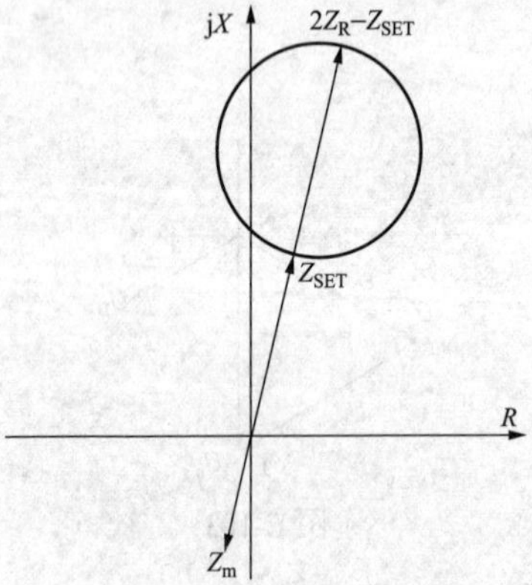

图 E-105

L1bE2084 请画出零序电抗器动作特性图。

答：如图 E-106 所示。

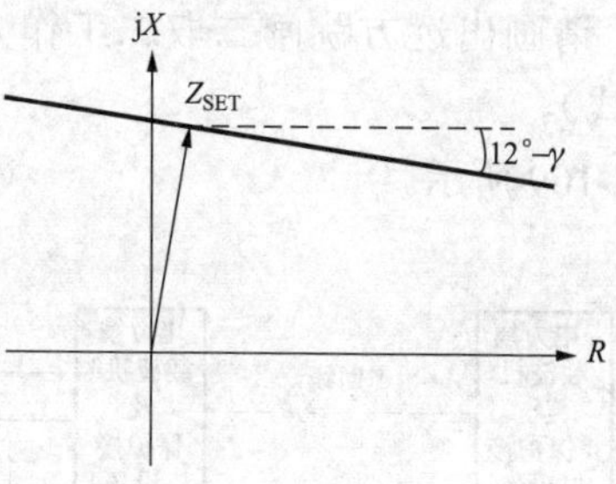

图 E-106

J1eE4085 请画出 2M 光纤传输通道误码、时延测试连接图。

答：如图 E-107 所示。

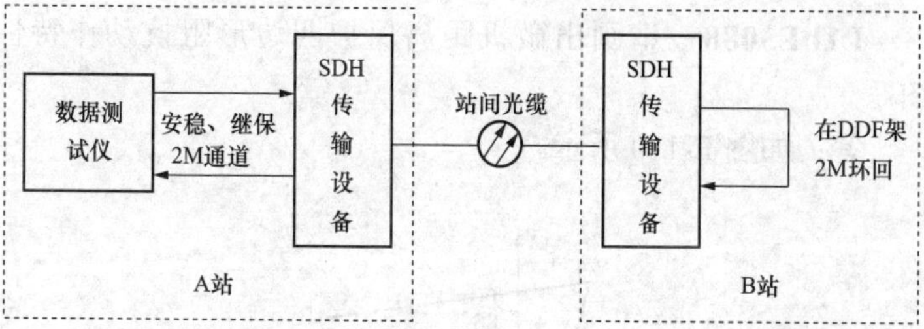

图 E-107

J1eE4086 请画出数字复接接口装置接收光功率测试连接图。

答：如图 E-108 所示。

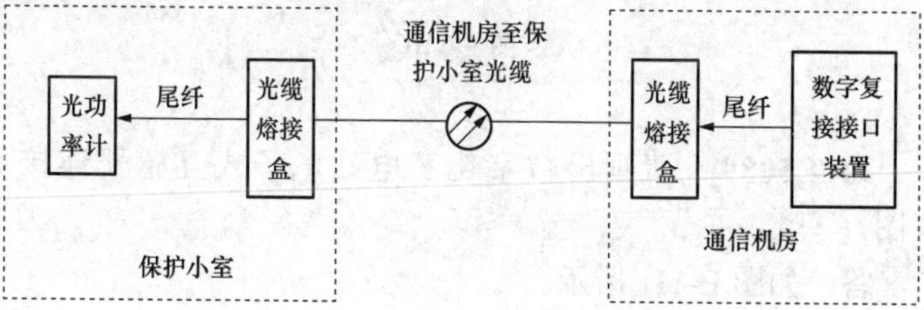

图 E-108

J1eE5087 请画出远方跳闸二取二工作方式回路原理图（双载波通道方式）。

答：如图E-109所示。

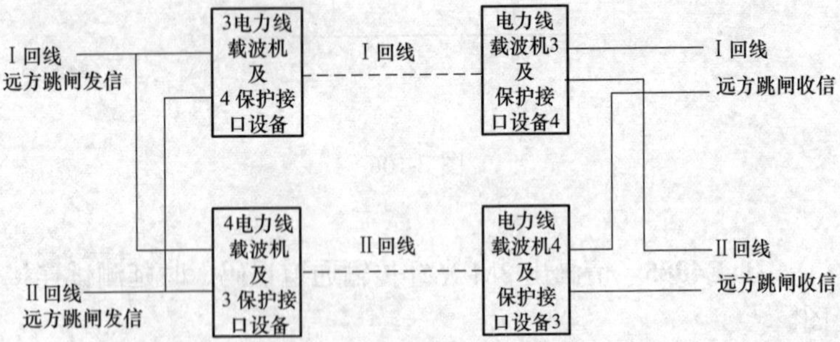

图E-109

L1bE3088 请画出微机距离保护四边形阻抗动作特性图。

答：如图E-110所示。

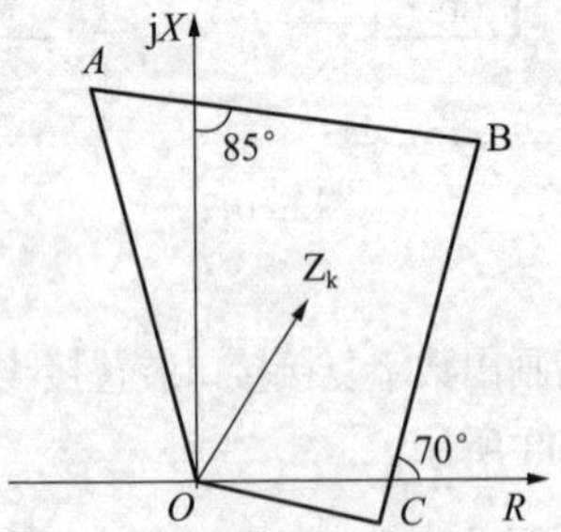

图E-110

J1eE5089 请画出数字化变电站电子式互感器连接原理图。

答：如图E-111所示。

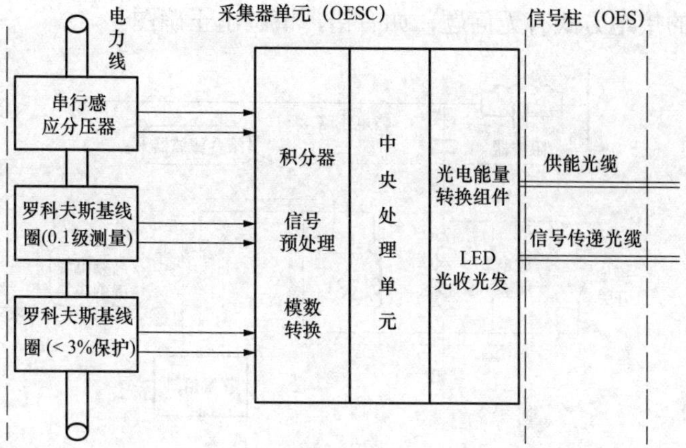

图 E-111

L1bE4090 在合上开关后由盘表读得以下数据：线路电压500kV；有功功率为0；受无功300MVA，请问线路处在什么状态？已知线路TA变比为1250/1，如此时需要在某一套线路保护盘上进行相量检查，若该保护的交流回路接线正确，所测的结果幅值和相角应该怎样？并画出相量图。

答：（1）由有功功率为0；受无功300Mvar可判断：线路处在充电状态，即本侧断路器合上，对侧断路器未合。

（2）若该保护的交流回路接线正确，则应有TV二次相电压为57.7V左右、各相电压之间的夹角为120°、正相序。

（3）TA二次电流约为277mA、各相电流之间的夹角为120°、正相序。

（4）电流超前电压约90°。

（5）相量图如图E-112所示。

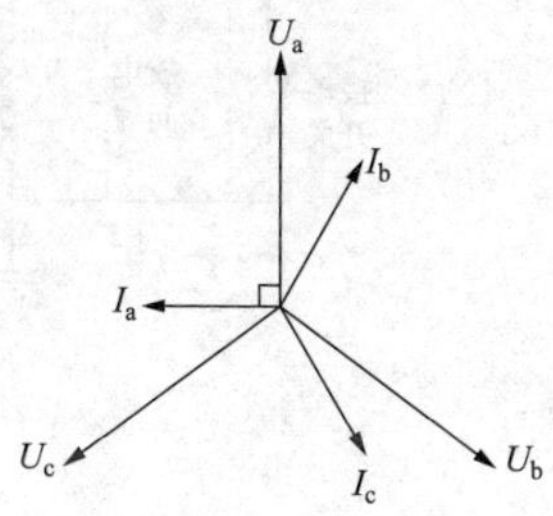

图 E-112

L1bE3091 图E-113为结合滤波器的内部结构图，请问该图的接地方式有无问题，如有错，请画出正确图。

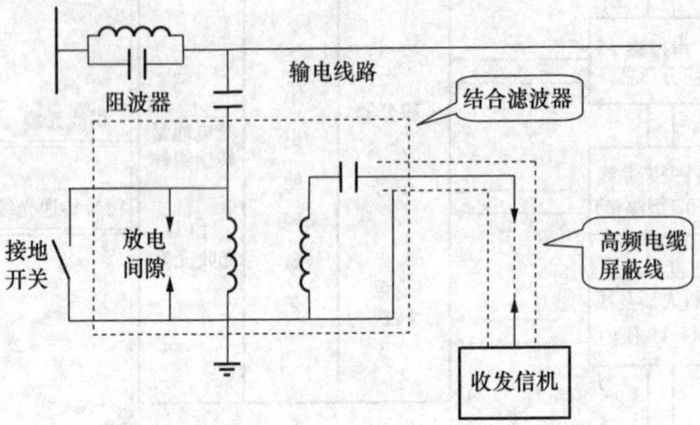

图 E-113

答：（1）上图接地方式有错，不满足高频通道反措要求：结合滤波器一、二次线圈接地应分开；二次线圈与高频电缆屏蔽线共同接地于 $100m^2$ 的铜排或铜导线上。

（2）正确图如图 E-114 所示。

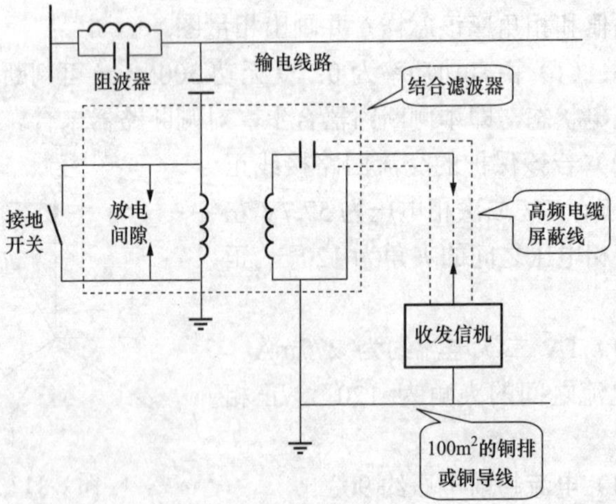

图 E-114

4.1.6 论述题

Lb5F3001　小接地电流系统中，为什么单相接地保护在多数情况下只是用来发信号，而不动作于跳闸？

答：小接地电流系统中，一相接地时并不破坏系统电压的对称性，通过故障点的电流仅为系统的电容电流，或是经过消弧线圈补偿后的残流，其数值很小，对电网运行及用户的工作影响较小。为了防止再发生一点接地时形成短路故障，一般要求保护装置及时发出预告信号，以便值班人员酌情处理。

Lb5F3002　35kV 中性点不接地电网中，线路相间短路保护配置的原则是什么？

答：相间短路保护配置的原则是：

（1）当采用两相式电流保护时，电流互感器应装在各出线同名相上（例如 A、C 相）。

（2）保护装置采用远后备方式。

（3）如线路短路会使发电厂厂用电母线、主要电源的联络点母线或重要用户母线的电压低于额定电压的 50%～60%时，应快速切除故障。

Lb5F3003　新安装及大修后的电力变压器，为什么在正式投入运行前要做冲击合闸试验？冲击几次？

答：新安装及大修后的电力变压器在正式投入运行前一定要做冲击合闸试验。这是为了检查变压器的绝缘强度和机械强度，检验差动保护躲过励磁涌流的性能。新安装的设备应冲击 5 次，大修后设备应冲击三次。

Lb5F3004　什么叫按频率自动减负荷 AFL 装置？其作用是什么？

答：为了提高电能质量，保证重要用户供电的可靠性，当系统中出现有功功率缺额引起频率下降时，根据频率下降的程度，自动断开一部分不重要的用户，阻止频率下降，以便使频率迅速恢复到正常值，这种装置叫按频率自动减负荷装置，简称 AFL 装置。它不仅可以保证重要用户的供电，而且可以避免频率下降引起的系统瓦解事故。

Lb5F3005　什么叫电流互感器的接线系数？接线系数有什么作用？

答： 通过继电器的电流与电流互感器二次电流的比值叫电流互感器的接线系数，即

$$K_c = I_k / I_2$$

式中　I_k——流入继电器中的电流；

I_2——流入电流互感器的二次电流。

接线系数是继电保护整定计算中的一个重要参数，对各种电流保护测量元件动作值的计算，都要考虑接线系数。

Lb5F4006　过电流保护的整定值为什么要考虑继电器的返回系数？而电流速断保护则不需要考虑？

答： 过电流保护的动作电流是按躲过最大负荷电流整定的，一般能保护相邻设备。在外部短路时，电流继电器可能启动，但在外部故障切除后（此时电流降到最大负荷电流），必须可靠返回，否则会出现误跳闸。考虑返回系数的目的，就是保证在上述情况下，保护能可靠返回。

电流速断保护的动作值，是按避开预定点的最大短路电流整定的，其整定值远大于最大负荷电流，故不存在最大负荷电流下不返回的问题。再者，瞬时电流速断保护一旦启动立即跳闸，根本不存在中途返回问题，故电流速断保护不考虑返回系数。

Lb5F5007　小电流接地系统中，在中性点装设消弧线圈的目的是什么？

答：小电流接地系统发生单相接地故障时，接地点通过的电流是对应电压等级电网的全部对地电容电流，如果此电容电流相当大，就会在接地点产生间歇性电弧，引起过电压，从而使非故障相对地电压极大增加，可能导致绝缘损坏，造成多点接地。在中性点装设消弧线圈的目的是利用消弧线圈的感性电流补偿接地故障的电容电流，使接地故障电流减少，以至自动熄弧，保证继续供电。

Lb5F4008　继电保护装置中的作为电流线性变换成电压的电流互感器和电抗变压器，其主要区别有哪些？前者如何使 I_1 与 U_2 同相？后者如何使 I_1 与 U_2 达到所需要的相位？

答：主要区别在铁芯结构上，电流互感器无气隙，而电抗变压器有气隙，开路励磁阻抗电流互感器大而电抗变压器小；在一次电流和二次电压相位上，电流互感器同相，电抗变压器一次电流落后二次电压 90°；电流互感器二次电压取自负荷电阻 R 上的压降，为达到同相可并联适当的电容，电抗变压器可在二次线圈上并联可变电阻，靠改变电阻获得所需的相位。

Lb5F4009　发电机励磁回路为什么要装设一点接地和两点接地保护？

答：发电机励磁回路一点接地，虽不会形成故障电流通路，从而不会给发电机造成直接危害，但要考虑第二点接地的可能性，所以由一点接地保护发出信号，以便加强检查、监视。

当发电机励磁回路发生两点接地故障时：① 由于故障点流过相当大的故障电流而烧伤发电机转子本体；② 破坏发电机气隙外伤的对称性，引起发电机的剧烈振动；③ 使转子发生缓慢变形而形成偏心，进一步加剧振动。所在在一点接地后要投入两点接地保护，以便发生两点接地时经延时动作停机。

Lb5F4010　发电机的失磁保护为什么要加装负序电压闭锁装置？

答：在电压互感器一相断线或两相断线及系统非对称性故障时，发电机的失磁保护可能要动作。为了防止失磁保护在以上情况下误动，加装负序电压闭锁装置，使发电机失磁保护在发电机真正失磁时，反映失磁的继电器动作，而负序电压闭锁继电器不动作。

Lb5F5011　为什么要规定继电保护、自动装置的整组试验和断路器的传动试验在80%的直流额定下进行？

答：直流母线电压，由于种种原因可能下降，规程不能低于 90%U_e，考虑到直流母线与各回路之间的电压降规定小于10%U_e，如果这两种情况同时发生，电源电压可能下降至80%U_e，如果保护、自动装置与断路器整组传动能在80%U_e下正确通过，则说明上述装置实际无问题。

Lb5F3012　为什么高压电网中要安装母线保护装置？

答：母线上发生短路故障的几率虽然比输电线路少，但母线是多元件的汇合点，母线故障如不快速切除，会使事故扩大，甚至破坏系统稳定，危及整个系统的安全运行，后果十分严重。在双母线系统中，若能有选择性的快速切除故障母线，保证健全母线继续运行，具有重要意义。因此，在高压电网中要求普遍装设母线保护装置。

La4F3013　差动保护抗电流互感器饱和的基本要求是什么？

答：为保证差动保护的正确动作，电流互感器性能应符合下列条件之一。

（1）整个故障暂态过程电流互感器不饱和，误差处于规定值以下。要求采用 TP 类互感器，并严格按照标准计算方法验算。

(2) 两侧电流互感器特性完全一致，负荷阻抗相同，剩磁相同。采用P类互感器可能实现前两个条件，但无法保证剩磁相同。采用PR类互感器可能实现剩磁系数小于10%。

(3) 继电保护采取抗饱和措施。这类措施很多，性能各异，对电流互感器也提出不同要求。但微机保护对抗饱和具有很大潜力，应当是发展方向。

Lb4F3014　准同期并列的条件有哪些？条件不满足将产生哪些影响？

答：准同期并列的条件是待并发电机的电压和系统的电压大小相等、相位相同且频率相等。

上述条件不被满足时进行并列，会引起冲击电流。电压的差值越大，冲击电流就越大；频率的差值越大，冲击电流的周期越短。而冲击电流对发电机和电力系统都是不利的。

Lb4F3015　何谓方向阻抗保护的最大灵敏角？为什么要调整其最大灵敏角等于被保护线路的阻抗角？

答：方向阻抗保护的最大动作阻抗（幅值）的阻抗角，称为它的最大灵敏角φ_s。被保护线路发生相间短路时，短路电流与保护安装处电压间的夹角等于线路的阻抗角φ_L。线路短路时，方向阻抗保护测量阻抗的阻抗角φ_m等于线路的阻抗角φ_L，为了使保护工作在最灵敏状态下，故要求阻抗保护的最大灵敏角φ_s等于被保护线路的阻抗角φ_L。

Lb4F3016　什么叫电压互感器反充电？对保护装置有什么影响？

答：通过电压互感器二次侧向不带电的母线充电称为反充电。如220kV电压互感器，变比为2200，停电的一次母线即使未接地，其阻抗(包括母线电容及绝缘电阻)虽然较大，假定为1MΩ，但从电压互感器二次测看到的阻抗只有 1 000 000/(2200)2≈0.2Ω，近乎短路，故反充电电流较大（反充电电流主要决定于电缆电阻及两个电压互感器的漏抗），将造成运行中电压互感器二次侧小开关跳开或熔断器熔断，使运行中的保护装置失去电压，可能造成保护装置的误动或拒动。

Lb4F3017　为什么发电机要装设低电压闭锁过电流保护？为什么这种保护要使用发电机中性点处的电流互感器？

答：这是为了作为发电机的差动保护或下一元件的后备保护而设置的，当出现下列两种故障时起作用：

（1）当外部短路，故障元件的保护装置或断路器拒绝动作时。

（2）在发电机差动保护范围内故障而差动保护拒绝动作时。

为了使这套保护在发电机加压后未并入母线上以前，或从母线上断开以后（电压未降），发生内部短路时，仍能起作用，所以要选用发电机中性点处的电流互感器。

Lb4F4018　大容量发电机为什么要采用 100%定子接地保护？并说明附加直流电压的 100%定子绕组单相接地保护的原理。

答：利用零序电流和零序电压原理构成的接地保护，对定子绕组都不能达到 100%的保护范围，在靠近中性点附近有死区，而实际上大容量的机组，往往由于机械损伤或水内冷系统的漏水等原因，在中性点附近也有发生接地故障的可能，如果对这种故障不能及时发现，就有可能使故障扩展而造成严重损坏发电机事故。因此，在大容量的发电机上必须装设 100%保护区的定子接地保护。

附加直流电源 100%定子接地保护原理如图 F-1 所示，发电机正常运行时，电流继电器 KA 线圈中没有电流，保护不动作。当发电机定子绕组单相接地时，直流电压通过定子回路的接地点，加到电流继电器 KA 上，使 KA 中有电流通过而动作，并发出信号。

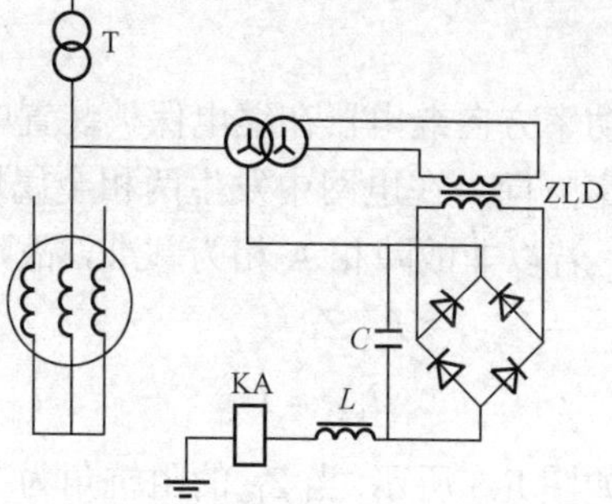

图 F-1

Lb4F4019　一条 80km 长的 110kV 线路，两侧配有 CSL-161B 保护，请简述其不对称相继速动的基本原理，并辅以简图说明。

答：如图 F-2 所示，两侧配置 CSL-161B 保护。

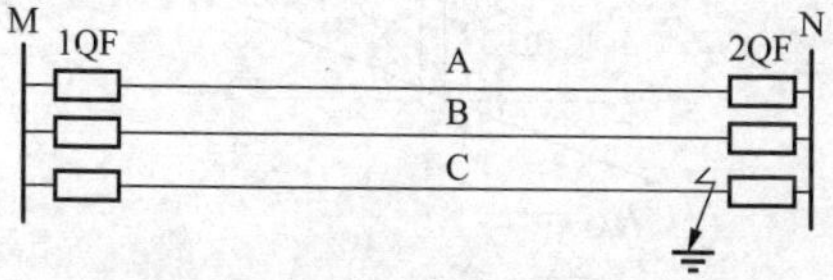

图 F-2

（1）线路末端（靠近 N 侧发生 C 相单相接地，即：不对称故障），N 侧断路器（2QF）速动段保护正确动作，瞬时切除故障；

（2）M 侧 1QF 保护阻抗二段在故障发生时启动，待对侧短路器切除（三跳）后，M 侧保护测量到的非故障相（A、B 相）负荷电流从有到无，由于是 80km 长线路则转为容性电流，依据上述两个判据：即：M 侧阻抗二段启动同时检测到非故障相电流由负荷电流变为零或变为容性，则M侧双回线相距速动加速阻抗二段，迅速切除M侧断路器（1QF）。

Lb4F3020　负序功率方向继电器的灵敏角为什么定为–105°±10°？

答：负序功率方向继电器在继电保护装置中用以判断两相短路时负序功率方向。在电网中发生两相金属性短路（如BC两相短路）时，若以非故障相A相为基准，故障点的边界条件为$\dot{U}_{k0}=0$，$\dot{U}_{kA1}=\dot{U}_{kA2}=\dot{I}_{kA1}Z_{1\Sigma}$

$$\dot{I}_{kA1}=\dot{I}_{kA2}$$

其相量图如图F-3所示。当$Z_{1\Sigma}$的阻抗角为75°时，即$\dot{I}_{kA1}$落后于$\dot{U}_{kA2}$为75°，而$\dot{I}_{kA2}=\dot{I}_{kA1}$，即$\dot{U}_{kA2}$超前$\dot{I}_{kA2}$。因此为了使负序功率继电器灵敏、正确地判断负序功率方向，其最大灵敏角定为–105°±10°。

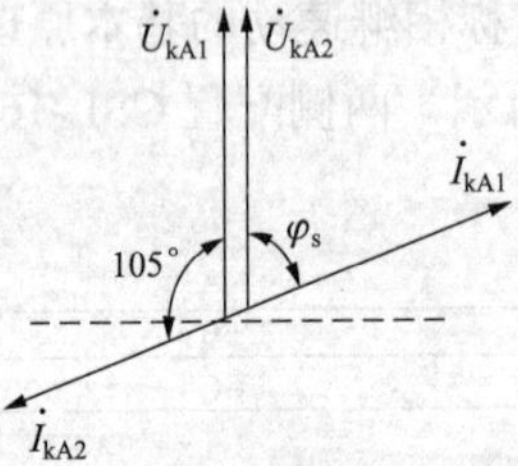

图F-3

Lb4F4021　组成零序电流滤过器的三个电流互感器为什么要求特性一致？

答：零序电流滤过器的输出电流为

$$\dot{I}_k=(\dot{I}_A+\dot{I}_B+\dot{I}_C)/n_{TA}=3\dot{I}_0\times\frac{1}{n_{TA}}$$

上式中，忽略了电流互感器的励磁电流。考虑励磁电流后，

滤过器的输出电流为

$$\dot{I}_k=[(\dot{I}_A+\dot{I}_B+\dot{I}_C)-(\dot{I}_{Ae}+\dot{I}_{Be}+\dot{I}_{Ce})]/n_{TA}$$

其中 $(\dot{I}_{Ae}+\dot{I}_{Be}+\dot{I}_{Ce})/n_{TA}$ 称为不平衡电流，如果三相电流互感器饱和程序不同，励磁电流不对称以及在制造中形成的某些差异，在正常运行时就会出现较大的不平衡电流。尤其是在相间故障的暂态过程中，短路电流中含有较大的非周期分量，使电流互感器铁芯严重饱和，出现很大的不平衡电流。为了减小不平衡电流，必须使三个电流互感器的磁化曲线相同，并在未饱和部分工作，同时还要尽量减小其二次负荷，使三相电流互感器负载尽可能均衡。

Lb4F4022　电力系统振荡对距离保护有什么影响？

答：电力系统振荡对距离保护的影响是：

（1）阻抗继电器动作特性在复平面上沿 00′方向所占面积越大，则受振荡影响就越大。

（2）振荡中心在保护范围内，则保护要受影响即误功，而且越靠近振荡中心受振荡的影响就越大。

（3）振荡中心若在保护范围外或保护范围的反方向，则不受影响。

（4）若保护动作时限大于系统的振荡周期，则不受振荡周期，则不受振荡的影响。

Lb3F3023　电力系统在什么情况下运行将出现零序电流？试举出五种例子。

答：电力系统在三相不对称运行状况下将出现零序电流，例如：

（1）电力变压器三相运行参数不同。

（2）电力系统中有接地故障。

（3）单相保护过程中的两相运行。

（4）三相重合闸和手动合闸时断路器三相不同期投入。

（5）空载投入变压器时三相的励磁涌流不相等。

Lb3F3024　高频阻波器的工作原理是什么？

答：高频阻波器是防止高频信号向母线方向分流的设备。它是由电感和电容组成的并联谐振回路，调谐在所选用的载波频率，因而对高频载波电流呈现的阻抗很大，防止了高频信号的外流，对工频电流呈现的阻抗很小，不影响工频电力的传输。

Lb3F3025　耦合电容器在高频保护中的作用是什么？

答：耦合电容器是高频收发信机和高压输电线路之间的重要连接设备。由于它的电容量很小，对工频电流具有很大的阻抗，可防止工频高电压对收发信机的侵袭，而对高频信号呈现的阻抗很小，不妨碍高频电流的传送。耦合电容器的另一个作用是与结合滤过器组成带通滤过器。

Lb2F3026　为什么要求高频阻波器的阻塞阻抗要含有足够的电阻分量？

答：阻波器的作用是阻止高频信号电流外流，因为高频信号的外流必须要通过阻波器和加工母线对地阻抗串联才形成分流回路。而母线对地阻抗一般情况下是容抗，但也有可能是感抗，因此要求阻波器的阻塞阻抗要含有足够大的电阻分量，以保证即使阻塞阻抗的电抗分量正好同母线对地容抗相抵消时，阻波器也能有良好的阻塞作用。

Lb3F3027　变压器零差保护相对于反映相间短路的纵差保护来说有什么优缺点？

答：（1）零差保护的不平衡电流与空载合闸的励磁涌流、调压分接头的调整无关，因此其最小动作电流小于纵差保护的最小动作电流，灵敏度较高；

（2）零差保护所用电流互感器变化完全一致，与变压器变化无关；

（3）零差保护与变压器任一侧断线的非全相运行方式无关；

（4）由于零差保护反映的是零序电流有名值，因而当其用于自耦变压时，在高压侧接地故障时，灵敏度较低；

（5）由于组成零差保护的电流互感器多，其汲出电流（电流互感器励磁电流）较大，使灵敏度降低。

Lb2F4028　主设备保护的电流互感器还要校核其暂态特性的问题，为什么过去不提而现在提了呢？

答：与过去相比，一是机组容量大了，输电电压也高了，使得系统的时间常数变大，从而故障的暂态持续时间延长；二是要求主保护动作时间愈来愈快。综合上述情况势必是主保护的动作行为是在故障的暂态过程中完成的。可见，暂态特性成了重要问题，特别是当重合于永久故障时，第一次的暂态过程尚未结束，第二次故障的暂态过程又出现了，所以现在对主设备保护的电流互感器的暂态特性必须加以关注。

Lb2F3029　断路器失灵保护中电流控制元件怎样整定？

答：电流控制元件按最小运行方式下，本端母线故障，对端故障电流最小时应有足够的灵敏度来整定，并保证在母联断路器断开后，电流控制元件应能可靠动作。电流控制元件的整定值一般应大于负荷电流，如果按灵敏度的要求整定后，不能躲过负荷电流，则应满足灵敏度的要求。

Lb3F5030　非全相运行对高频闭锁负序功率方向保护有什么影响？

答：当被保护线路某一相断线时，将在断线处产生一个纵向的负序电压，并由此产生负序电流。根据负序等效网络，可定性分析出断相处及线路两端的负序功率方向，即线路两端的负序功率方向同时为负和内部故障时情况一样。因此，在一侧断开的非全相运行情况下，高频负序功率方向保护将无动作。为克服上述缺点，如果将保护安装地点移到断相点里侧，则两端负序功率方向为一正一负，和外部故障时一样，此时保护将处于启动状态，但由于受到高频信号的闭锁而不会误动作。

Lb3F4031　什么叫负荷调节效应？如果没有负荷调节效应，当出现有功功率缺额时系统会出现什么现象？

答：当频率下降时，负荷吸取的有功功率随着下降；当频率升高时，负荷吸取的有功功率随着增高。这种负荷有功功率随频率变化的现象，称为负荷调节效应。

由于负荷调节效应的存在，当电力系统中因功率平衡破坏而引起频率变化时，负荷功率随之的变化起着补偿作用。如系统中因有功功率缺额而引起频率下降时，相应的负荷功率也随之减小，能补偿一些有功功率缺额，有可能使系统稳定在一个较低的频率上运行。如果没有负荷调节效应，当出现有功功率缺额系统频率下降时，功率缺额无法得到补偿，就不会达到新的有功功率平衡，所以频率会一直下降，直到系统瓦解为止。

Lb4F3032　大接地电流系统中发生接地短路时，零序电流的分布与什么有关？

答：零序电流的分布，只与系统的零序网络有关，与电源的数目无关。当增加或减小中性点接地的变压器台数时，系统零序网络将发生变化，从而改变零序电流的分布。当增加或减少接在母线上的发电机台数和中性点不接地变压器台数，而中性点接地变压器的台数不变时，只改变接地电流的大小，而与零序电流的分布无关。

Lb3F3033　在具有远方启动的高频保护中为什么要设置断路器三跳停信回路？

答：（1）在发生区内故障时，一侧断路器先跳闸，如果不立即停信，由于无操作电流，发信机将发生连续的高频信号，对侧收信机也收到连续的高频信号，则闭锁保护出口，不能跳闸。

（2）当手动或自动重合于永久性故障时，由于对侧没有合闸，于是经远方启动回路，发出高频连续波，使先合闸的一侧被闭锁，保护拒动。为了保证在上述情况下两侧装置可靠动作，必须设置断路器三跳停信回路。

Lb2F4034　大接地电流系统为什么不利用三相相间电流保护兼作零序电流保护，而要单独采用零序电流保护？

答：三相式星形接线的相间电流保护，虽然也能反映接地短路，但用来保护接地短路时，在定值上要躲过最大负荷电流，在动作时间上要由用户到电源方向按阶梯原则逐级递增一个时间级差来配合。而专门反映接地短路的零序电流保护，则不需要按此原则来整定，故其灵敏度高，动作时限短，且因线路的零序阻抗比正序阻抗大得多，零序电流保护的保护范围长，上下级保护之间容易配合。故一般不用相间电流保护兼作零序电流保护。

Lb4F5035　为什么要求阻波器的谐振频率比使用频率低0.2kHz左右？

答：由于相–地耦合的高频通道，接于母线的其他设备对地构成阻抗，这个阻抗与线路阻波器阻抗串联，形成高频信号通道的分路，从而产生了分流衰耗。分流衰耗的大小取决于两个阻抗的相量和。经验证明，母线对地阻抗在大多数情况下是容性的，为了避免阻波器阻抗与母线对地电容形成串联谐振，抵消阻波器阻抗的无功分量，使分支阻抗急剧下降，分流衰减增大，就要求保护用的阻波器谐振频率低于保护使用频率0.2kHz左右，以保证阻波器在使用频率下呈容性，从而获得阻波器的最大阻抗。

Lb2F5036　为什么大容量发电机应采用负序反时限过流保护？

答： 负荷或系统的不对称，引起负序电流流过发电机定子绕组，并在发电机空气隙中建立负序旋转磁场，使转子感应出两倍频率的电流，引起转子发热。大型发电机由于采用了直接冷却式（水内冷和氢内冷），使其体积增大比容量增大要小，同时，基于经济和技术上的原因，大型机组的热容量裕度一般比中小型机组小。因此，转子的负序附加发热更应该注意，总的趋势是单机容量越大，A 值越小，转子承受负序电流的能力越低，所以要特别强调对大型发电机的负序保护。发电机允许负序电流的持续时间关系式为 $A=I_2t$，I_2 越大，允许的时间越短，I_2 越小，允许的时间越长。由于发电机对 I_2 的这种反时限特性，故在大型机组上应采用负序反时限过流保护。

Lb2F5037　发电机为什么要装设负序电流保护？

答： 电力系统发生不对称短路或者三相不对称运行时，发电机定子绕组中就有负序电流，这个电流在发电机气隙中产生反向旋转磁场，相对于转子为两倍同步转速。因此在转子部件中出现倍频电流，该电流使得转子上电流密度很大的某些部位局部灼伤，严重时可能使护环受热松脱，使发电机造成重大损坏。另外 100Hz 的交变电磁力矩，将作用在转子大轴和定子机座上，引起频率为 100Hz 的振动。

为防止上述危害发电机的问题发生，必须设置负序电流保护。

Lb3F4038　试分析发电机纵差保护与横差保护作用及保护范围如何？能否互相取代？

答： 纵差保护是实现发电机内部短路故障保护的最有效的

保护方法，是发电机定子绕组相间短路的主保护。

横差保护是反映发电机定子绕组的一相匝间短路和同一相两并联分支间的匝间短路的保护，对于绕组为星形连接且每相有两个并联引出线的发电机均需装设横差保护。

在定子绕组引出线或中性点附近相间短路时，两中性点连线中的电流较小，横差保护可能不动作，出现死区（可达15%～20%），因此不能取代纵差保护。

Lb2F4039　大型发电机失磁保护，在什么情况下采用异步边界阻抗圆？又在什么情况下采用静稳极限阻抗圆？说明理由。

答：在负荷中心，系统等值阻抗小的宜选用异步边界阻抗圆；远离负荷中心，系统等值阻抗大的宜选用静稳极限阻抗圆。理由是远离负荷中心的大型发电机失磁后，机端等有功阻抗圆可能不与异步边界阻抗圆相交，失磁保护动作慢，造成对侧保护跳闸，扩大事故范围。

Lb3F4040　为什么220kV及以上系统要装设断路器失灵保护，其作用是什么？

答：220kV以上的输电线路一般输送的功率大，输送距离远，为提高线路的输送能力和系统的稳定性，往往采用分相断路器和快速保护。由于断路器存在操作失灵的可能性，当线路发生故障而断路器又拒动时，将给电网带来很大威胁，故应装设断路器失灵保护装置，有选择地将失灵拒动的断路器所在（连接）母线的断路器断开，以减少设备损坏，缩小停电范围，提高系统的安全稳定性。

Lb2F4041　若主变压器接地后备保护中零序过流与间隙过流共用一组TA有何危害？

答：（1）不应该共用一组。

（2）该两种保护 TA 独立设置后则不需人为进行投、退操作，自动实现中性点接地时投入零序过流（退出间隙过流）、中性点不接地时投入间隙过流（退出零序过流）的要求，安全可靠。

反之，两者公用一组 TA 有如下弊端：

（1）当中性点接地运行时，一旦忘记退出间隙过流保护，又遇有系统内接地故障，往往造成间隙过流误动作将本变压器切除。

（2）间隙过流元件定值很小，但每次接地故障都受到大电流冲击，易造成损坏。

Jd3F2042 查找直流接地的操作步骤和注意事项有哪些？

答：根据运行方式、操作情况、气候影响进行判断可能接地的处所，采取拉路寻找、分段处理的方法，以先信号和照明部分后操作部分，先室外部分后室内部分为原则。在切断各专用直流回路时，切断时间不得超过 3s，不论回路接地与否均应合上。当发现某一专用直流回路有接地时，应及时找出接地点，尽快消除。

查找直流接地的注意事项如下：

（1）查找接地点禁止使用灯泡寻找的方法；

（2）用仪表检查时，所用仪表的内阻不应低于 2000Ω/V；

（3）当直流发生接地时，禁止在二次回路上工作；

（4）处理时不得造成直流短路和另一点接地；

（5）查找和处理必须有两人同时进行；

（6）拉路前应采取必要措施，以防止直流失电可能引起保护及自动装置的误动。

Lb2F4043 利用负序加零序电流增量原理构成的振荡闭锁装置有何优点？

答： 由于负序加零序电流增量启动的振荡闭锁装置能较好地区别振荡和短路，能防止系统振荡时由于负序电流滤过器的不平衡输出的增大而引起保护误动作，还能防止线路不换位、三相不平衡、有谐波分量、非全相运行等稳态不平衡时滤过器的不平衡输出。闭锁装置采取“振荡不停息，闭锁不解除”的设计原则，使保护不会因振荡延续时间过长而误动作。由于保护只在执行元件动作后短时投入，因此振荡时系统进行操作也不会引起保护误动作。此外这种振荡闭锁装置还具有较高的灵敏度和较快的动作速度，因此获得广泛应用。

Lb4F4044　什么叫高频闭锁距离保护？

答： 高频闭锁距离保护的基本原理是利用 $\Delta I_2+\Delta 3I_0$ 增量元件作为启动元件，在故障时启动高频收发信机，发送高频闭锁信号，利用距离Ⅱ段或Ⅲ段方向阻抗继电器作为故障功率判别元件，如果内部故障，两侧距离保护Ⅱ段或Ⅲ段测量元件动作，停发高频闭锁信号，瞬时跳闸切除故障。如果外部故障，正方向侧距离Ⅱ段或Ⅲ段方向阻抗继电器动作，停止发信，但反方向侧方向阻抗元件不动作，继续发信以闭锁对侧保护。这样既具有高频保护全线速动的功能，又有距离保护Ⅱ段作相邻后备保护的功能。它的主要缺点是高频保护和距离保护的接线互相连在一起不便于运行维护和检修。

Je5F3045　试述一个继电器的两相电流差接线不能用在 Yd 接线变压器的情况。

答： 不能用在 Yd 接线的变压器。这种变压器 Y 侧相绕组承受相电压，Δ 侧相绕相承受线电压，故三角形侧绕组的匝数 $N_\Delta=\sqrt{3}N_Y$，其变比 $I_Y/I_\Delta=N_Y/N_\Delta=\sqrt{3}$，如装在 Y 侧，在 Δ 侧产生两相短路时（AB 相），Y 侧的 A、C 相电流均为 $1/\sqrt{3}$，所以继电器不动。

Jd5F3046　方向过流保护为什么必须采用按相启动方式？

答：方向过流保护采取“按相启动”的接线方式，是为了躲开反方向发生两相短路时造成装置误动。例如当反方向发生BC相短路时，在线路A相方向继电器因负荷电流为正方向将动作，此时如果不按相启动，当C相电流元件动作时，将引起装置误动；采用了按相启动接线，尽管A相方向继电器动作，但A相的电流元件不动，而C相电流元件动作但C相方向继电器不动作，所以装置不会误动作。

Lb2F2047　电网中主要的安全自动装置种类和作用？

答：电网中主要的安全自动装置种类和作用：

（1）低频、低压解列装置：地区功率不平衡且缺额较大时，应考虑在适当地点安装低频低压解列装置，以保证该地区与系统解列后，不因频率或电压崩溃造成全停事故，同时也能保证重要用户供电。

（2）振荡（失步）解列装置：经过稳定计算，在可能失去稳定的联络线上安装振荡解列装置，一旦稳定破坏，该装置自动跳开联络线，将失去稳定的系统与主系统解列，以平息振荡。

（3）切负荷装置：为了解决与系统联系薄弱地区的正常受电问题，在主要变电站安装切负荷装置，当受电地区与主系统失去联系时，该装置动作切除部分负荷，以保证该区域发供电的平衡，也可以保证当一回联络线跳闸时，其他联络线不过负荷。

（4）自动低频、低压减负荷装置：是电力系统重要的安全自动装置之一，它在电力系统发生事故出现功率缺额使电网频率、电压急剧下降时，自动切除部分负荷，防止系统频率、电压崩溃，使系统恢复正常，保证电网的安全稳定运行和对重要用户的连续供电。

（5）大小电流联切装置：主要控制联络线正向反向过负荷

而设置。

（6）切机装置：其作用是保证故障载流元件不严重过负荷；使解列后的电厂或局部地区电网频率不会过高，功率基本平衡，以防止锅炉灭火扩大事故；可提高稳定极限。

Je4F2048　电力系统有功功率不平衡会引起什么反响？怎样处理？

答：系统有功功率过剩会引起频率升高，有功功率不足要引起频率下降。解决的办法是通过调频机组调整发电机出力，情况严重时，通过自动装置或值班人员操作切掉部分发电机组或部分负荷，使系统功率达到平衡。

Je4F3049　对于由 $3U_0$ 构成的保护的测试，有什么反措要求？

答：对于由 $3U_0$ 构成的保护的测试，有下述反措要求：

（1）不能以检查 $3U_0$ 回路是否有不平衡电压的方法来确认 $3U_0$ 回路良好。

（2）不能单独依靠“六角图”测试方法确证 $3U_0$ 构成的方向保护的极性关系正确。

（3）可以对包括电流、电压互感器及其二次回路连接与方向元件等综合组成的整体进行试验，以确证整组方向保护的极性正确。

（4）最根本的办法是查清电压互感器及电流互感器的极性，以及所有由互感器端子到继电保护屏的连线和屏上零序方向继电器的极性，作出综合的正确判断。

Je4F4050　简述 220kV 微机保护用负荷电流和工作电压检验项目的主要内容。

答：1）记录屏表的数值，确定功率的送、受情况和 TA、TV 的变比。

2）测电流数值、相位、相序、电压数值、相位、相序。

3）判定电压和电流之间相位的正确性。

4）检验 $3I_0$ 回路接线，判定 $3I_0$ 极性的正确性。

5）检验 $3U_0$ 回路接线，判定 $3U_0$ 极性的正确性。

Jd3F3051　模拟三种两相短路试验负序电流继电器的定值，为什么试验电流是负序电流定值的 $\sqrt{3}$ 倍？试用对称分量法分析之。

答：把一组 A、B、C 三相不对称电流分解为正、负、零序对称分量，其中负序对称分量为 $\dot{I}_2=\frac{1}{3}(\dot{I}_A+a^2\dot{I}_B+a\dot{I}_C)$，如模拟 BC 两相短路，则有 $\dot{I}_B=-\dot{I}_C=\dot{I}_k$（试验电流），$\dot{I}_A=0$ 其相量如图 F-4 所示。

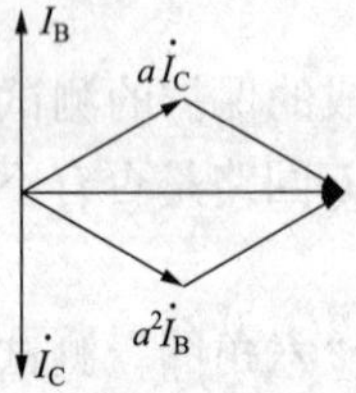

图 F-4

由图知 $a^2\dot{I}_B+a\dot{I}_C=\sqrt{3}\dot{I}_k$

所以 $I_2=\frac{1}{3}I_k\sqrt{3}=I_k/\sqrt{3}$

同理可以推导出 ABCA 两相短路时也是 $I_2=I_k\sqrt{3}$，即试验电流是负序电流的 $\sqrt{3}$ 倍。

Lb3F4052　变压器零差保护相对于反映相间短路的纵差保护来说有什么优缺点？

答：1）零差保护的不平衡电流与空载合闸的励磁涌流、调压分接头的调整无关；因此，其最小动作电流小于纵差保护的最小动作电流，灵敏度较高。

2）零差保护所用电流互感器变比完全一致，与变压器变比无关。

3）零差保护与变压器任一侧断线的非全相运行方式无关。

4）由于零差保护反映的是零序电流有名值，因而当其用于自耦变压器时，在高压侧接地故障时，灵敏度较底。

5）由于组成零差保护的互感器多，其汲出电流（互感器励磁电流）较大，使灵敏度降低。

Je2F5053　如何利用断开一相工作电压，分别在A、B、C三相通入工作电流的方法来检验负序功率方向继电器接线的正确性。

答：（1）测出负荷电流和相应的工作电压的正确相位。

（2）断开断路器一相电压，并将断开相的端子与 U_N 相连，以模拟负序电压，如断开A相，则 $U_2=-\frac{1}{3}U_A$。

（3）分别加入继电器 A、B、C 相电流，并将其他两相与继电器断开且与电源短路，以观察继电器动作情况。

（4）利用 A、B、C 相负荷电流，分别求相对应的负序电流及相位。如通入A相电流时，其 $\dot{I}_2=\frac{1}{3}(\dot{I}_A+a^2\dot{I}_B+a\dot{I}_C)=\frac{1}{3}\dot{I}_A$，同理，通入B相电流时 $\dot{I}_2=\frac{1}{3}\dot{I}_B$，通入C相电流 $\dot{I}_2=\frac{1}{3}\dot{I}_C$。

（5）以模拟出的 $\dot{U}_2$ 为基准，绘出负序功率方向继电器的动作特性图，然后将（4）项所得的负序电流分别绘到功率方向继电器的特性图上，以分析继电器的动作情况。如果继电器的动作情况与分析所得的结果相等，则认为接线正确。

如以断开 A 相电压求出的负序电压 $\dot{U}_2$ 为基准绘出负序功率方向继电器的动作特性如图 F-5 所示（假设线路只送有功）。由图 F-5 可知，分别通入 A、C 相电流继电器动作，通入 B 相电流时继电器不动作。

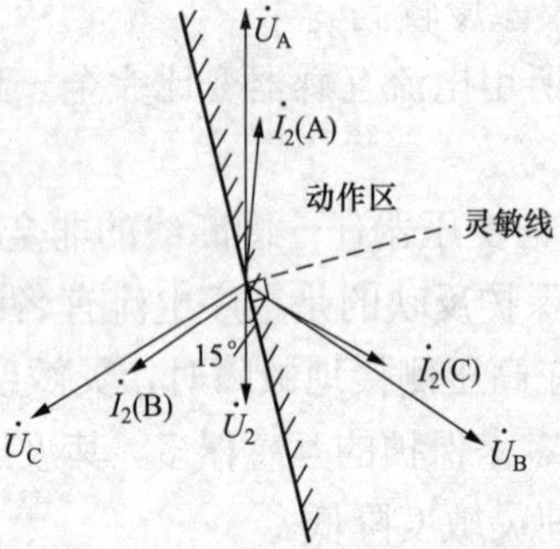

图 F-5

Je3F3054　如图 F-6 所示小接地电流系统中，k1（靠近 N 侧）k2 不同地点发生两点接地短路时，为什么横差方向保护会误动作？

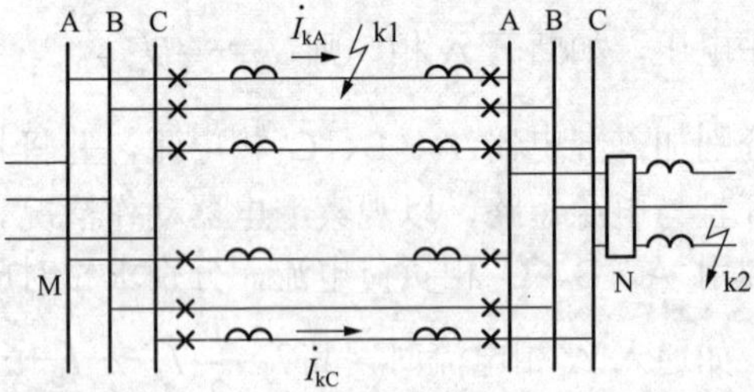

图 F-6

答：如图 F-6 所示，k1 点靠近 N 侧且在 M 侧保护的相继动作区，N 侧保护切除故障后，故障线路中还流有故障电流 I_{kA}，非故障线路中有故障电流 $\dot{I}_{kC}$。因此，M 侧两线路保护的功率方向元件都会动作，横差方向保护将同时切除两条线路，造成非选择性误动作。

Je2F3055　负序电流继电器在正常运行中，由于电流回路一相断线，此时负序电流与负荷电流的关系是什么？试分析

之。

答：运行中负序电流继电器流过的电流为三相对称正序电流，当其电流回路一相断线时，流入继电器的电流为两相大小相等相位相差 120°的电流，用对称分量法分析，其负序分量为 $I_2=\frac{1}{3}(\dot{I}_A+a^2\dot{I}_B+a\dot{I}_C)$。如 A 相断线，则 $I_2=-\frac{1}{3}I_A$，同理 B 相或 C 相断线时，则 I_2 分别为 $-\frac{1}{3}I_B$ 或 $-\frac{1}{3}I_C$，所以在电流回路一相断线时负序电流与负荷电流的关系为 $I_2=-\frac{1}{3}I_{ph}$。

Je2F4056　怎样调整单频阻波器的谐振点和阻塞频带？

答：按如图 F-7 所示接线。固定振荡器的电压为某值，改变频率，当 U_2 出现最小值 U_{min} 时，此频率即为谐振频率，然后改变频率，当 U_2 读数为 U_{min} 值的上下两频率的差值，即为单相阻波器的阻带 ΔF 。

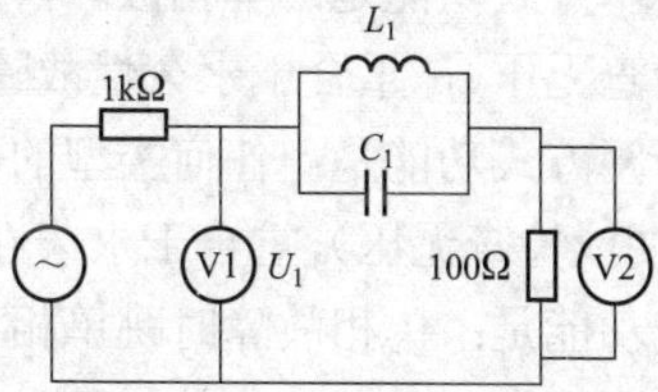

图 F-7

Je2F4057　超高压远距离输电线两侧单相跳闸后为什么会出现潜供电流？对重合闸有什么影响？

答：如图 F-8 所示，C 相接地故障，两侧单相跳闸后，非故障相 A、B 仍处在工作状态。由于各相之间存在耦合电容 C_1，所以 A、B 相通过 C_1 向故障点 k 供给电容性电流 I_{C_1} ，同时由于各相之间存在互感，所以带负荷的 A、B 两相将在故障相产生感应电动势，该感应电动势通过故障点及相对地电容 C_0 形成回路，向故障点供给一电感性电流，这两部分电流总称为潜供电流。由于潜供电流的影响，使短路处的电弧不能很快熄灭，如果采用单相快速重合闸，将会又一次造成持续性的弧光接地而使单相重合闸失败。所以单相重合闸的时间，必须考虑到潜供电流的影响。

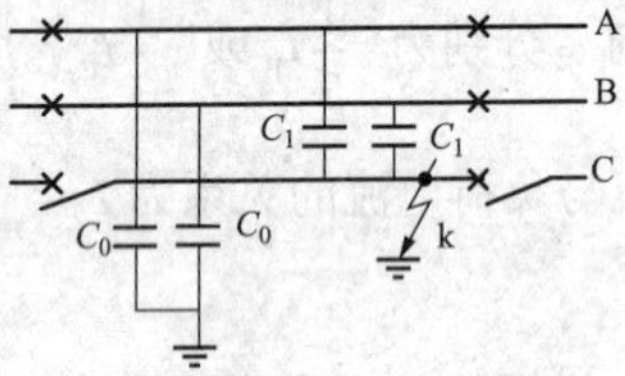

图 F-8

Je3F3058　综合重合闸有几种运行方式？性能是什么？

答：综合重合闸可由切换开关实现如下四种重合闸方式：

（1）综合重合闸方式功能是：单相故障，跳单相，单相重合（检查同期或检查无压），重合于永久性故障时跳三相。

（2）三相重合闸方式功能是：任何类型的故障都跳三相，三相重合(检查同期或检查无压),重合于永久性故障时跳三相。

（3）单相方式功能是：单相故障时跳单相，单相重合，相间故障时三相跳开不重合。

（4）停用方式功能是：任何故障时都跳三相，不重合。

Je3F3059　对发电机准同期并列的三个条件是怎样要求的？

答：对发电机准同期并列条件的要求为：

（1）待并发电机电压与系统电压应接近相等，其差值不应超过±(5%～10%) 系统电压。

（2）待并发电机频率与系统频率应接近相等，其差值不应超过±(0.2%～0.5%) 系统频率。

（3）并列断路器触头应在发电机电压与系统电压的相位差接近 0°时刚好接通，故合闸瞬间该相位差一般不应超过±10°。

Je2F5060　如果在进行试验时将单相调压器的一个输入端接在交流 220V 电源的火线上，另一侧（N 端）误接到变电站直流系统的负极上，请问会对哪些类型的保护装置造成影响？

答：（1）如果在进行试验时将单相调压器械的一个输入端接在交流 220V 电源火线上，另一端（N 端）误接到变电站直流系统的负极上，因交流 220V 是一个接地的电源系统，于是便会通过直流系统的对地电容以及电缆与直流负极之间的元件构成回路，相当于交流信号串入了直流系统。

（2）对线圈正端接有较大容量电容（或接入电缆较长，电缆分布电容较大）的继电器，如动作时间较快，动作功率较低，则当交流信号串入时有可能误动。

（3）容易误动的继电器有变压器、电抗器的瓦斯保护、油温过高保护等继电器至跳闸出口继电器距离较长的保护，远方跳闸保护的收信继电器等。继电器的动作频率为 50Hz 或 100Hz。

Je3F4061　LFP-901A 型保护和收发信机的连接与传统保护有何不同？

答：LFP-901A 型保护中有完整的启动、停信、远方启动及每日交换信号操作的逻辑，收发信机只受保护控制传送信号。应特别注意不再利用传统的断路器的三相位置触点相串联接入收发信机的停信回路，收发信机远方启动应退出。LFP-901A 型保护和收发信机之间的连接采用单触点方式。

Je2F5062　在试验时，当 LFP-901A 型保护装置中的重合闸不能充电时，应如何检查？

答：此时应做如下检查：

（1）根据 LFP-900 系列保护使用说明书，进入 CPU2 的开关量检查子菜单。

（2）检查下列开关量是否为如下状态：

HK＝1　TWJ＝0　HYJ＝0　BCH＝0

（3）启动元件不动作。

（4）CPU2 定值单上重合闸应投入，屏上切换把手不在停用位置。

Je3F4063　微机继电保护装置的现场检验应包括哪些内容？

答：微机继电保护装置现场检验应做以下几项内容：

（1）测量绝缘。

（2）检验逆变电源（拉合直流电流，直流电压，缓慢上升、缓慢下降时逆变电源和微机继电保护装置应能正常工作）。

（3）检验固化的程序是否正确。

（4）检验数据采集系统的精度和平衡度。

（5）检验开关量输入和输出回路。

（6）检验定值单。

（7）整组试验。

（8）用一次电流及工作电压检验。

Je3F4064　在装设接地铜排时是否必须将保护屏对地绝缘？

答：没有必要将保护屏对地绝缘。虽然保护屏骑在槽钢上，槽钢上又置有联通的铜网，但铜网与槽钢等的接触只不过是点接触。即使接触的地网两点间有由外部传来的地电位差，但因这个电位差只能通过两个接触电源和两点间的铜排电源才能形成回路，而铜排电源值远小于接触电源值，因而在铜排两点间不可能产生有影响的电位差。

Je2F4065　怎么样利用工作电压通过定相的方法检查发电机同期回路接线的正确性？

答：试验前有运行人员进行倒闸操作，腾出发电厂升压变电所的一条母线，然后合上发电机出口开关的隔离开关和发电机出口开关，直接将发电机升压后接至该母线上。由于通过该母线的电压互感器和发电机电压互感器加至同期回路的两个电压实际上都是发电机电压，因此同期回路反映发电机和系统电压的两只电压表的指示应基本相同，组合式同步表的指针也应指示在同期点上不动；否则，同期回路的接线认为有错误。

Je2F5066　新安装继电保护装置竣工后，验收的主要项目是什么？

答：新安装的保护装置竣工后，验收的主要项目如下：

（1）电气设备及线路有关实测参数完整正确。

（2）全部保护装置竣工图纸符合实际。

（3）装置定值符合整定通知单要求。

（4）检验项目及结果符合检验条例和有关规程的规定。

（5）核对电流互感器变比及伏安特性，其二次负载满足误差要求。

（6）屏前、后的设备应整齐、完好，回路绝缘良好，标志齐全、正确。

（7）二次电缆绝缘良好，标号齐全、正确。

（8）用一次负荷电流和工作电压进行验收试验，判断互感器极性、变比及其回路的正确性，判断方向、差动、距离、高频等保护装置有关元件及接线的正确性。

Je2F3067　微机继电保护装置运行程序的管理应遵循什么规定？

答：微机继电保护装置运行程序的管理应遵循以下规定：

（1）各网（省）调应统一管理直接管辖范围内微机继电保

护装置的程序，各网（省）调应设继电保护试验室，新的程序通过试验室的全面试验后，方允许在现场投入运行。

（2）一条线路两端的同一型号微机高频保护程序版本应相同。

（3）微机继电保护装置的程序变更应按主管调度继电保护专业部门签发的程序通知单严格执行。

Je2F5068　LFP-901A 型保护在非全相运行再发生故障时，其阻抗继电器如何开放？其判据是什么？

答：由非全相运行振荡闭锁元件开放：

（1）非全相运行再发生单相故障时，以选相区不在跳开相时开放。

（2）当非全相运行再发生相间故障时，测量非故障两相电流之差的工频变化量，当电流突然增大达一定幅值时开放。

Je2F5069　在微机继电保护装置的检验中应注意哪些问题？

答：检验微机继电保护装置时，为防止损坏芯片应注意如下问题：

（1）微机继电保护屏（柜）应有良好可靠的接地，接地电阻应符合设计规定。使用交流电源的电子仪器（如示波器、频率计等）测量电路参数时，电子仪器测量端子与电源侧应绝缘良好，仪器外壳应与保护屏（柜）在同一点接地。

（2）检验中不宜用电烙铁，如必须用电烙铁，应使用专用电烙铁，并将电烙铁与保护屏（柜） 在同一点接地。

（3）用手接触芯片的管脚时，应有防止人身静电损坏集成电路芯片的措施。

（4）只有断开直流电源后才允许插、拔插件。

（5）拔芯片应用专用起拔器，插入芯片应注意芯片插入方向，插入芯片后应经第二人检验确认无误后，方可通电检验或使用。

（6）测量绝缘电阻时，应拔出装有集成电路芯片的插件（光耦及电源插件除外）。

Lb1F3070　设发电机与无穷大系统母线相连，其功角特性曲线如图 F-9 所示。原动机提供的功率为 P_M，则有两个工作点 A、B，分别对应功有 δ_1 和 δ_2。

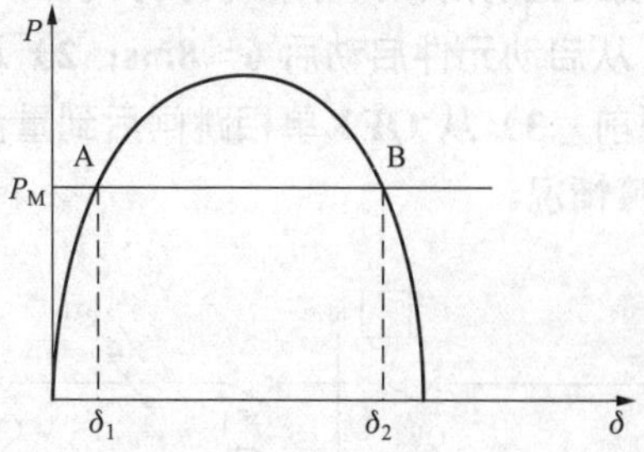

图 F-9

（1）用静态稳定分析方法说明 A 点是稳定运行工作点，B 点是不稳定运行工作点。

（2）静稳极限的边界对应的功角 δ 是多少？

答：（1）A 工作点。当有一个小干扰 δ 上升时，发电机输出功率 P 也上升，但原动机提供的功率 P_M 不变，有 $P_M<P$，原动机的动作转矩小于发电机的制动转矩，发电机要减速，转速下降，这样 δ 下降，工作点还可回到原来的工作点 A 点。因此，A 是稳定运行工作点。

（2）B 工作点。当有一个小干扰 δ 上升时，发电机输出功率 P 也下降，原动机提供的功率 P_M 不变，有 $P_M<P$，原动机的动作转矩大于发电机的制动转矩，在剩余转矩的作用下，发电机加速，转速上升，使 δ 进一步上升，δ 的上升使发电机输出功率 P 进一步下降，如此恶性循环，使发电机的动作点回不到 B 点，造成了系统振荡。所以，B 点是不稳定运行工作点。

（3）静稳极限边界的功角$\delta=90°$。

Lb1F2071　纵联方向保护装有正方向动作的方向元件F+和反方向元件动作的方向元件 F–两个方向元件。试回答：（1）故障线路两侧和非故障线路两侧这两个方向元件的动作行为。（2）图 F-10 所示系统中 NP 线路上发生 $K^{(1)}$ 故障，QF3 单相跳闸后又再重合于故障线障，全过程按下述 4 个时段分别叙述装于 MN 线路上的闭锁式纵联零序方向保护两侧的发信和收信情况：1）从启动元件启动后 6～8ms；2）从上述 6～8ms 后到 QF3 跳闸前，3）从 QF3 单相跳闸后到重合闸前；4）重合于永久性故障情况。

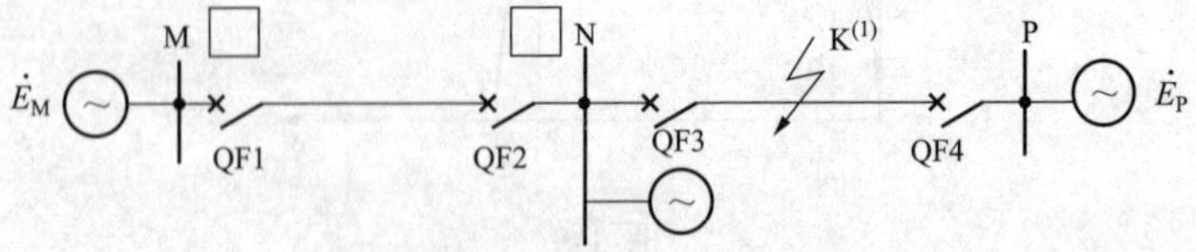

图 F-10

答：（1）故障线路两侧 F+都动作，F–都不动作。

非故障线路两侧近故障点一侧 F+不动作，F–动作；远离故障点的一侧 F+动作，F–不动作。

（2）4 个时段 MN 线路两侧的发信和收信情况：

1）从启动元件启动后的 6～8ms 这段时间内两侧都发信，两侧收信机都收到信号；

2）从上述 6～8ms 后到 QF3 单相跳闸前，M 侧不发信（停信，N 侧继续发信，两侧都收到信号；

3）QF3 单相跳闸到重合闸前，NP 线路 QF3 处非全相运行，M 侧不发信，N 侧继续发信，两侧都收到信号；

4）QF3 重合于故障线路时，M 侧不发信，N 侧发信，两侧都收到信号。

Je1F3072　$1\frac{1}{2}$断路器接线如图 F-11 所示，

（1）QF1 的断路器失灵保护应有哪些保护启动？

（2）QF2 的断路器失灵保护动作后应跳哪些断路器？并说明理由。

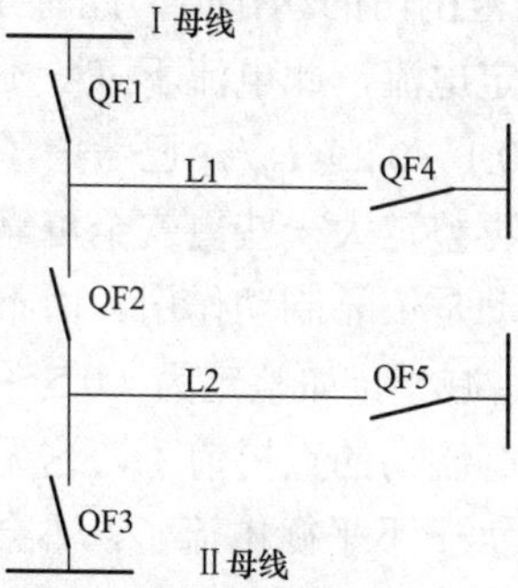

图 F-11

答：（1）QF1 的断路器失灵保护应有Ⅰ母线差动保护、L1 的线路保护、短引线保护等保护启动。

（2）L1 的线路保护动作后跳 QF2，若 QF2 拒动，则断路器失灵保护动作后跳 QF3 和启动远方跳闸装置跳同一运行线路 L2 对侧 QF5 断路器。

L2 的线路保护动作后跳 QF2，若 QF2 拒动，则断路器失灵保护动作后跳 QF1 和启动远方跳闸装置跳同一运行线路 L1 对侧 QF5 断路器。

本线路故障而断路器拒动时，QF2 断路器失灵保护为了消除故障，必须启动同一串中供给故障电流的相邻线路跳闸，这样只能使用远方跳闸装置使对侧的断路器跳闸。因而断路器失灵保护应按断路器设置，其鉴别元件采用反应本身断路器位置状态的相电流。

Je1F3073　发电机差动保护的最小动作电流 I_{opmin} 可整定

为$(0.1\sim0.3)I_{gn}/n_a$一般为$(0.1\sim0.2)I_{gn}/n_a$，而其制动特性的拐点B的横坐标一般整定为$I_{res0}=(0.8\sim1.0)I_{gn}/n_a$（$n_a$为TA变比，$I_{gn}$为发电机额定电流），有人认为为防止误动应将$I_{opmin}$提高或将$I_{res0}$减小，你认为是否合理，为什么？

答：（1）I_{opmin}整定在$(0.1\sim0.2)I_{gn}/n_a$，此动作值是在$I_{res}=0\sim(0.8\sim1.0)I_{gn}/n_a$的范围内的动作值，此时TA流过的电流小于或等于发电机的额定电流，此电流下TA不会饱和，不平衡电流很小，整定为（0.1～0.2）I_{gn}/n_a已考虑了正常运行时足够的可靠性，不能认为再整定大一些更安全可靠；因为发生区外故障时，此时防止误动是依靠制动作用，而不是I_{opmin}了。

（2）如果将I_{res0}减小，如整定为（0.5～0.6）I_{gn}/n_a。即将差动保护整定值开始有制动的点提前了，这无必要；因为在额定电流附近，I_{opmin}已大于不平衡电流了，不会误动；如此整定使得短路电流在I_{gn}/n_a附近时，定值变大了。

（3）而当发电机内部发生短路时，特别是靠近中性点附近发生经过渡电阻短路时，机端和中性点侧的三相电流都可能不大，而以上改变整定值都使灵敏度降低了，扩大了保护的死区。

综合以上观点，所以认为将I_{opmin}提高或将I_{res0}减小都不合理。

Lb1F1074　发电机失磁对系统和发电机本身有什么影响？汽轮发电机允许失磁运行的条件是什么？

答：发电机失磁对系统的影响：

（1）发电机失磁后，不但不能向系统送出无功功率，而且还要从系统中吸收无功功率，将造成系统电压下降。

（2）为了供给失磁发电机无功功率，可能造成系统中其他发电机过电流。

发电机失磁对发电机自身的影响：

（1）发电机失磁后，转子和定子磁场之间出现了速度差，则在转子回路中感应出转差频率的电流，引起转子局部过热。

（2）发电机受交变的异步电磁力矩的冲击而发生振动，转差率愈大，振动也愈大。

汽轮发电机允许失磁运行的条件是：

（1）系统有足够供给发电机失磁运行的无功功率，以不至于造成系统电压严重下降为限。

（2）降低发电机有功功率的输出，使之能在很小的转差下，在允许的一段时间内异步运行。即发电机应在较小的有功功率下失磁运行，使之不至于造成危害发电机转子的发热和振动。

Lb1F1075　远方直接跳闸回路如何设计，为什么？

答：远方直接跳闸回路为了防止误收远切信号误跳断路器，必须增设就地判据。只有当需要远切的系统一次现象确实同时出现时，才允许远切命令执行。当然为确保远切命令的可靠动作，也需要双重化配置。

远方直接跳闸回路的设计既能保证可靠动作且又不误动，因此可以采用如下的双重化原则，即双通道信号分别经独立的综合就地判据控制实现（1+1）×2 的跳闸串、并联方式。如果考虑就地判据失灵，可增设双通道信号串联、较长时间动作的后备跳闸方式。

Je1F4076　某 220kV 甲变电站 L1 线在零序电流一段范围内发生 B 相接地短路，L1 甲侧零序不灵敏电流 II 段（定值 2.4A、0.5s）动作，跳 B 相重合成功。录波测得 L1 线零序电流二次值为 14A，甲侧 L2 线逞方向的零序不灵敏 II 段（2.4A、0.5s）由选相拒动回路出口动作后跳三相断路器，录波测得 L2 线甲侧零序电流二次值为 2.5A。经过现场调查，这两回线因安装了过负荷解列装置，L1 和 L2 线 A 相电流接入过负荷解列装置，L1 和 L2 线 A 相电流接入过负荷解列装置，N 线均接在同一端子，且两组电流互感器各自的中性点仍接地，出现了两个接地点。

试分析：（1）L2 线甲侧零序不灵敏 II 段为何误动？

（2）L1 线甲侧零序不灵敏 I 段（定值 10.2A）和零序一段（定值 9.6A）为何拒动？

答：（1）由于两组电流互感器各自的中性点接地，出现两个接地点，如图 F-12 所示。当 L1 线路发生 B 相接地短路故障时，非故障相电流 L2 的电流互感器二次零序回路将流过电流，电流流入 GJ0 的极性端，因此 L2 线甲侧零序功率方向元件动作，零序不灵敏 II 段误动。

（2）根据图 F-12 中标出的电流流向（未考虑负荷电流的影响），经 N 分流后，L1 线的甲侧零序电流约为 7A，其零序电流不灵敏 I 段及灵敏 I 段保护未达到 10.2A 和 9.6A 定值，故零序电流不灵敏 I 段及灵敏 I 段保护拒动。

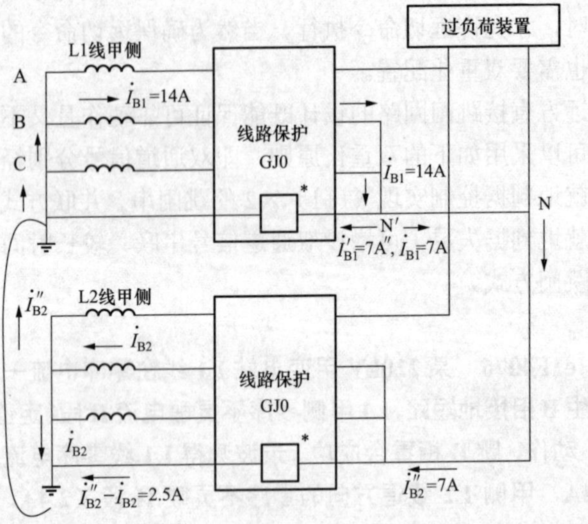

图 F-12

Lb1F2077 试述线路纵联电流差动全线速动保护的优点。为什么要配备零序电流差动？

答：（1）具有光纤通道的线路纵联电流差动保护配有分相

式电流差动和零序电流差动，其优点是本身具有选相能力，不受系统振荡影响，在非全相运行中有选择性地快速动作。由于带有制动特性，可防止区外故障误动，不受失压影响，不反应负荷电流，回路简单明了，值得推广。

（2）在短线路上使用，不需要电容电流补偿功能，同时对超短线路停用距离 I 段而言，是短线路保护的最佳方案。

（3）配备零序电流差动对于要求实现单相重合闸的线路，在线路单相经高阻接地故障时，通过三相差动电流幅值的比较，能正确选相并动作跳闸。增设零序电流差动不是为了快速切除故障，而是提高对单相高阻接地故障的灵敏性，为躲区外故障的差动不平衡电流，动作延时 200ms 跳闸，用时间换取灵敏度。

Lb1F4078　图 F-13 所示为一550kV 系统的示意图，试分别为 1、2、3 号断路器进行失灵保护方案设计，要求：

（1）叙述保护设计原则；

（2）叙述每个元件的整定原则。

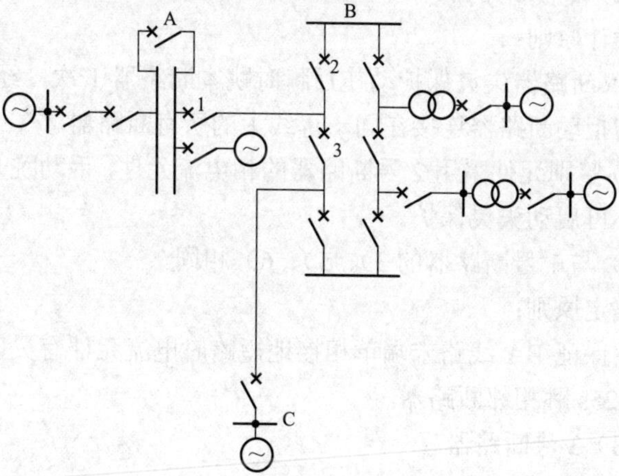

图 F-13

答：（1）1 号断路器。

设计原则：

1）断路器失灵保护应首先动作于断开母联断路器，然后动作于断开与拒动断路器连接在同一母线上的所有电源支路的断路器。

2）断路器失灵保护由故障元件的继电保护启动，手动跳开断路器时不可启动失灵保护。

3）在启动失灵保护的回路中，除故障元件保护的触点外，还应包括断路器失灵判别元件的触点，利用失灵分相判别元件来检测断路器失灵故障的存在（触点串联）。

4）断路器失灵保护应有负序、零序和低电压闭锁元件。

5）当某一连接元件退出运行时，它的启动失灵保护的回路应同时退出工作，以防止试验时引起失灵保护的误动作。

6）失灵保护动作应有专用信号表示。

整定原则：

按保证AB线路末端单相接地短路时电流及复合电压元件有灵敏度整定，0.15s跳母联断路器，0.3s跳相邻断路器。

（2）2号断路器。

设计原则：

1）断路器失灵保护动作后瞬时跳本断路器1次，经0.25s断开与拒动断路器连接在同一母线上的所有断路器。

2）鉴别元件采用2号断路器的相电流元件，手动跳开断路器时不可启动失灵保护。

3）与1号断路器的3）、5）、6）相同。

整定原则：

按保证BA线路末端单相接地短路时电流元件有灵敏度整定，0.25s跳相邻断路器。

（3）3号断路器。

设计原则：

1）与2号断路器的相同。

2）应采取远方跳闸装置，使线路BA及BC线路对端断路器跳闸并闭锁其重合闸。

整定原则：

按保证 BA 线及 BC 线路末端单相接地短路时电流元件有灵敏度整定，0.25s 跳相邻断路器及对断路器。

Lb1F3079 在 Yd 接线的变压器选用二次谐波制动原理的差动保护，当空载投入时，由于一次采用了相电流差进行转角，某一相的二次谐波可能很小，为防止误动目前一般采取的是什么措施？该措施有什么缺点？如果不用二次谐波制动，则可用什么原理的差动继电器以克服上述缺点？

答：三相二次谐波制动的差动继电器是采用三相“或”门二次谐波闭锁方式，当三相涌流的任一相的谐波制动元件动作，立即闭锁三相差动继电器，这样可以防止某一相涌流二次谐波量小引起的误动，更好地躲避励磁涌流。但某据点是：在带有短路故障的变压器空载合闸时，差动保护因非故障相的励磁涌流而闭锁，造成变压器故障的延缓切除，特别是大型变压器，涌流衰减慢，将会引起变压器的严重烧损。

为克服二次谐波制动原理差动继电器的缺陷，更正确地区别励磁涌流和故障电流，提出波形对称原理的差动继电器，采用分相制动方式。当变压器合闸时发生故障，故障相保护不受非故障相励磁涌流的影响，从而使保护快速跳闸。

采用一种波形对称算法，将变压器在空载合闸时产生的励磁涌流和故障电流区分开来，方法是将流入继电器的差电流进行微理差动继电器判据的动作条件：输入电流中的偶次谐波为制动量，相应基波及奇次谐波为动作量，因而有更好的防涌流能力。

从理论上而言，稳态短路电流只含有奇次谐波，不含偶次谐波。在暂态过程中，短路电流含有非周期性分量，此时就会出现偶次谐波，但由于是分相制动方式，用偶次谐波制动绝不会造成保护拒动，只会延缓保护动作。

Je1F2080　一台 Yd11 变压器，在差动保护带负荷检查时，测得 Y 侧电流互感器电流相位 I_a 与 U_a 同相位，I_a 超前 I_b 为 150°，I_b 超前 I_a150°，I_c 超前 I_b 为 60°，且 I_a=17.3A、I_b=I_c=10A。问 Y 侧 TA 回路是否正确？若正确，请说明理由，如错误，则改正之。（潮流为 P=+8.66MW，Q=+5Mvar）

答：（1）由正常带负荷侧得变压器差动保护 Y 侧三相电流不对称，因此可以断定变压器 Y 侧电流互感器接线有误，图 F-14 为测得的 I_a、I_b、I_c 三相电流的相量图。由于变压器差动保护 Y 侧电流互感器通常接成三角形，以消除 Y 侧零序电流对差动保护的影响。在接线的过程中最易出错的问题是电流互感器的极性接反，因此可从极性接反的角度进行考虑。

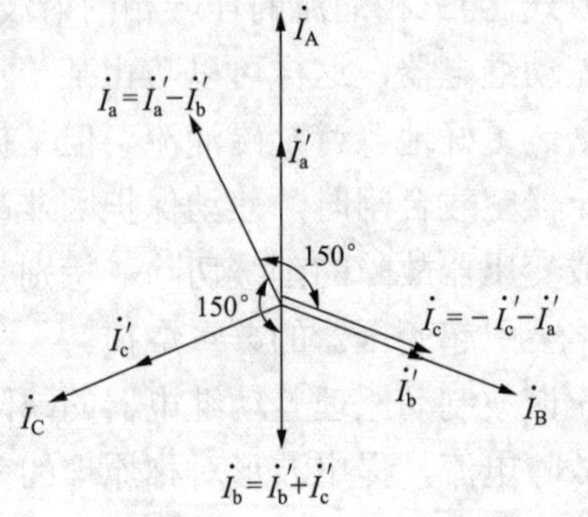

图 F-14

（2）电流互感器正确的接线图如图 F-15 所示。

$$I_a = I_a' - I_b'$$
$$I_b = I_b' - I_c'$$
$$I_c = I_c' - I_a'$$

（3）由于只有一相电流的极性与另两相不同，所以仅考虑某一相的极性接反的情况。从电流的幅值分析：I_a 的幅值为 I_b、I_c 的 $\sqrt{3}$ 倍，而 I_a 是由 I_a' 与 I_b' 产生的，因此可初步判 A、B 两相的极性相同，而 C 相的极性可能相反。

从图 F-15 的相量图分析可知，C 相极性接反时电流的相位关系和大小与测量情况相吻合，因此可以断定C相电流互感器的极性接反，应将C相电流互感器两端的引出线对换。

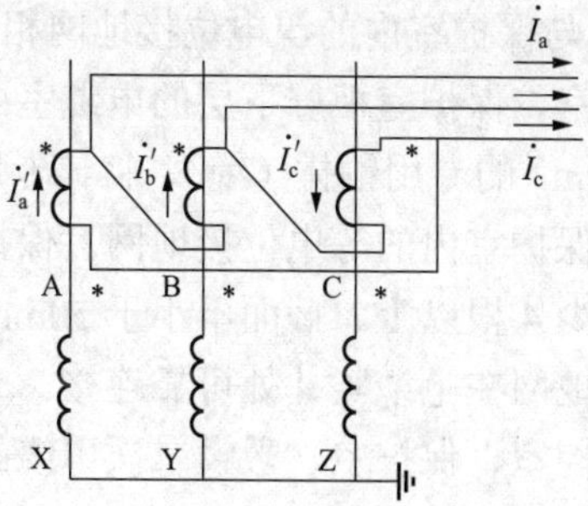

图 F-15

（4）电流互感器C相端子反接就可解决。

Lb1F2081　试论述逐次逼近式与压频变换式数据采集系统的使用特点。

答：（1）逐次逼近式得到的数字量可直接用于继电器的算法；而压频变换式在每一时刻读出的计数器数值不能直接使用；

（2）逐次逼近式对芯片的转换时间有严格要求，而压频变换式不存在转换速度的问题；

（3）逐次逼近式一旦芯片选定，其输出数字量的位数不可变化，即分辨率不能改变，而压频变换式则可通过增大计算脉冲数时间间隔来提高分辨率。

（4）逐次逼近式需要由定时器按规定的采样时刻，定时给采样保持芯片发出采样和保持信号，而压频变换式只需按采样时刻读出计数器的数值。

Je1F1082　试述配置微机保护的变电站中，保护屏、电缆、控制室接地网及电缆沟、开关场如何布置抗干扰接地网。

答：（1）静态保护和控制装置的屏柜下部应设有截面不小于 $100mm^2$ 的接地铜排。屏柜上装置的接地端子应用截面不小于 $4mm^2$ 的多股铜线和接地铜排相连。接地铜排应用截面不小于 $50mm^2$ 的铜缆与保护室内的等电位接地网相连；

（2）在主控室、保护室柜屏下层的电缆室内，按柜屏布置的方向敷设 $100mm^2$ 的专用铜排（缆），将该专用铜排（缆）首末端连接，形成保护室内的等电位接地网。保护室内的等电位接地网必须用至少 4 根以上、截面不小于 $50mm^2$ 的铜排（缆）与厂、站的主接地网在电缆竖井处可靠连接。

（3）应在主控室、保护室、敷设二次电缆的沟道、开关场的就地端子箱及保护用结合滤波器等处，使用截面不小于 $100mm^2$ 的裸铜排（缆）敷设与主接地网紧密连接的等电位接地网。

（4）开关场的就地端子箱内应设置截面不少于 $100mm^2$ 的裸铜排，并使用截面不少于 $100mm^2$ 的铜缆与电缆沟道内的等电位接地网连接。

（5）保护及相关二次回路和高频收发信机的电缆屏蔽层应使用截面不小于 $4mm^2$ 多股铜质软导线可靠连接到等电位接地网的铜排上。

（6）在开关场的变压器、断路器、隔离开关、结合滤波器和电流、电压互感器等设备的二次电缆应经金属管从一次设备的接线盒（箱）引至就地端子箱，并将金属管的上端与上述设备的底座和金属外壳良好焊接，下端就近与主接地网良好焊接。在就地端子箱处将这些二次电缆的屏蔽层使用截面不小于 $4mm^2$ 多股铜质软导线可靠单端连接至等电位接地网的铜排上。

Je1F3083　试述更换 220kV 光纤分相电流差动保护装置及二次电缆的检验项目。

答：（1）电流电压互感器的检验：检查铭牌参数符合要求、极性检验、变比检验、二次负担检验。

（2）二次回路检验：检查电流互感器二次绕组接线正确性及端子压接可靠性、接地情况；检查电压互感器二次、三次接线正确性及端子压接可靠性；检查接地情况符合反措要求；检查熔断器或自动开关开断电流符合要求，隔离开关、设备触点可靠性；测量电压变比、电压降小于3%；二次回路绝缘检查：与其他回路隔离完好，所有回路连在一起，各回路对地，各回路之间，用1000V绝缘电阻表测绝缘，应大于10MΩ。检查个元件无异常；查接线、标志、电缆正确；检查寄生回路；对断路器、隔离开关及二次回路进行检查。

（3）屏柜及装置的检验：

1）外部检验：检查装置的配置、型号、额定参数（直流电压、交流额定电流、电压）等是否与设计相符；检查主要设备、附属设备的工艺质量及导线与端子的材料质量；屏柜标志是否正确、完整清晰，并与图纸规程相符；检查装置的输入回路、电源回路的抗干扰器件是否良好，将屏柜上无用的连片取下。

2）绝缘测试：按装置技术说明书的要求拔出插件；短接交流、直流、跳合闸、开入开除回路、自动化接口及信号回路端子；断开与其他保护弱电联系回路；打印机联线；装置内互感器屏蔽层可靠接地；用500V绝缘电阻表测量绝缘电阻应均大于20MΩ，然后各回路对地放电。

3）上电检查：打开电源，检查装置工作是否正常；检查并记录装置硬件和软件版本号、校验码等信息；校对时钟。

4）逆变电源检查：插入全部插件，检查逆变电源各点电平是否符合要求；试验直流由零缓慢升至80%额定电压，装置面板上的电源灯应亮，80%额定电压时，拉合直流开关，逆变电源应可靠启动。开入开出量检查：传动至各输出、输入电缆。

5）模数变换系统检验：检查零漂；加入不同幅值电流、电压检查装置采样值符合要求。

（4）整定值的整定及检验：按照定值单进行整定；整组传动试验：对每一功能元件进行逐一检验，试验应处于与实际相同的条件，并测量整组动作时间。

（5）纵联保护通道检验：采用自环方式检查光纤通道完好性；检查保护用附属接口设备检查；通讯专业对通道误码率和传输时间进行检查；检查通道余量；测试跳闸信号的返回时间；检查各接线端子的正确性和可靠性。

（6）整组试验。

（7）与自动化系统、故障信息系统的配合检验：重点检查动作信息的正确性。

（8）投运前的准备。

（9）带负荷检验：测电流电压幅值相位、测差流、判断接线的正确性。

（10）检测屏蔽线接地情况：利用钳形电流表测接地电流。

La1F2084　何谓发电机进相运行？发电机进相运行时应注意什么？为什么？

答：所谓发电机进相运行，是指发电机发出有功而吸收无功的稳定运行状态。

发电机进相运行时，主要应注意四个问题：① 静态稳定性降低；② 端部漏磁引起定子端部温度升高；③ 厂用电电压降低；④ 由于机端电压降低在输出功率不变的情况下发电机定子电流增加，易造成过负荷。

（1）进相运行时，由于发电机进相运行，内部电动势降低，静态储备降低，使静态稳定性降低。

（2）由于发电机的输出功率 $P=E_dU/X_d\cdot\sin\delta$，在进相运行时 E_d、U 均有所降低，在输出功率 P 不变的情况下，功角 δ 增大，同样降低动稳定水平。

（3）进相运行时由于助磁性的电枢反应，使发电机端部漏磁增加，端部漏磁引起定子端部温度升高，发电机端部漏磁通为定子绕组端部漏磁通和转子端部磁通的合成。进相运行时，由于两个磁场的相位关系使得合成磁通较非进相运行时大，导致定子端部温度升高。

（4）厂用电电压的降低：厂用电一般引自发电机出口或发电机电压母线，进相运行时，由于发电机励磁电流降低和无功潮流倒送引起机端电压降低同时造成厂用电电压降低。

Lb1F3085　试述发电机励磁回路接地故障有什么危害？

答：发电机正常运行时，励磁回路对地之间有一定的绝缘电阻和分布电容，它们的大小与发电机转子的结构、冷却方式等因素有关。当转子绝缘损坏时，就可引起励磁回路接地故障，常见的是一点接地故障，如不及时处理，还可能接着发生两点接地故障。励磁回路的一点接地故障，由于构不成电流通路，对发电机不会构成直接的危害。对于励磁回路一点接地故障的危害，主要是担心再发生第二点接地故障。因为在一点接地故障后，励磁回路对地电压将有所增高，就有可能再发生第二个接地故障点。发电机励磁回路发生两点接地故障的危害表现为：① 转子绕组一部分被短路，另一部分绕组的电流增加，这就破坏了发电机气隙磁场的对称性，引起发电机的剧烈振动，同时无功出力降低。② 转子电流通过转子本体，如果转子电流比较大，就可能烧损转子，有时还造成转子和汽轮机叶片等部件被磁化。③ 由于转子本体局部通过转子电流，引起局部发热，使转子发生缓慢变形而形成偏心，进一步加剧振动。

Lb1F2086　试述电力系统谐波产生的原因及其影响？

答：（1）谐波产生的原因：高次谐波产生的根本原因是由于电力系统中某些设备和负荷的非线性特性，即所加的电压与产生的电流不成线性（正比）关系而造成的波形畸变。当电力系统向非线性设备及负荷供电时，这些设备或负荷在传递（如变压器）、变换（如交直流换流器）、吸收（如电弧炉）系统发电机所供给的基波能量的同时，又把部分基波能量转换为谐波能量，向系统倒送大量的高次谐波，使电力系统的正弦波形畸变，电能质量降低。当前，电力系统的谐波源主要有三大类。

1）铁磁饱和型：各种铁芯设备，如变压器、电抗器等，其铁磁饱和特性呈现非线性。

2）电子开关型：主要为各种交直流换流装置（整流器、逆变器）以及双向晶闸管可控开关设备等，在化工、冶金、矿山、电气铁道等大量工矿企业以及家用电器中广泛使用，并正在蓬勃发展；在系统内部，如直流输电中的整流阀和逆变阀等。

3）电弧型：各种冶炼电弧炉在熔化期间以及交流电弧焊机在焊接期间，其电弧的点燃和剧烈变动形成的高度非线性，使电流不规则的波动。其非线性呈现电弧电压与电弧电流之间不规则的、随机变化的伏安特性。对于电力系统三相供电来说，有三相平衡和三相不平衡的非线性特性。后者，如电气铁道、电弧炉以及由低压供电的单相家用电器等，而电气铁道是当前中压供电系统中典型的三相不平衡谐波源。

（2）谐波对电网的影响：

1）谐波对旋转设备和变压器的主要危害是引起附加损耗和发热增加，此外谐波还会引起旋转设备和变压器振动并发出噪声，长时间的振动会造成金属疲劳和机械损坏。

2）谐波对线路的主要危害是引起附加损耗。

3）谐波可引起系统的电感、电容发生谐振，使谐波放大。当谐波引起系统谐振时，谐波电压升高，谐波电流增大，引起继电保护及自动装置误动，损坏系统设备（如电力电容器、电缆、电动机等），引发系统事故，威胁电力系统的安全运行。

4）谐波可干扰通信设备，增加电力系统的功率损耗（如线损），使无功补偿设备不能正常运行等，给系统和用户带来危害。限制电网谐波的主要措施有：增加换流装置的脉动数；加装交流滤波器、有源电力滤波器；加强谐波管理。

Lb1F2087　解释规程中规定双母线接线的断路器失灵保

护要以较短时限先切母联断路器，再以较长时限切故障母线上的所有断路器的理由，并举例说明。

答：其理由举例分析如下：

由于断路器分闸时间有差异，在图 F-16 所示系统中 k1 点发生单相接地故障时，当断路器 4 拒动时，断路器失灵保护应切 2、3、6。若同时切 2、3、6，如果 2 先于 3 跳，I 线电流为零，Ⅱ线电流增大 A、B 两站间平行双回线横差保护将会误判断，使Ⅱ线无选择性跳闸。

若 6 先于 2 或 3 跳，B 站变压器中性点会跳开，A 站 I 线或Ⅱ线的零序电流速断保护因电流增大则可能相继动作而误动作跳闸。

如果母联断路器先于其他断路器 0.25s 跳开，就不可能发生误跳闸

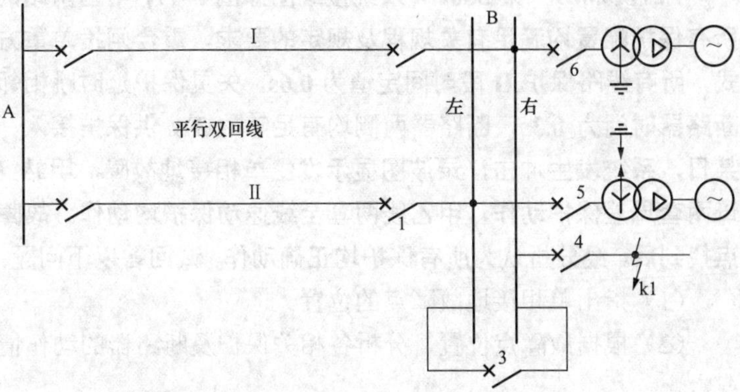

图 F-16　断路器失灵保护动作分析

Lb1F2088　“防止电力生产重大事故的二十五项重点要求继电保护实施细则”要求继电保护双重化配置应遵循相互独立原则，对此二次回路有何要求？

答：继电保护双重化配置是防止因保护装置拒动而导致系统事故的有效措施，同时又可大大减少由于保护装置异常、检

修等原因造成的一次设备停运现象，但继电保护的双重化配置也增加了保护误动的机率。因此，在考虑保护双重化配置时，应选用安全性高的继电保护装置，并遵循相互独立的原则，注意做到：双重化配置的保护装置之间不应有任何电气联系。每套保护装置的交流电压、交流电流应分别取自电压互感器和电流互感器互相独立的绕组，其保护范围应交叉重迭，避免死区。保护装置双重化配置还应充分考虑到运行和检修时的安全性，当运行中的一套保护因异常需要退出或需要检修时，应不影响另一套保护正常运行。为与保护装置双重化配置相适应，应优先选用具备双跳闸线圈机构的断路器，断路器与保护配合的相关回路（如断路器、隔离开关的辅助触点等），均应遵循相互独立的原则按双重化配置。

Le1F52089　某500kV系统接线图如图F-17，甲乙两站的所有保护配置均满足有关规程及规定的要求，重合闸投单重方式，所有线路保护II段时间定值为0.6s，失灵保护延时跳相邻断路器时间为0.3s，断路器两侧均有足够的TA供保护接入。某日，系统发生冲击，录波图显示发生单相接地故障，甲站I母两套母差保护动作，甲乙线两套全线速动保护均动作。故障点找到后，经分析认为所有保护均正确动作。试回答以下问题：

（1）指出单相接地故障点的位置。

（2）根据故障点位置，分析各相关保护及断路器的动作情况。

（3）若甲乙线配置高频保护，母差保护动作是否停信，为什么。

（4）若在本次故障中甲站22断路器拒动，试分析各保护及断路器的动作行为。

答：

（1）故障点位于如下1）或2）所述位置。

1）21断路器和TA1之间。

2）21 断路器和 TA2 之间。

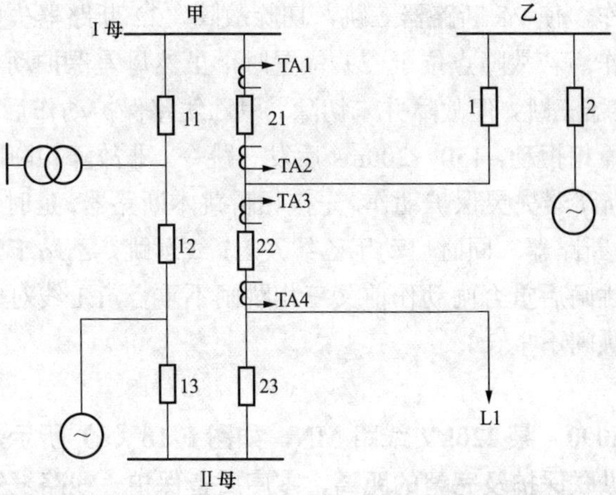

图 F-17　某 500kV 系统接线图

（2）当故障点位于 1）位置时，甲站母差保护动作三相跳开 11、21 断路器，并闭锁甲乙线 21 断路器重合闸。甲站甲乙线高频保护动作单跳 22 断路器故障相，乙站乙甲线高频保护动作单跳断路器 1 故障相，两侧断路器经重合闸时间后重合成功。

当故障点位于 2）位置时，甲站母差保护动作三相跳开 11、21 断路器，并闭锁甲乙线 21 断路器重合闸。甲站甲乙线高频保护动作单跳 22 断路器故障相，乙站乙甲线高频保护动作单跳 1 断路器故障相，若为瞬时接地故障，两侧断路器经重合闸时间后重合成功；若为永久故障，则 22 及乙侧 1 断路器重合后保护加速三相跳闸。

由于故障点位于甲乙线甲侧出口处，甲侧除高频保护动作外，接地距离 I 段及零序电流 I 段均有可能同时动作。

（3）3/2 断路器接线的母差保护动作后高频保护不停信。如果母差保护动作后高频保护停信，当母线故障时会误切线路。例如该系统 I 母故障，会使乙侧高频保护动作，误切乙站 1 断路器。

（4）若故障点位于 1）位置时，虽然 22 断路器拒动，但母差保护动作，使 21 断路器三跳，切除故障，22 断路器失灵保护不会动作。若故障点位于 2）位置时，虽然母差保护动作，使 21 断路器三跳，但故障并未切除。甲乙线路保护动作后，22 断路器故障相拒动，150～200ms 后发三跳令，非故障相断路器跳开。22 断路器失灵保护动作，先按相瞬跳本断路器；延时 0.3s 后三跳 23 断路器。同时启动甲乙线及 L1 线远跳，乙站 1 断路器在单相跳闸后重合闸动作前又三相跳闸不重合，L1 线对侧断路器三相跳闸不重合。

Je1F4090　某 220kV 线路 MN，如图 F-18（a）所示，配置闭锁式纵联保护及完整的距离、零序后备保护。线路发生故障并跳闸，经检查：一次线路 N 侧出口处 A 相断线，并在断口两侧接地。N 侧保护距离 I 段（Z_1）动作跳 A 相，经单重时间重合不成后加速跳三相。M 侧保护纵联零序方向（O_{++}）动作跳 A 相，经单重时间重合不成后加速跳三相。N 侧故障录波在线路断线时启动。

试通过 N 侧故障录波图［图 F-18（b）］，分析两侧保护的动作行为。

（注：N 侧为母线 TV，两侧纵联保护不接单跳位置停信，投单相重合闸。纵联保护通道在 C 相上。二段时间 t_2=0.5s。）

答：

（1）从 N 侧录波图 0s 启动由没有故障表现，就此推断大约 300ms 前只发生了断线故障。

（2）两侧保护均没感受到故障，到录波图大约 300ms 处发生断口母线侧（与 N 侧相联结部分）A 相接地故障，N 侧保护由于感受到出口接地故障所以距离一段动作。由于 M 侧（断口的线路侧）这时仍感受不到故障，所以在收到 N 侧高频信号后，远方启动发信保护不停信，N 侧纵联保护被闭缩不动作。

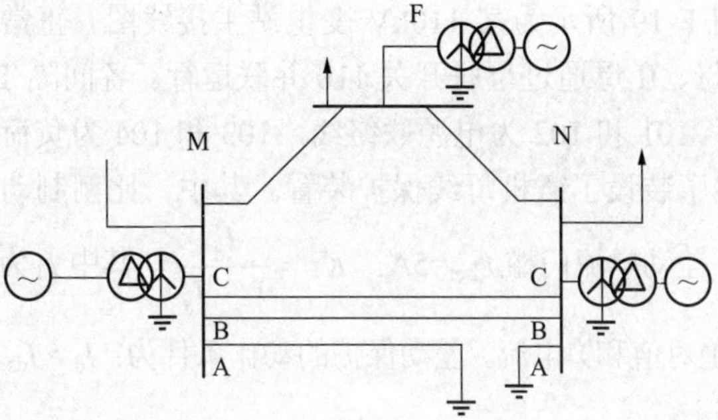

（a）

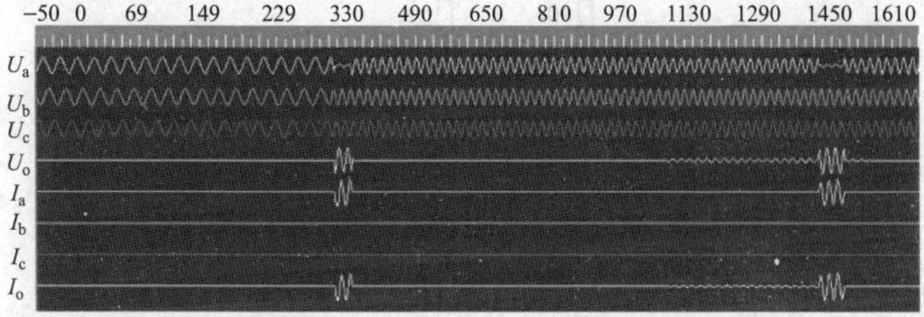

（b）

图 F-18

（a）系统接线图；（b）N 侧故障录波图

（3）从 N 侧录波图看：到录波图大约 1070ms 处发生 M 侧（断口的线路侧）A 相接地故障，M 侧保护启动发信并停信，N 侧保护远方启动发信保护不停信，所以 M 侧保护被闭锁。只能走 2 段时间跳闸。

（4）N 侧保护大约经 1010ms 重合于 A 相故障，后加速三相跳闸。此时 N 侧保护起信并停信，所以 M 侧零序纵联保护（大约 1440ms ）动作，跳 A 相，经单重时间重合不成后加速跳三相。

Je1F3091

如图 F-19 所示为某 110kV 变电站主接线图。正常运行方式为：I 母、II 母通过母联开关 110 并联运行。各间隔 TA 变比为 600/5，101 和 102 为电源联络线，103 和 104 为负荷馈线。该站母线了装设了微机母线保护装置。其中，比例制动系数整定 K_r=2，差动电流门槛 I_{dset}=5A。$K_r=\dfrac{I_d}{I_r-I_d}$，其中 I_d 为差流，I_r 为和（绝对值和）电流。差动保护的动作条件为：$I_d > I_{dset}$ 且 $I_d > K_r(I_r-I_d)$。

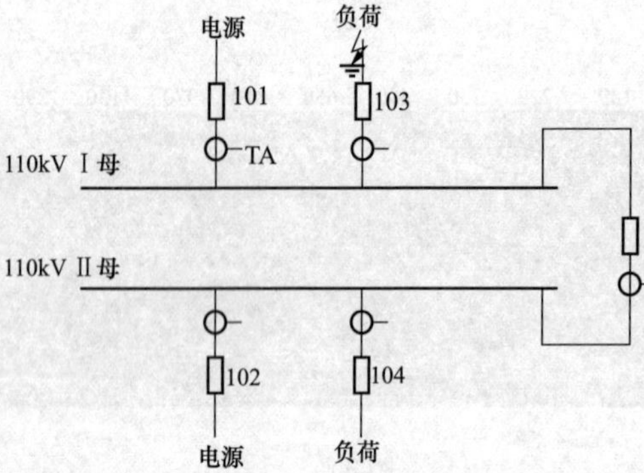

图 F-19

运行过程中，母线保护装置发“母线分列运行”信号，运行值班人员到保护屏上确认并复归了该信号（事后查明，该信号是由于 110 开关位置开入光耦故障所引起。且当时 I、II 母负荷正好各自平衡，母联开关电流几乎为零。）

上述运行方式下，在 103 开关出口处发生 A 相接地短路故障（事故后录波显示 103、102 和 101 的故障电流分别为 1400A、700A 和 700A），在 103 开关线路保护跳闸的同时，微机母线保护动作跳 II 母上所有开关，造成 110kV II 母线失压。

（注：母差保护的动作逻辑为，母线并列运行时，大差作为总启动元件，闭锁整套保护，大、小差同时动作，才能出口；

母线分列运行时，母联电流不参与差流计算，大差退出，小差自行判别故障并出口。）

试对该微机母线保护动作行为进行分析。

答：

（1）由于微机母线保护装置光耦发生故障，且运行人员未认真核对现场运行方式，使微机母差保护装置工作于与一次设备不对应的方式下，故在母线区外故障时，造成其中一段母线保护误动作，切除无故障母线，造成不了必要的损失。“母线分裂运行”为装置误发信号，且由于运行人员的确认和实际运行方式的巧合，使母线保护将双母线并列运行方式误判断为分裂运行方式。

（2）II 母小差动作行为：差流为流过 110 的短路电流（110 TA 已退出比较），故符合小差动作条件，误将区外故障判为区内故障，出口跳 II 母上所有断路器（102、104、110），因 110 位置误判，故不跳。

简化计算法：设 101 和 103 向短路点均衡提供故障电流，则 $I_d=I_{101}=700/5=140$（A），远大于整定值 5A，且 $I_d=140/(140-140)=140/0=\infty$，远大于 K_r 整定值 2。满足整定动作条件。

（3）I 母小差由于是在 103 出口处短路，尽管 110 TA 电流未参与比较引起差流，但由于比例制动和 103 TA 饱和，故 I 母小差仍能正确判断为区外故障，故不动作。

简化计算法：$I_d=I_{110}=I_{101}=700/5=140$（A），远大于整定值 5A，但 $K_r(I_r-I_d)=2\times[(140+280)-140]=540$（A），即 I_d 小于 $K_r(I_r-I_d)$，不满足差动动作的条件。故 I 母差动不动作。

4.2 技能操作试题

行业：电力工程　　　工种：继电保护工　　　等级：初级

编　号	C5A001	行为领域	e	鉴定范围	2
考核时限	10min	题　型	A	题　分	10
试题正文	电流互感器的极性试验				
需要说明的问题和要求	1. 要求单独操作 2. 现场（或试验室）操作 3. 填写试验报告单				
工具、材料、设备、场地	1. 干电池二只 2. 万用表一只 3. 试验线若干 4. 电流互感器一只 5. 试验室				

评分标准	序号	项目名称	质量要求	满分	扣分
	1	仪表及材料的准备和选用	正确	2	漏选一样扣0.5分
	2	干电池的接线	正确	0.5	
	3	万用表使用前的检查	正确	1	未检查扣0.5分
	4	万用表档位	摆放正确	1	档位摆错扣1分
	5	万用表对电流互感器接线	正确	0.5	
	6	干电池对电流互感器瞬时通入电流	试验方法正确，正确判断出极性	4	试验方法不对扣2分 极性判断错误扣2分
	7	工作完毕，清扫现场	正确	1	未进行清扫现场扣1分

行业：电力工程　　　工种：继电保护工　　　　等级：初级

<table>
<tr><td>编　号</td><td>C5A002</td><td>行为领域</td><td>e</td><td>鉴定范围</td><td colspan="2">3</td></tr>
<tr><td>考核时限</td><td>30min</td><td>题　型</td><td>A</td><td>题　分</td><td colspan="2">10</td></tr>
<tr><td>试题正文</td><td colspan="6">继电保护二次交流电流、电压回路接线正确性检查试验</td></tr>
<tr><td>需要说明的问题和要求</td><td colspan="6">1. 单独操作完成
2. 填写试验结果
3. 注意现场运行设备的安全</td></tr>
<tr><td>工具、材料、设备、场地</td><td colspan="6">1. 万用表 2 块或校线器一对
2. 二次回路设计接线图、继电保护装置厂家原理接线图
3. 开关端子箱、保护屏后</td></tr>
</table>

<table>
<tr><td rowspan="5">评分标准</td><td>序号</td><td>项目名称</td><td>质量要求</td><td>满分</td><td>扣分</td><td>实得分</td><td>备注</td></tr>
<tr><td>1</td><td>检查该保护二次回路所有连接的电气元件是否断电</td><td>全部断电</td><td>2</td><td>未断完一处扣0.5分</td><td></td><td>应断开交直流回路</td></tr>
<tr><td>2</td><td>万用表或校线工具的使用</td><td>正确</td><td>2</td><td>使用错误扣0.5分</td><td></td><td>能正确使用档位</td></tr>
<tr><td>3</td><td>二次回路接线检查，电缆芯对芯校验</td><td>能根据二次回路相关图纸对电流、电压二次回路进行检查及校验，应正确</td><td>4</td><td>每出现一次错误扣0.5分</td><td></td><td></td></tr>
<tr><td>4</td><td>二次回路及安全措施恢复</td><td>正确</td><td>2</td><td>错误扣2分</td><td></td><td></td></tr>
</table>

行业：电力工程　　　工种：继电保护工　　　　等级：初级

<table>
<tr><td>编　　号</td><td colspan="2">C5A003</td><td>行为领域</td><td>e</td><td>鉴定范围</td><td>2</td></tr>
<tr><td>考核时限</td><td colspan="2">10min</td><td>题　　型</td><td>A</td><td>题　　分</td><td>10</td></tr>
<tr><td>试题正文</td><td colspan="6">现场摇测单个继电器的绝缘电阻</td></tr>
<tr><td>需要说明的问题和要求</td><td colspan="6">1. 单独操作完成
2. 正确选用表计
3. 注意安全
4. 填写试验结果</td></tr>
<tr><td>工具、材料、设备、场地</td><td colspan="6">1. 绝缘电阻表 500V、1000V 各一只
2. 试验接线若干
3. 单个继电器一只
4. 现场或实验室</td></tr>
<tr><td rowspan="7">评
分
标
准</td><td>序号</td><td>项 目 名 称</td><td>质量要求</td><td>满分</td><td colspan="2">扣　分</td></tr>
<tr><td>1</td><td>正确选用表计</td><td>正确</td><td>1</td><td colspan="2">错扣 1 分</td></tr>
<tr><td>2</td><td>接线</td><td>正确</td><td>1</td><td colspan="2">错扣 1 分</td></tr>
<tr><td>3</td><td>使用表计</td><td>正确</td><td>2</td><td colspan="2">错扣 2 分</td></tr>
<tr><td rowspan="3">4</td><td rowspan="3">测定绝缘电阻</td><td>1. 全部端子对底座和不长导体的绝缘电阻应不小于 50MΩ</td><td>2</td><td colspan="2" rowspan="3">漏项扣 2 分</td></tr>
<tr><td>2. 各线圈对触点及各触点间的绝缘电阻应不小于 50MΩ</td><td>2</td></tr>
<tr><td>3. 各线圈间的绝缘电阻应不小于 10MΩ</td><td>2</td></tr>
</table>

行业：电力工程　　　工种：继电保护工　　　等级：中级

编　号	C4A004	行为领域	e	鉴定范围	1
考核时限	30min	题　型	A	题　分	10
试题正文	现场摇测某保护接线全回路的绝缘电阻				
需要说明的问题和要求	1. 单独操作完成 2. 填写试验结果 3. 注意现场运行设备的安全				
工具、材料、设备、场地	1. 1000V 绝缘电阻表一只 2. 试验接线若干 3. 现场				

评分标准	序号	项目名称	质量要求	满分	扣分	实得分	备注
	1	检查该摇测回路所有连接的电气元件是否断电	全部断电	3	未断完扣 1.5 分		应断开交直流回路
	2	检查与本次摇测无关或影响测量的元件和回路是否拆除	全部拆除	3	未拆除完扣 1.5 分		出口间绝缘检查应拆除跳合闸回路等
	3	使用绝缘电阻表	正确	0.5	使用错误扣 0.5 分		如是机械式绝缘电阻表应保持 120 转/分，电子绝缘电阻表应切换到相应量程
	4	接线	正确	0.5	错误扣 0.5 分		
	5	摇测保护接线全回路的绝缘电阻	测点正确	3	错误一处扣 1 分		出口回路间及对地，交流回路对地等

行业：电力工程　　工种：继电保护工　　等级：中级

<table>
<tr><td>编号</td><td>C4A005</td><td>行为领域</td><td>e</td><td>鉴定范围</td><td>2</td></tr>
<tr><td>考核时限</td><td>15min</td><td>题型</td><td>A</td><td>题分</td><td>10</td></tr>
<tr><td>试题正文</td><td colspan="5">微机变压器保护差动电流门槛值检查（例如 PST-1201 保护装置）</td></tr>
<tr><td>需要说明的问题和要求</td><td colspan="5">1. 要求单独操作
2. 试验室操作</td></tr>
<tr><td>工具、材料、设备、场地</td><td colspan="5">1. 变压器保护屏（1 面）
2. 微机保护试验台（1 台）
3. 万用表（1 块）
4. 电源插板（1 个）
5. 试验线（4 根一组共 2 组）</td></tr>
</table>

<table>
<tr><td rowspan="15">评分标准</td><td>序号</td><td>项目名称</td><td>质量要求</td><td>满分</td><td>扣分</td></tr>
<tr><td>1</td><td>检查值班员所做安全措施</td><td>履行</td><td>1</td><td>未办票扣 1 分</td></tr>
<tr><td>2</td><td>退出“失灵启动”连接片</td><td rowspan="4">认真检查</td><td rowspan="4">3</td><td rowspan="4">漏一项扣 1 分</td></tr>
<tr><td>2.1</td><td>退出“跳各侧母联或分段开关”</td></tr>
<tr><td>2.2</td><td>“跳各侧旁路开关”、“跳另一台主变压器”连接片</td></tr>
<tr><td>2.3</td><td>断开交流电流输入端子试验短接片</td></tr>
<tr><td>3</td><td>模拟试验</td><td rowspan="5">接线正确，仪表使用正确，项目全面</td><td rowspan="5">3</td><td rowspan="5">漏一项扣 1 分</td></tr>
<tr><td>3.1</td><td>定值核对</td></tr>
<tr><td>3.2</td><td>高压侧差动电流门槛值检查</td></tr>
<tr><td>3.3</td><td>中压侧差动电流门槛值检查</td></tr>
<tr><td>3.4</td><td>低压侧差动电流门槛值检查</td></tr>
<tr><td>4</td><td>工作票终结，填写工作记录</td><td>结论清楚正确</td><td>1</td><td>该步缺失扣 1 分</td></tr>
<tr><td>5</td><td>编写试验报告</td><td rowspan="3">检查报告</td><td rowspan="3">2</td><td rowspan="3">漏一项扣 1 分</td></tr>
<tr><td>5.1</td><td>报告编写规范清晰</td></tr>
<tr><td>5.2</td><td>结论明确</td></tr>
</table>

行业：电力系统　　　工种：继电保护工　　　等级：初级

<table>
<tr><td>编　号</td><td>C5B006</td><td>行为领域</td><td>e</td><td>鉴定范围</td><td>2</td></tr>
<tr><td>考核时限</td><td>120min</td><td>题　型</td><td>B</td><td>题　分</td><td>30</td></tr>
<tr><td>试题正文</td><td colspan="5">故障录波器录波报告的调取</td></tr>
<tr><td>需要说明的问题和要求</td><td colspan="5">1. 要求独立操作
2. 现场就地操作演示
3. 若遇生产事故，立即停止考核退出现场
4. 注意安全</td></tr>
<tr><td>工具、材料、设备、场地</td><td colspan="5">1. 变电站运行集中录波屏
2. 打印机一台，打印纸若干</td></tr>
</table>

<table>
<tr><td rowspan="10">评分标准</td><td>序号</td><td>项目名称</td><td>质量要求</td><td>满分</td><td>评分标准</td></tr>
<tr><td>1</td><td>办理工作票</td><td>履行</td><td>2</td><td>未办理工作票扣2分</td></tr>
<tr><td>2</td><td>检查值班员所做安全措施</td><td>认真检查</td><td>4</td><td>漏一项扣2分</td></tr>
<tr><td>2.1</td><td>是否在工作地点悬挂“在此工作”标示牌</td><td></td><td></td><td></td></tr>
<tr><td>2.2</td><td>是否在相邻运行屏上挂红布帘</td><td></td><td></td><td></td></tr>
<tr><td>3</td><td>手动启动录波</td><td>操作正确</td><td>5</td><td>操作不正确不得分</td></tr>
<tr><td>4</td><td>查找录波文件</td><td>操作熟练，查找文件正确</td><td>5</td><td>操作不熟练扣3分，查找文件不正确不得分</td></tr>
<tr><td>5</td><td>打印录波文件</td><td>按要求打印相关通道及开关量</td><td>10</td><td>漏一项扣2分</td></tr>
<tr><td>6</td><td>做工作记录，结束工作票</td><td>记录清楚</td><td>2</td><td>漏一项扣1分</td></tr>
<tr><td>7</td><td>填写分析报告</td><td>报告清楚，分析正确</td><td>2</td><td>未作扣2分</td></tr>
</table>

行业：电力工程　　　工种：继电保护工　　　等级：初级

编　　号	C5B007	行为领域	e	鉴定范围	3
考核时限	15min	题　　型	B	题　　分	10
试题正文	线路保护装置精度检查（例如 RCS-901 保护装置）				
需要说明的问题和要求	1. 要求单独操作 2. 试验室操作				
工具、材料、设备、场地	1. 线路保护屏（1 面） 2. 微机保护试验台（1 台） 3. 万用表（1 块） 4. 电源插板（1 个） 5. 试验线（4 根一组共 2 组）				
评分标准	序号	项 目 名 称	质量要求	满分	扣　分
	1	办理工作票	履行	1	未办票扣 1 分
	2	检查值班员所做安全措施	认真检查	3	漏一项扣 1 分
	2.1	退出“失灵启动”压板			
	2.2	断开交流电压输入空开			
	2.3	断开交流电流输入端子试验短接片			
	3	模拟试验	接线正确，仪表使用正确，项目全面	3	漏一项扣 1 分
	3.1	电流精度检查（I_a、I_b、I_c、$3I_0$）			
	3.2	电压精度检查（U_a、U_b、U_c、$3U_0$、U_x）			
	3.3	从 0 值检查开始			
	4	工作票终结，填写工作记录	结论清楚正确	1	该步缺失扣 1 分
	5	编写试验报告	检查报告	2	漏一项扣 1 分
	5.1	报告编写规范清晰			
	5.2	结论明确			

行业：电力工程　　　工种：继电保护工　　　等级：初级

<table>
<tr><td>编　号</td><td>C5B008</td><td>行为领域</td><td>e</td><td>鉴定范围</td><td colspan="2">2</td></tr>
<tr><td>考核时限</td><td>20min</td><td>题　型</td><td>B</td><td>题　分</td><td colspan="2">20</td></tr>
<tr><td>试题正文</td><td colspan="6">电流继电器动作值及返回值检验</td></tr>
<tr><td>需要说明的问题和要求</td><td colspan="6">1. 单独操作完成
2. 只要求会做动作值和返回值的试验，不要求调整
3. 单独完成试验接线
4. 能根据所检验的定值选择表计量程
5. 文明安全操作</td></tr>
<tr><td>工具、材料、设备、场地</td><td colspan="6">1. 自备工具
2. 电磁式继电器一只
3. 电流表 0～5A，0～10A 各 1 只
4. 滑线电阻或水阻
5. 试验线若干，电源刀闸，对线灯一副
6. 试验室</td></tr>
<tr><td rowspan="8">评
分
标
准</td><td>序号</td><td>项 目 名 称</td><td>质量要求</td><td>满分</td><td colspan="2">扣　分</td></tr>
<tr><td>1</td><td>选择表计</td><td>正确</td><td>1</td><td colspan="2">选错扣 1 分</td></tr>
<tr><td>2</td><td>试验接线</td><td>正确</td><td>3</td><td colspan="2">接线错扣 3 分</td></tr>
<tr><td rowspan="3">3</td><td rowspan="3">检验方法和步骤</td><td>1. 将继电器的线圈串联，将调整杆放在某一个整定值上，将串入电路的滑线可变电阻或水阻放在电阻最大位置</td><td>6</td><td colspan="2">可变电阻或水阻在给电源之前放错位置扣 6 分，经提示扣 3 分</td></tr>
<tr><td>2. 合上电源刀闸，然后调节可变电阻（或水阻），慢慢地增加电流直至继电器动作，停止调节。记下此时的电流，即为继电器的动作电流 I_{op}，再重复二次，将其值填入实验报告</td><td>4</td><td colspan="2">操作顺序错误扣 2 分
操作方法错误扣 2 分</td></tr>
<tr><td>3. 继电器动作后，均匀地增加可变电阻值（或水阻）直至继电器的触点刚刚分开，记下这时的电流，即为返回电流 I_r，重复二次，将其值填入实验报告，求它的平均值</td><td>4</td><td colspan="2">操作方法错误扣 4 分</td></tr>
<tr><td>4</td><td>试验完毕</td><td>1. 拉开刀闸
2. 断开电源
3. 清扫现场</td><td>2</td><td colspan="2">操作顺序错扣 2 分</td></tr>
</table>

行业：电力工程　　　工种：继电保护工　　　等级：中级

<table>
<tr><td>编　号</td><td colspan="2">C4A009</td><td>行为领域</td><td>e</td><td>鉴定范围</td><td>2</td></tr>
<tr><td>考核时限</td><td colspan="2">15min</td><td>题　型</td><td>A</td><td>题　分</td><td>10</td></tr>
<tr><td>试题正文</td><td colspan="6">微机变压器保护二次谐波制动系数检查（例如 PST-1201 保护装置）</td></tr>
<tr><td>需要说明的问题和要求</td><td colspan="6">1. 要求单独操作
2. 试验室操作</td></tr>
<tr><td>工具、材料、设备、场地</td><td colspan="6">1. 变压器保护屏（1 面）
2. 微机保护试验台（1 台）
3. 万用表（1 块）
4. 电源插板（1 个）
5. 试验线（4 根一组共 2 组）</td></tr>
<tr><td rowspan="15">评分标准</td><td>序号</td><td>项目名称</td><td>质量要求</td><td>满分</td><td colspan="2">扣　分</td></tr>
<tr><td>1</td><td>办理工作票</td><td>履行</td><td>1</td><td colspan="2">未办票扣 1 分</td></tr>
<tr><td>2</td><td>检查值班员所做安全措施</td><td rowspan="4">认真检查</td><td rowspan="4">3</td><td colspan="2" rowspan="4">漏一项扣 1 分</td></tr>
<tr><td>2.1</td><td>退出“失灵启动”压板</td></tr>
<tr><td>2.2</td><td>退出“跳各侧母联或分段开关”、“跳各侧旁路开关”、“跳另一台主变压器”连接片</td></tr>
<tr><td>2.3</td><td>断开交流电流输入端子试验短接片</td></tr>
<tr><td>3</td><td>模拟试验</td><td rowspan="5">接线正确，仪表使用正确，项目全面</td><td rowspan="5">3</td><td colspan="2" rowspan="5">漏一项扣 1 分</td></tr>
<tr><td>3.1</td><td>定值核对</td></tr>
<tr><td>3.2</td><td>高压侧二次谐波制动系数检查</td></tr>
<tr><td>3.3</td><td>中压侧二次谐波制动系数检查</td></tr>
<tr><td>3.4</td><td>低压侧二次谐波制动系数检查</td></tr>
<tr><td>4</td><td>工作票终结，填写工作记录</td><td>结论清楚正确</td><td>1</td><td colspan="2">该步缺失扣 1 分</td></tr>
<tr><td>5</td><td>编写试验报告</td><td rowspan="3">检查报告</td><td rowspan="3">2</td><td colspan="2" rowspan="3">漏一项扣 1 分</td></tr>
<tr><td>5.1</td><td>报告编写规范清晰</td></tr>
<tr><td>5.2</td><td>结论明确</td></tr>
</table>

行业：电力工程　　　工种：继电保护工　　　　　等级：中级

<table>
<tr><td>编　　号</td><td colspan="2">C4A010</td><td>行为领域</td><td>e</td><td>鉴定范围</td><td>2</td></tr>
<tr><td>考核时限</td><td colspan="2">15min</td><td>题　　型</td><td>A</td><td>题　　分</td><td>10</td></tr>
<tr><td>试题正文</td><td colspan="6">微机低频减载装置低频II轮定值检查（例如南自SSR-530装置）</td></tr>
<tr><td>需要说明的问题和要求</td><td colspan="6">1. 要求单独操作
2. 试验室操作</td></tr>
<tr><td>工具、材料、设备、场地</td><td colspan="6">1. 低频装置屏（1面）
2. 微机保护试验台（1台）
3. 万用表（1块）
4. 电源插板（1个）
5. 试验线（4根一组共2组）</td></tr>
<tr><td rowspan="15">评
分
标
准</td><td>序号</td><td>项　目　名　称</td><td colspan="2">质量要求</td><td>满分</td><td>扣　分</td></tr>
<tr><td>1</td><td>办理工作票</td><td colspan="2">履行</td><td>1</td><td>未办票扣1分</td></tr>
<tr><td>2</td><td>检查值班员所做安全措施</td><td colspan="2" rowspan="5">认真检查</td><td rowspan="5">3</td><td rowspan="5">漏一项扣1分</td></tr>
<tr><td>2.1</td><td>退出“跳闸出口”压板</td></tr>
<tr><td>2.2</td><td>退出“重合闸放电”压板</td></tr>
<tr><td>2.3</td><td>断开交流电压输入空开</td></tr>
<tr><td>2.4</td><td>断开交流电流输入端子试验短接片</td></tr>
<tr><td>3</td><td>模拟试验</td><td colspan="2" rowspan="4">接线正确，仪表使用正确，项目全面</td><td rowspan="4">3</td><td rowspan="4">漏一项扣1分</td></tr>
<tr><td>3.1</td><td>定值核对</td></tr>
<tr><td>3.2</td><td>低频 II 轮频率定值检查</td></tr>
<tr><td>3.3</td><td>低频 II 轮频率时间检查</td></tr>
<tr><td>4</td><td>工作票终结，填写工作记录</td><td colspan="2">结论清楚正确</td><td>1</td><td>该步缺失扣1分</td></tr>
<tr><td>5</td><td>编写试验报告</td><td colspan="2" rowspan="3">检查报告</td><td rowspan="3">2</td><td rowspan="3">漏一项扣1分</td></tr>
<tr><td>5.1</td><td>报告编写规范清晰</td></tr>
<tr><td>5.2</td><td>结论明确</td></tr>
</table>

行业：电力工程　　　　工种：继电保护工　　　　等级：中级

编　　号	C4B011	行为领域	e	鉴定范围	2
考核时限	15min	题　　型	B	题　　分	10
试题正文	微机母差保护电流平衡试验（例如 BP-2B 保护装置）				
需要说明的问题和要求	1. 要求单独操作 2. 试验室操作 3. （1）I、II 母电压正常，各相电压 57.5V，双母线并列运行；（2）支路 L6 合于 I 母，支路 L7、L9 合于 II 母，L7 支路的 TA 变比 1200/5，其余支路的 TA 变比 600/5；（3）给各支路 A 相加二次电流，L6 电流流进母线 2A，L7 电流流出母线 2A，L9 电流流进母线 2A；（4）正确计算母联的电流，要求保护装置大小差电流平衡，屏上无任何告警、动作信号；（5）运行方式的设置，不允许采用装置内部菜单对隔离开关的强制设置				
工具、材料、设备、场地	1. 母线差动保护屏（1 面） 2. 微机保护试验台（1 台） 3. 万用表（1 块） 4. 电源插板（1 个） 5. 试验线（4 根一组共 10 组）				

评分标准	序号	项 目 名 称	质量要求	满分	扣　分
	1	办理工作票	履行	1	未办票扣 1 分
	2	检查值班员所做安全措施	认真检查	3	漏一项扣 1 分
	2.1	退出“失灵启动”压板			
	2.2	退出“跳闸出口”压板			
	2.3	退出“重合闸放电”压板			
	2.4	断开交流电压输入空开			
	2.5	断开交流电流输入端子试验短接片			
	3	模拟试验	接线正确，仪表使用正确，电流平衡	3	漏一项扣 1 分
	3.1	母联的电流方向由 II 母流向 I 母，电流 2A			
	3.2	L6、L7、L9 的电流大小和方向模拟正确			
	4	工作票终结，填写工作记录	结论清楚正确	1	该步缺失扣 1 分
	5	编写试验报告	检查报告	2	漏一项扣 1 分
	5.1	报告编写规范清晰			
	5.2	结论明确			

行业：电力工程　　　　工种：继电保护工　　　　等级：中级

<table>
<tr><td>编　　号</td><td colspan="2">C5B012</td><td>行为领域</td><td>e</td><td>鉴定范围</td><td>2</td></tr>
<tr><td>考核时限</td><td colspan="2">20min</td><td>题　　型</td><td>B</td><td>题　　分</td><td>25</td></tr>
<tr><td>试题正文</td><td colspan="6">转子一点接地继电器检验</td></tr>
<tr><td>需要说明的问题和要求</td><td colspan="6">1. 要求单独进行操作处理
2. 现场就地操作演示
3. 填写试验报告
4. 注意安全，操作过程符合《电业安全工作规程》要求</td></tr>
<tr><td>工具、材料、设备、场地</td><td colspan="6">1. 转子一点接地继电器
2. 单相调压器
3. 滑线电阻
4. 电压表、交流电流表
5. 常用电工工具</td></tr>
<tr><td rowspan="7">评分标准</td><td>序号</td><td>项目名称</td><td>质量要求</td><td>满分</td><td colspan="2">扣　分</td></tr>
<tr><td>1</td><td>一般性检验</td><td>继电器外观检查、执行元件的机械部分检查符合规程要求</td><td>2</td><td colspan="2">未检查扣2分</td></tr>
<tr><td>2</td><td>电源变压器二次电压测量</td><td>从电源变压器的一次绕组加入100V（或220V）电压，测量其二次绕组上的感应电压值</td><td>4</td><td colspan="2">操作不熟练扣0.5分</td></tr>
<tr><td>3</td><td>DD—11/40型继电器动作电流检验</td><td>正确接线，检验方法正确</td><td>5</td><td colspan="2">接线错误扣2分</td></tr>
<tr><td>4</td><td>KS型继电器动作和返回电压检验</td><td>正确接线，检验方法正确</td><td>5</td><td colspan="2">经提示完成操作扣50%分值，漏项扣2分</td></tr>
<tr><td>5</td><td>继电器灵敏度检验</td><td>正确接线，检验方法正确</td><td>5</td><td colspan="2">检验方法不正确扣4分，漏一项扣0.5分</td></tr>
<tr><td>6</td><td>填写试验报告</td><td>报告规范
根据试验报告，正确判断继电器是否合格</td><td>4</td><td colspan="2">分析判断不正确扣2分</td></tr>
</table>

行业：电力工程　　　工种：继电保护工　　　等级：初级

编　号	C5B013	行为领域	e	鉴定范围	2
考核时限	20min	题　型	B	题　分	20
试题正文	时间继电器检验				
需要说明的问题和要求	1. 要求单独进行操作处理 2. 现场就地操作演示 3. 填写试验报告 4. 注意安全，操作过程符合《电业安全工作规程》要求				
工具、材料、设备、场地	1. 时间继电器 2. 滑线电阻 3. 电压表 4. 毫秒表 5. 常用电工工具				

评分标准	序号	项目名称	质量要求	满分	扣分
	1	一般性检验	继电器外观、机械部分检查符合规程要求	4	操作不熟练扣2分
	2	动作电压及返回电压检验	接线正确，检验方法正确	5	接线不正确扣2分 漏做项目扣2分
	3	动作时间检验	当使用与频率有关的仪表测量时间时，应对频率的影响加以校正	6	经提示完成操作扣50%分值
	4	填写试验报告	根据规范 根据试验数据，正确判断继电器是否合格	5	分析判断不准确扣4分

行业：电力工程　　　工种：继电保护工　　　等级：中级

编　号	C4C014	行为领域	e	鉴定范围	1
考核时限	120min	题　型	C	题　分	30
试题正文	监控后台断路器位置信号显示不正确的故障处理				
需要说明的问题和要求	1. 要求单独操作处理，另一人协作 2. 按图纸进行，不得乱碰其他设备 3. 不允许造成直流电源短路和接地 4. 实际操作和口答同时进行				
工具、材料、设备、场地	1. 万用表一只 2. 试验接线 3. 工作票 4. 现场				

	序号	项 目 名 称	质量要求	满分	扣　分
评分标准	1	现象			
	1.1	位置指示不正确			
	2	分析和处理			
	2.1	检查监控后台及对应测控单元	检查监控后台及对应测控单元是否出现故障	6	漏一项扣2分
	2.2	检查控制电源空气开关	检查空气开关是否完好	2	未查扣1分
	2.3	断路器辅助触点	接触是否良好	4	未查扣4分
	2.4	断路器合闸中间接触器KC及合闸位置继电器KQ线圈	线圈是否良好	8	漏一项扣4分
	2.5	回路及有关继电器	检查回路中是否有脱线，有关继电器线圈、触点是否良好	10	漏一项扣2分

行业：电力工程　　　工种：继电保护工　　　等级：中级

<table>
<tr><td>编　号</td><td>C4C015</td><td>行为领域</td><td>e</td><td>鉴定范围</td><td>1</td></tr>
<tr><td>考核时限</td><td>120min</td><td>题　型</td><td>C</td><td>题　分</td><td>30</td></tr>
<tr><td>试题正文</td><td colspan="5">带负荷进行差动六角图的测试</td></tr>
<tr><td>需要说明的问题和要求</td><td colspan="5">1. 独立操作，选配二名对设备和仪器熟悉的工作人员配合工作
2. 现场进行实际操作，不得误动、误碰与本次工作无关的任何设备
3. 若遇生产事故，立即停止考核退出现场
4. 注意安全</td></tr>
<tr><td>工具、材料、设备、场地</td><td colspan="5">1. 钳形电压–电流相位表一只，万用表一只，试验线若干
2. 变电站运行变压器</td></tr>
</table>

<table>
<tr><td rowspan="13">评
分
标
准</td><td>序号</td><td>项 目 名 称</td><td>质量要求</td><td>满分</td><td>扣　分</td></tr>
<tr><td>1</td><td>办工作票</td><td></td><td>2</td><td>未办票扣 2 分</td></tr>
<tr><td>2</td><td>检查值班员所做安全措施</td><td></td><td>3</td><td>漏一项扣 1 分</td></tr>
<tr><td>2.1</td><td>是否断开差动连接片</td><td></td><td></td><td></td></tr>
<tr><td>2.2</td><td>是否在工作地点悬挂“在此工作”标示牌</td><td></td><td></td><td></td></tr>
<tr><td>2.3</td><td>是否在相邻运行屏上挂上红布帘</td><td></td><td></td><td></td></tr>
<tr><td>3</td><td>接入表计的电流和电压极性是否正确</td><td>接线正确</td><td>3</td><td>错接一种（电流或电压）扣 1 分未查扣 4 分</td></tr>
<tr><td>4</td><td>进行角度、电流的测试</td><td>读数正确（要求分别以 AB、BC、CA 为基准测试）</td><td>6</td><td>错读或漏测一项扣 1 分</td></tr>
<tr><td>5</td><td>根据测试数据进行分析、判断接线是否正确</td><td>作图正确、判断正确</td><td>6</td><td>画错一项扣 2 分</td></tr>
<tr><td>6</td><td>测差流、差压</td><td>测试地点及方法正确</td><td>4</td><td>测漏一项扣 2 分</td></tr>
<tr><td>7</td><td>结束工作，检查工作中所涉及部位是否全部恢复</td><td>认真检查</td><td>2</td><td>未检查扣 1 分</td></tr>
<tr><td>8</td><td>作工作记录、结束工作票</td><td>记录正确清楚</td><td>2</td><td>漏一项扣 1 分</td></tr>
<tr><td>9</td><td>填写试验报告</td><td>报告清楚</td><td>2</td><td>未做扣 2 分</td></tr>
</table>

行业：电力工程　　　工种：继电保护工　　　等级：中级

<table>
<tr><td>编　　号</td><td colspan="2">C3C016</td><td>行为领域</td><td>e</td><td>鉴定范围</td><td>1</td></tr>
<tr><td>考核时限</td><td colspan="2">120min</td><td>题　　型</td><td>C</td><td>题　　分</td><td>30</td></tr>
<tr><td>试题正文</td><td colspan="6">线路相间短路电流电压保护整组检验</td></tr>
<tr><td>需要说明的问题和要求</td><td colspan="6">1. 需他人协助进行操作试验
2. 现场就地操作演示，不得触动运行设备
3. 注意安全，操作过程符合《电业安全工作规程》要求
4. 盘上单个继电器已整定检验正确
5. 盘后实际接线，二次电缆已核实查对，接线正确</td></tr>
<tr><td>工具、材料、设备、场地</td><td colspan="6">1. 继电保护试验装置
2. 常用电工工具
3. 保护配备：① 无时限电压闭锁电流保护；② 定时限过电流保护；③ 三相一次重合闸</td></tr>
<tr><td rowspan="6">评分标准</td><td>序号</td><td>项 目 名 称</td><td>质量要求</td><td>满分</td><td colspan="2">扣　分</td></tr>
<tr><td>1</td><td>手动合闸，检查合闸回路完好性</td><td>操作顺序正确</td><td>5</td><td colspan="2">操作不正确扣5分</td></tr>
<tr><td>2</td><td>手动跳闸，检查跳闸回路完好性</td><td>操作顺序正确</td><td>4</td><td colspan="2">操作不熟练扣3分</td></tr>
<tr><td>3</td><td>通电模拟无时限电压闭锁电流速断保护动作情况，并结合模拟线路瞬时故障时三相一次重合闸装置动作</td><td>分析准确，调整迅速，观察各保护装置动作情况，观察声、光信号</td><td>7</td><td colspan="2">经提示完成操作扣50%分值，调整不正确扣3分</td></tr>
<tr><td>4</td><td>通电模拟定时限过流保护动作情况并结合模拟线路永久性故障时三相一次自动重合闸动作情况</td><td>操作顺序正确，调整迅速，判断准确</td><td>7</td><td colspan="2">分析、判断不准确扣5分，经提示完成操作扣 50%分值</td></tr>
<tr><td>5</td><td>模拟手动合闸于永久性故障线路时三相一次重合闸装置的动作情况</td><td>操作顺序正确，调整迅速，判断准确</td><td>7</td><td colspan="2">操作不熟练扣4分</td></tr>
</table>

行业：电力工程　　工种：继电保护工　　等级：中级

编　　号	C2C017	行为领域	e	鉴定范围	1
考核时限	120min	题　　型	C	题　　分	30
试题正文	变压器保护装置整组检验				
需要说明的问题和要求	1. 需他人协助进行操作试验 2. 现场就地操作演示，不得触动运行设备 3. 注意安全，操作过程符合《电业安全工作规程》要求 4. 盘上单个继电器已整定检验完毕 5. 盘后实际接线，二次电缆已核实查对，接线正确				
工具、材料、设备、场地	1. 继电保护试验装置 2. 常用电工工具 3. 变压器参数：容量 15MVA，电压等级 35/6.6kV 4. 主要保护配备：① 差动保护；② 复合电压过流保护；③ 重瓦斯保护；④ 轻瓦斯保护；⑤ 温度过高保护 5. 相关资料				
评分标准	序号	项 目 名 称	质量要求	满分	扣　分
	1	手动合闸，检查变压器高、低压侧合闸回路完好性；手动跳闸，检查变压器高、低压侧跳闸回路完好性	操作顺序正确	3	操作不正确扣3分，操作不熟练扣2分
	2	通电模拟差动保护动作情况 分别模拟高压侧、低压侧差动动作电流动作情况	故障电流调整迅速准确，各保护装置断路器、光字、声光信号动作顺序正确	7	经提示完成操作扣50%分值，调整不正确扣2分
	3	通电模拟复合电压过电流保护动作情况	故障电流调整迅速准确，各保护装置断路器、光字、声光信号动作顺序正确	8	经提示完成操作扣50%分值，调整不正确扣2分
	4	模拟重瓦斯保护动作情况（采用短时短接重瓦斯继电器触点的方法）	各保护装置断路器、光字、声光信号动作顺序正确	4	经提示完成操作扣50%分值，调整不正确扣2分
	5	模拟轻瓦斯保护动作情况（采用短接轻瓦斯继电器触点的方法）	各保护装置断路器、光字、声光信号动作顺序正确	4	经提示完成操作扣50%分值，调整不正确扣2分
	6	模拟温度过高保护动作情况（采用短接温度计触点的方法）	各保护装置断路器、光字、声光信号动作顺序正确	4	经提示完成操作扣50%分值，调整不正确扣2分

行业：电力工程　　　工种：继电保护工　　　等级：中级

<table>
<tr><td>编　　号</td><td>C2C018</td><td>行为领域</td><td>e</td><td>鉴定范围</td><td>1</td></tr>
<tr><td>考核时限</td><td>120min</td><td>题　　型</td><td>C</td><td>题　　分</td><td>30</td></tr>
<tr><td>试题正文</td><td colspan="5">发电机保护装置整组检验</td></tr>
<tr><td>需要说明的问题和要求</td><td colspan="5">1. 需他人协助进行操作试验
2. 现场就地操作演示，不得触动运行设备
3. 注意安全，操作过程符合《电业安全工作规程》要求
4. 盘上单个继电器已整定检验完毕
5. 盘后实际接线，二次电缆已核实查对，接线正确</td></tr>
<tr><td>工具、材料、设备、场地</td><td colspan="5">1. 继电保护试验装置
2. 常用电工工具
3. 发电机参数：$P_N=3200kW$，$\cos\varphi=0.8$
4. 主要保护配备：① 差动保护；② 复合电压过流保护；③ 过电压保护；④ 过负荷保护；⑤ 转子回路一点接地保护
5. 相关资料</td></tr>
</table>

<table>
<tr><td rowspan="5">评分标准</td><td>序号</td><td>项 目 名 称</td><td>质量要求</td><td>满分</td><td>扣　分</td></tr>
<tr><td>1</td><td>手动合闸，检查发电机合闸回路完好性</td><td>操作顺序正确</td><td>2</td><td>操作不准确扣 2 分
操作不熟练扣 1 分</td></tr>
<tr><td>2</td><td>手动跳闸，检查发电机跳闸回路完好性</td><td>操作顺序正确</td><td>2</td><td>操作不熟练扣 1 分
操作不准确扣 2 分</td></tr>
<tr><td>3</td><td>手动操作，模拟励磁消失发电机保护动作行为</td><td>采用手动短时短接触点方法</td><td>4</td><td>经提示完成操作扣 50%分值，调整不准确扣 1 分，分析判断不准确扣 3 分</td></tr>
<tr><td>4</td><td>通电模拟差动保护动作行为</td><td>故障量调整迅速准确，各保护装置，断路器、光字、声光信号动作顺序正确</td><td>5</td><td>经提示完成操作扣 50%分值，调整不准确扣 1 分，分析判断不准确扣 3 分</td></tr>
</table>

续表

	序号	项目名称	质量要求	满分	扣分
评分标准	5	通电模拟复合电压过流保护动作行为	故障量调整迅速准确，各保护装置，断路器、光字、声光信号动作顺序正确	5	经提示完成操作扣 50%分值，调整不准确扣 1 分，分析判断不准确扣 3 分
	6	通电模拟过负荷保护动作行为	故障量调整迅速准确，保护装置及相应声、光信号动作顺序正确	4	经提示完成操作扣 50%分值，调整不准确扣 1 分，分析判断不准确扣 3 分
	7	通电模拟转子一点接地保护动作行为	故障量调整迅速准确，保护装置及相应声、光信号动作顺序正确	4	经提示完成操作扣 50%分值，调整不准确扣 1 分，分析判断不准确扣 3 分
	8	通电模拟过电压保护动作行为	故障量调整迅速准确，保护装置及相应声、光信号动作顺序正确	4	经提示完成操作扣 50%分值，调整不准确扣 1 分，分析判断不准确扣 3 分

行业：电力工程　　　工种：继电保护工　　　等级：技师

编　号	C2C019	行为领域	e	鉴定范围	1
考核时限	120min	题　型	C	题　分	30
试题正文	查找直流接地的基本方法步骤 准备通知单				
需要说明的问题和要求	1. 需他人协助进行操作试验 2. 现场就地操作演示 3. 注意安全，操作过程符合《电业安全工作规程》要求 4. 在查找过程中不允许出现人为造成第二个接地点 5. 必须使用高内阻万用表				
工具、材料、设备、场地	1. 万用表一只 2. 500V 绝缘电阻表一只 3. 工作票				

评分标准	序号	项目名称	质量要求	满分	扣　分
	1	办工作票	履行	1	未办扣 1 分
	2	通过值班人员向调度申请工作中将要涉及的有关控制信号、控制保护，以及有关保护连接片的退出，经值班调度同意后分步骤进行以下工作：	向值班人员阐述清楚并检查值班人员是否退出所需退出的有关保护出口连接片	4	阐述不清楚扣 2 分未检查有关连接片扣 2 分
	2.1	分别断开直流屏到主控制室的控制电源、信号电源、合闸电源，判断接地点所在回路	操作时由值班人员配合操作准确无误	4	判断不准确扣 2 分 操作不对扣 1 分
	2.2	判断出接地点所在回路后（例如在控制回路），如控制回路分为Ⅰ、Ⅱ段小母线，则解开并环刀闸，判断出哪一段有接地点	操作时由值班人员配合操作准确无误	3	判断不对扣 1 分 操作一处不对扣 1 分
	2.3	判断出有接地点的那一段母线后，逐个断开该段小母线上所有保护装置和操作回路控制电源，判断出接地点在哪一条分路控制回路中	操作时由值班人员配合，操作准确无误	5	判断不准确扣 1 分

续表

	序号	项 目 名 称	质量要求	满分	扣 分
评分标准	2.4	通过值班人员向当值调度请求，恢复与接地点无关的所有设备的保护连接片	汇报准确无误	2	未向值班人员汇报扣2分
	2.5	正确使用万用表和绝缘电阻表查出接地点	在查找过程中不得造成人为直流短路，用绝缘电阻表检查回路时应按规程执行，正确使用万用表	5	造成人为直流短路扣3分 使用绝缘电阻表时未按规程要求扣2分 万用表使用不正确扣2分
	2.6	正确恢复查找过程中所拆的线，经监督人员检查认可，恢复控制电源、保护出口连接片	仔细认真	5	恢复错一处扣1分
	3	向值班员报告查找完毕 结束工作票	汇报仔细	1	未汇报扣1分

行业：电力工程　　　　工种：继电保护工　　　　　　等级：高级

编　　号	C3C020	行为领域	e	鉴定范围	1
考核时限	100min	题　　型	C	题　　分	30
试题正文	LFP-901A 型保护动作后，保护人员到现场后应做些什么工作				
需要说明的问题和要求					
工具、材料、设备、场地					

评分标准	序号	项目名称	质量要求	满分	扣分
	1	办工作票	履行	1	未办扣1分
	2	按屏上打印按钮打印有关报告			
	2.1	定值报告	核对定值，检查是否有变化或定值错误，检查时间	4	漏一项扣0.5分
	2.2	跳闸报告	检查故障类型、距离等	3	漏一项扣1分
	2.3	自检报告	检查装置自身是否完好有无误动可能性存在	3	漏一项扣1分
	2.4	开关量报告	检查什么保护动作	4	漏一项扣1分
	3	记录信号灯和管理板液晶显示的内容	故障电流、电压大小	4	漏一项扣0.5分
	4	进入打印子菜单，打印前几次有关报告	与打印报告核对是否一致，对比所有报告进行故障分析	4	漏一项扣0.5分
	5	作工作记录	清楚明了，作出结论	1	未作记录扣1分
	6	结束工作票		1	未结束工作票扣1分

行业：电力工程　　　工种：继电保护工　　　等级：高级技师

编　　号	C1C021	行为领域	e	鉴定范围	1
考核时限	120min	题　　型	C	题　　分	30 分
试题正文	BP-2 母差保护故障检验				
需要说明的问题和要求	1. 单独操作完成，另一人监护 2. 现场进行实际操作，不得误动、误碰与本次工作无关的任何设备 3. 若遇生产事故，立即停止考核退出现场 4. 注意安全，操作过程符合《电业安全工作规程》要求				
工具、材料、设备、场地	1. 微机试验台，万用表一块，试验线若干 2. 常用电工工具 3. 相关资料 4. 现场				

评分标准	序号	项目名称	质量要求	满分	扣　分
	1	办理工作票	履行	2	未办票扣 2 分
	2	检查值班员所做安全措施	认真检查	3	漏一项扣 1 分
	2.1	是否断开高频保护压板			
	2.2	是否在工作地点悬挂“在此工作”标示牌			
	2.3	是否在相邻运行屏上挂上红布帘			
	3	故障 1：Ⅰ母 A 相电压错接到Ⅰ母的 B 电压。X14-14 的 3N7-1 和 X14-15 的 3N7-2 错接，电压相序错误	试验接线正确故障处理结果正确	8	错接线一处扣 2 分、不能正确处理扣 4 分
	4	故障 2：投入互联压板并强制互联，互联灯亮	试验接线正确故障处理结果正确	6	错接线一处扣 2 分、不能正确处理扣 2 分
	5	故障 3：母联 C 相 X12-3 断线，两小差不平衡，报互联	试验接线正确故障处理结果正确	6	错接线一处扣 2 分、不能正确处理扣 2 分
	6	结束工作，检查工作中所涉及部位是否全部恢复，作工作记录、结束工作票 保护恢复正常运行后，应检查保护装置信号灯是否正常	认真检查、记录正确清楚 通道正常，记录完整	3	未检查扣 2 分、未记录扣 1 分
	7	填写试验报告	报告清楚	2	未做扣 2 分

行业：电力工程　　　　工种：继电保护工　　　　等级：高级技师

编　号	C1C022	行为领域	e	鉴定范围	1
考核时限	120min	题　型	C	题　分	30分
试题正文	PST-1200主变保护故障检验				
需要说明的问题和要求	1. 单独操作完成，另一人监护 2. 现场进行实际操作，不得误动、误碰与本次工作无关的任何设备 3. 若遇生产事故，立即停止考核退出现场 4. 注意安全，操作过程符合《电业安全工作规程》要求				
工具、材料、设备、场地	1. 微机试验台，万用表一块，试验线若干 2. 常用电工工具 3. 相关资料 4. 现场				

评分标准	序号	项目名称	质量要求	满分	扣　分
	1	办理工作票	履行	2	未办票扣2分
	2	检查值班员所做安全措施	认真检查	3	漏一项扣1分
	2.1	是否断开高频保护压板			
	2.2	是否在工作地点悬挂“在此工作”标示牌			
	2.3	是否在相邻运行屏上挂上红布帘			
	3	故障1：开关量电源断111：1端子虚接，压板无反应	试验接线正确故障处理结果正确	6	错接线一处扣2分、不能正确处理扣4分
	4	故障2：中压侧交流插件端子102：A2与102：A3短接，零序通道分流	试验接线正确故障处理结果正确	8	错接线一处扣2分、不能正确处理扣2分
	5	故障3：高压侧跳闸回路断线（12D63上211：9虚接），高压侧断路器A相不动作	试验接线正确故障处理结果正确	6	错接线一处扣2分、不能正确处理扣2分
	6	结束工作，检查工作中所涉及部位是否全部恢复，作工作记录、结束工作票	认真检查、记录正确清楚	3	未检查扣2分、未记录扣1分
	7	保护恢复正常运行后，应检查保护装置信号灯是否正常	通道正常，记录完整		
	8	填写试验报告	报告清楚	2	未做扣2分

行业：电力工程　　工种：继电保护工　　等级：高级技师

编　号	C1C023	行为领域	e	鉴定范围	1
考核时限	120min	题　型	C	题　分	30分
试题正文	RCS-901线路保护故障检验				
需要说明的问题和要求	1. 线路本侧单独操作完成，另一人监护 2. 现场进行实际操作，不得误动、误碰与本次工作无关的任何设备 3. 若遇生产事故，立即停止考核退出现场 4. 注意安全，操作过程符合《电业安全工作规程》要求				
工具、材料、设备、场地	1. 微机试验台，万用表一块，试验线若干 2. 常用电工工具 3. 相关资料 4. 现场				

评分标准	序号	项目名称	质量要求	满分	扣　分
	1	办理工作票	履行	2	未办票扣2分
	2	检查值班员所做安全措施	认真检查	3	漏一项扣1分
	2.1	是否断开高频保护压板			
	2.2	是否在工作地点悬挂“在此工作”标示牌			
	2.3	是否在相邻运行屏上挂上红布帘			
	3	故障1：改保护定值：控制字21项“投三相跳闸方式”为1，任何故障三跳	试验接线正确故障处理结果正确	8	错接线一处扣3分、不能正确处理扣5分
	4	故障2：4D107上（4n11）线与4D108上（4n12）线交换，操作箱信号指示正确，但当跳A相时，开关实际是B相跳闸	试验接线正确故障处理结果正确	8	错接线一处扣3分、不能正确处理扣5分
	5	结束工作，检查工作中所涉及部位是否全部恢复，作工作记录、结束工作票	认真检查、记录正确清楚	2	未检查扣2分
	6	保护恢复正常运行后，应两侧通道交换信号	通道正常，记录完整	3	未检查扣2分、未记录扣1分
	7	复核保护屏各信号灯是否正常	记录完整	2	未做扣2分，漏一项扣1分
	8	填写试验报告	报告清楚	2	未做扣2分

行业：电力工程　　　工种：继电保护工　　　等级：高级技师

编　　号	C1C024	行为领域	e	鉴定范围	1
考核时限	30min	题　　型	C	题　　分	10分
试题正文	模拟线路光差保护AB相间故障，校验差动保护Ⅰ段定值（例如RCS-931光差保护）				
需要说明的问题和要求	1. 要求单独操作 2. 试验室操作				
工具、材料、设备、场地	1. 线路光差保护屏（1面）及随屏图纸（1份） 2. 模拟断路器装置（1台） 3. 微机保护试验台（1台） 4. 万用表（1块） 5. 电源插板（1个） 6. 试验线（4根一组共5组）				
评分标准	序号	项 目 名 称	质量要求	满分	扣　分
	1	办理工作票	履行	1	未办票扣1分
	2	检查值班员所做安全措施	认真检查	2	漏一项扣1分
	2.1	退出“失灵启动”压板			
	2.2	断开交流电压输入空开			
	2.3	断开交流电流输入端子试验短接片			
	3	模拟试验：要求重合闸投“三重”	接线正确，仪表使用正确	2	漏一项扣1分
	3.1	试验接线			
	3.2	仪表使用			
	3.3	对光差装置进行自环尾纤接线			
	4	故障1：“通道自环试验”控制字置0，“通道异常”灯亮	修改控制字	1	漏一项扣1分
	5	故障2：把差动低定值整定得比高定值大，校验高值不正确，实际按低值动作	修改定值	2	漏一项扣1分
	6	故障3：跳A回路与手跳回路短接，当保护跳A时，同时启动手跳，导致不能重合	排查二次线	1	漏一项扣1分
	7	工作票终结，填写工作记录	结论清楚正确	1	该步缺失扣1分

行业：电力工程　　　工种：继电保护工　　　等级：高级技师

编　号	C1C025	行为领域	e	鉴定范围	1
考核时限	30min	题　型	C	题　分	
试题正文	线路保护装置手合于故障传动试验（例如 RCS-901 保护装置）				
需要说明的问题和要求	1. 要求单独操作 2. 现场操作 3. 通过本传动试验，考察保护人员对断路器“防跃”功能、重合闸放电功能的把握，有效防止手合故障中断路器跳跃和误重合的隐患在实际工作中发生				
工具、材料、设备、场地	1. 线路保护屏（1 面）及随屏图纸（1 份） 2. 模拟断路器装置（1 台） 3. 微机保护试验台（1 台） 4. 万用表（1 块） 5. 电源插板（1 个） 6. 试验线（4 根一组共 5 组）				
评分标准	序号	项 目 名 称	质量要求	满分	扣　分
	1	办理工作票	履行	1	未办票扣 1 分
	2	检查值班员所做安全措施	认真检查	2	漏一项扣 1 分
	2.1	退出全部“失灵启动”连接片			
	2.2	断开交流电压输入空开			
	2.3	断开交流电流输入端子试验短接片			
	3	模拟试验	接线正确，仪表使用正确，并能发现错误的现象	3	漏一项扣 1 分
	3.1	试验接线			
	3.2	仪表使用			
	3.3	在试验中，发现断路器存在多次“跳跃”的现象			
	4	故障 1：模拟断路器的跳闸二次线错接于保护装置的保护跳闸出口二次端子上，而未正确地接于经过“防跃”继电器的到断路器机构的二次端子上	恢复正确接线	2	不正确处理扣 2 分
	5	重新模拟手合于故障传动试验	接线正确，仪表使用正确，试验结果正确	2	漏一项扣 1 分
	5.1	试验接线			
	5.2	仪表使用			
	6	工作票终结，填写工作记录	结论清楚正确	1	该步缺失扣 1 分

行业：电力工程　　工种：继电保护工　　等级：高级技师

<table>
<tr><td>编　　号</td><td colspan="2">C1C026</td><td>行为领域</td><td>e</td><td>鉴定范围</td><td>1</td></tr>
<tr><td>考核时限</td><td colspan="2">30min</td><td>题　　型</td><td>C</td><td>题　　分</td><td>10</td></tr>
<tr><td>试题正文</td><td colspan="6">微机母差保护 A 相电流模拟试验（例如 BP-2B 保护装置）</td></tr>
<tr><td>需要说明的问题和要求</td><td colspan="6">1. 要求单独操作
2. 试验室操作
3. 通过本传动试验，考察保护人员对母差保护 TA 变比系数、二次电流的平衡能力以及故障排查能力
4. ①Ⅰ、Ⅱ母电压正常，57.5V；② 母联 L1，并列运行，电流 4.5A，变比 2400/5；③ 主变进线 L2，运行在Ⅰ母，电流 6A，流进母线，变比应为 2400/5；④ 出线 L3，运行在Ⅰ母，变比为 600/5，6A 电流，流出母线；⑤ 出线 L5，运行在Ⅱ母，变比为 1200/5，电流 3A，流出母线；⑥ 出线 L6，运行在Ⅱ母，变比为 2400/5；⑦ 判断出线 L1 的电流方向。计算出线 L6 的电流大小及方向
5. （1）L1 的电流方向由Ⅰ母流向Ⅱ母；（2）L6 的电流 3A；（3）L6 的电流方向流出Ⅱ母线</td></tr>
<tr><td>工具、材料、设备、场地</td><td colspan="6">1. 母线差动保护屏（1 面）
2. 微机保护试验台（1 台）
3. 万用表（1 块）
4. 电源插板（1 个）
5. 试验线（4 根一组共 10 组）</td></tr>
<tr><td rowspan="13">评分标准</td><td>序号</td><td>项 目 名 称</td><td>质量要求</td><td>满分</td><td colspan="2">扣　分</td></tr>
<tr><td>1</td><td>办理工作票</td><td>履行</td><td>1</td><td colspan="2">未办票扣 1 分</td></tr>
<tr><td>2</td><td>检查值班员所做安全措施</td><td rowspan="6">认真检查</td><td rowspan="6">2</td><td colspan="2" rowspan="6">漏一项扣 1 分</td></tr>
<tr><td>2.1</td><td>退出“失灵启动”压板</td></tr>
<tr><td>2.2</td><td>退出“跳闸出口”压板</td></tr>
<tr><td>2.3</td><td>退出“重合闸放电”压板</td></tr>
<tr><td>2.4</td><td>断开交流电压输入空开</td></tr>
<tr><td>2.5</td><td>断开交流电流输入端子试验短接片</td></tr>
<tr><td>3</td><td>模拟试验：对试验项目要求的各个间隔加入 A 相电流和交流电压</td><td rowspan="4">接线正确，仪表使用正确</td><td rowspan="4">3</td><td colspan="2" rowspan="4">漏一项扣 1 分</td></tr>
<tr><td>3.1</td><td>试验接线</td></tr>
<tr><td>3.2</td><td>仪表使用</td></tr>
<tr><td>3.3</td><td>每个间隔所加电流大小、方向正确</td></tr>
</table>

续表

	序号	项 目 名 称	质量要求	满分	扣 分
评分标准	4	故障1：母差保护Ⅰ母交流电压二次回路A相屏内配线松脱，装置发PT断线告警信号不能复归	恢复正确接线	1	不正确处理扣1分
	5	故障2：进线L2间隔的交流电流二次回路A、B相接反，导致相序错误甚至误动	恢复正确接线	1	不正确处理扣1分
	6	判断出线L1的电流方向，计算出线L6的电流大小及方向，同时模拟入装置中	故障排查后，装置无任何异常和告警，全部支路A相电流平衡	2	该步缺失扣2分
	7	工作票终结，填写工作记录	结论清楚正确	1	该步缺失扣1分

行业：电力工程　　　工种：继电保护工　　　等级：高级技师

编　　号	C1C027	行为领域	e	鉴定范围	1	
考核时限	30min	题　　型	C	题　　分	10	
试题正文	微机主变差动保护比率制动整组试验（例如 RCS-978 装置）					
需要说明的问题和要求	1. 要求单独操作 2. 试验室操作 3. 通过本试验，考察保护人员对主变差动保护整组试验分析的能力、装置缺陷综合判断能力 4. ① 变压器为三绕组变压器（Yyd11）；② 差动保护比率制动整组实验，跳变压器各侧断路器；③ 在高压侧和低压侧检验，低压侧电流加在 A 相；④ 制动电流为 $1I_e$ 的差动电流的计算值与实测值（$I_{cd}=0.75I_e$）；⑤ 制动电流为 $3I_e$ 的差动电流的计算值与实测值（$I_{cd}=1.75I_e$）；⑥ 通过试验验证 K 值					
工具、材料、设备、场地	1. 微机主变差动保护屏（1 面）、随屏图纸（1 份）及整定书（1 份） 2. 微机保护试验台（1 台） 3. 万用表（1 块） 4. 电源插板（1 个） 5. 试验线（4 根一组共 5 组）					
评分标准	序号	项 目 名 称	质量要求	满分	扣　分	
	1	办理工作票	履行	1	未办票扣 1 分	
	2	检查值班员所做安全措施	认真检查	2	漏一项扣 1 分	
	2.1	退出“失灵启动”压板				
	2.2	退出“跳各侧母联或分段开关”、“跳各侧旁路开关”、“跳另一台主变压器”的压板				
	2.3	断开交流电压输入空开				
	2.4	断开交流电流输入端子试验短接片				
	3	整组试验	接线正确，仪表使用正确	2	漏一项扣 1 分	
	3.1	试验接线				
	3.2	仪表使用				

续表

	序号	项 目 名 称	质量要求	满分	扣 分
评分标准	4	故障1：松开背板把座2B固定螺丝，造成插件与把座之间部分不接触，导致装置“报警”灯亮，“运行”灯灭，报文“光耦失电”	排查二次线	1	漏一项扣1分
	5	故障2：1ID1与1ID3上连线交换，导致高压侧电流相序显示不对	排查二次线	1	漏一项扣1分
	6	故障3：解开4D21至4nAB4之间连线，导致高压侧出口跳闸压板仅投入“跳本侧高压侧Ⅰ”，差动保护动作，高压侧断路器跳不开	排查二次线	1	漏一项扣1分
	7	故障4：把系统参数中高压侧额定电压整定为0，导致在做高压侧比例差动保护时，无法校验比例制动系数	排查二次线	1	漏一项扣1分
	8	工作票终结，填写工作记录	结论清楚正确	1	该步缺失扣1分

行业：电力工程　　工种：继电保护工　　等级：高级技师

编　　号	C1C028	行为领域	e	鉴定范围	1
考核时限	30min	题　　型	C	题　　分	10
试题正文	微机线路保护故障排查				
需要说明的问题和要求	1. 要求单独操作 2. 试验室操作 3. 通过本试验，考察保护人员对线路保护整组试验分析的能力、装置缺陷综合判断能力				
工具、材料、设备、场地	1. 线路保护屏（1 面）及随屏图纸（1 份） 2. 模拟断路器装置（1 台） 3. 微机保护试验台（1 台） 4. 万用表（1 块） 5. 电源插板（1 个） 6. 试验线（4 根一组共 5 组）				

评分标准	序号	项 目 名 称	质量要求	满分	扣　分
	1	办理工作票	履行	1	未办票扣 1 分
	2	检查值班员所做安全措施	认真检查	1	漏一项扣 1 分
	2.1	退出“失灵启动”压板			
	2.2	断开交流电压输入空开			
	2.3	断开交流电流输入端子试验短接片			
	3	模拟试验：要求重合闸投“单重”	接线正确，仪表使用正确	1	漏一项扣 1 分
	3.1	试验接线			
	3.2	仪表使用			
	4	故障 1：定值中把“接地距离Ⅰ段”整定得比“Ⅱ段”大，导致装置运行灯灭，发“定值出错”报文	修改定值	1	漏一项扣 1 分

续表

	序号	项 目 名 称	质量要求	满分	扣 分
评分标准	5	故障2：定值中“内重合把手有效”、“投三重方式”置1，导致外部KK把手无效，任何故障都三跳三重	修改定值	1	漏一项扣1分
	6	故障3：虚接1D47上的1LP21-1，导致没有24V正电源	排查二次线	1	漏一项扣1分
	7	故障4：短接4D7和4D9，导致断路器不跳闸	排查二次线	1	漏一项扣1分
	8	故障5：4D75连4D85，导致重合闸不充电	排查二次线	1	漏一项扣1分
	9	故障6：1D91连11D36（保护+24V）、1D96连11D37，导致当ΔZ动作时，跳闸瞬时接点启动发信，由于保护连续收信，高频将来不及动作	排查二次线	1	漏一项扣1分
	10	工作票终结，填写工作记录	结论清楚正确	1	该步缺失扣1分

行业：电力工程　　工种：继电保护工　　等级：高级技师

编　号	C1C029	行为领域	e	鉴定范围	1
考核时限	30min	题　型	C	题　分	10分
试题正文	微机母差保护模拟Ⅰ母A相故障试验（例如BP-2B保护装置）				
需要说明的问题和要求	1. 要求单独操作 2. 试验室操作 3. 通过本试验，考察保护人员对母差保护整组试验分析的能力、装置缺陷综合判断能力 4. ① 运行方式：支路L6合于Ⅰ母，支路L7、L9合于Ⅱ母，双母并列运行。L7支路的TA变比1200/5，其余支路TA变比600/5。各支路A相加二次电流，L6电流流进母线2A，L7电流流出母线2A，L9电流流进母线2A。I、II母电压正常，各相电压57.7V。要求保护装置大小差电流平衡，屏上无任何告警、动作信号（运行方式的设置，不允许采用装置内部菜单对刀闸的强制设置）。② 模拟Ⅰ母A相故障，验证差动保护动作门槛、动作时间（取线路跳闸出口接点）、大差比率制动系数高值（4个间隔必须同时通流试验，至少做2个点）				
工具、材料、设备、场地	1. 微机母差保护屏（1面）、随屏图纸（1份）及整定书（1份） 2. 微机保护试验台（1台） 3. 万用表（1块） 4. 电源插板（1个） 5. 试验线（4根一组共10组）				

评分标准	序号	项目名称	质量要求	满分	扣　分
	1	办理工作票	履行	0.5	未办票扣0.5分
	2	检查值班员所做安全措施	认真检查	1	漏一项扣1分
	2.1	退出“失灵启动”压板			
	2.2	退出“跳闸出口”压板			
	2.3	退出“重合闸放电”压板			
	2.4	断开交流电压输入空开			
	2.5	断开交流电流输入端子试验短接片			
	3	模拟试验	接线正确，仪表使用正确	1	漏一项扣1分
	3.1	试验接线			
	3.2	仪表使用			

续表

	序号	项目名称	质量要求	满分	扣分
评分标准	4	故障1：Ⅰ母A相电压错接到Ⅰ母的B电压。X14-1和X14-2互换。X14-3断线，导致电压A、B相序错误，C相断线	排查二次线	1	漏一项扣1分
	5	故障2：X12-33和X12-36交换，导致L6间隔的C相电流极性反	排查二次线	1	漏一项扣1分
	6	故障3：X1-22和X1-23之间的联片打开，导致信号不能复归，开入都无效	排查二次线	1	漏一项扣1分
	7	故障4：X8-14和X8-18交换，导致L7、L9间隔刀闸开入位置对调	排查二次线	1	漏一项扣1分
	8	故障5：定值区改为1区，导致使用定值与定值单不符	核对整定书	1	漏一项扣1分
	9	故障6：母联与L2第一组跳闸接点交换位置，导致母联无出口	排查二次线	1	漏一项扣1分
	10	故障7：母联开关接点X9-1与X9-2互换，导致母联开关位置不对	排查二次线	1	漏一项扣1分
	11	工作票终结，填写工作记录	结论清楚正确	0.5	该步缺失扣0.5分

行业：电力工程　　　工种：继电保护工　　　等级：中级

编　号	C1C030	行为领域	e	鉴定范围	1	
考核时限	120min	题　型	C	题　分	30	
试题正文	发电机励磁系统调差系数的测试检验					
需要说明的问题和要求	1. 单独操作完成，另一人监护 2. 现场进行实际操作，不得误动、误碰与本次工作无关的任何设备 3. 若遇生产事故，立即停止考核退出现场 4. 注意安全，操作过程符合《电业安全工作规程》要求					
工具、材料、设备、场地						
评分标准	序号	项目名称	质量要求	满分	扣分	
	1	办理工作票	履行	2	未办票扣2分	
	2	检查值班员所做安全措施	认真检查	2	试验前不注意系统电压水平，机组有功无功水平以及机组电压水平；试验中未考虑机组进相限制和过励限制等因素。漏一项扣1分	
	2.1	是否注意系统情况				
	2.2	是否在工作地点悬挂“在此工作”标示牌				
	2.3	是否在相邻运行屏上挂上红布帘				
	3	试验接线	能正确测试发电机无功功率、发电机机端电压。主要录波量包括发电机机端电流、机端电压。试验接线正确读数正确	8	是否检查设备的测量精度和计量合格证；接线时是否先接仪器侧，后接带电侧；是否测量仪器侧电压不短路、电流不开路后才接入二次回路中；接线时选择设备的档位和量程是否正确；接入二次回路的位置和极性是否正确。错接线一处扣4分、读数不正确扣2分	

续表

	序号	项目名称	质量要求	满分	扣分
评分标准	4	对录波器的正确设置	试验接线正确读数正确	8	对TV、TA的变比设置是否正确；对功率的计算方式设置是否正确；对录波刻度的设置是否合适。错接线一处扣4分、读数不正确扣2分 是否能准确把握时机进行录波，录波长度设置是否合理。未检查扣2分
	5	跟踪本发电机无功变化（可采用通过相邻机组调节和在系统中造成无功变化等方式促使本发电机无功发生变化，掌握时机进行录波）	认真检查、记录正确清楚	8	是否能准确把握时机进行录波，录波长度设置是否合理。未检查扣2分
	6	填写试验报告并计算调差率	报告清楚，记录完整	2	计算调差率时对无功功率和电压数据中毛刺是否进行平滑处理，计算中采用的计算方法是否正确，计算的结果是否正确，对异常数据的分析是否正确。未做扣2分，漏一项扣1分

5 试卷样例

中级继电保护工知识要求试卷

一、选择题（每题 1 分，共 30 分）

每题只有一个正确答案，将正确答案的序号填入括号内。

1. 用万用表检测二极管时，应使用万用表的（　　）。

（A）电流档；（B）电压档；（C）1kΩ 档；（D）10Ω 档。

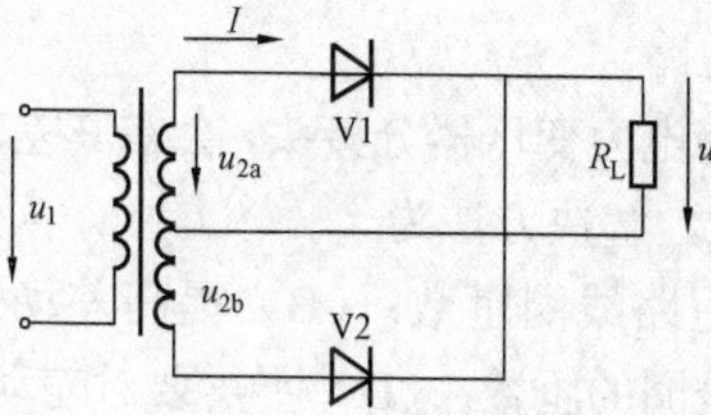

图 1

2. 全波整流电路如图 1 所示，当输入电压 u_1 为正半周时，（　　）。

（A）V1 导通，V2 截止；（B）V2 导通，V1 截止；（C）V1、V2 均导通；（D）V1、V2 均截止。

3. 有两个正弦量，其瞬时值的表达式分别为：

$u=220\sin(\omega t-10°)$，$i=5\sin(\omega t-40°)$，可见，（　　）。

（A）电流滞后电压 40°；（B）电流滞后电压 30°；（C）电压超前电流 50°；（D）电流超前电压 30°。

4. 电容器在充电和放电过程中，充放电电流与（　　）。

（A）电容器两端电压成正比；（B）电容器两端电压的变化率成正比；（C）电容器两端电压的变化量成正比；（D）电压无

关。

5. 两台额定功率相同，但额定电压不同的用电设备，若额定电压为 110V 设备电阻为 *R*，则额定电压为 220V 设备的电阻为（　　）。

（A）2*R*；（B）*R*/2；（C）4*R*；（D）*R*/4。

6. 在小电流接地系统中，某处发生单相接地时，母线电压互感器开口三角的电压为（　　）。

（A）故障点距母线越近，电压越高；（B）故障点距母线越近，电压越低；（C）不管距离远近，基本上电压一样高；（D）大小不定。

7. 高压输电线路的故障，绝大部分是（　　）。

（A）单相接地短路；（B）两相接地短路；（C）三相短路；（D）两相相间短路。

8. 由于调整电力变压器分接头，会在其差动回路中引起不平衡电流的增大，解决方法为（　　）。

（A）增大短路线圈匝数；（B）提高差动保护的整定值；（C）减少平衡线圈的匝数；（D）不需要对差动保护进行调整。

9. 单侧电源线路的自动重合闸装置必须在故障切除后，经一定时间间隔才允许发出合闸脉冲，这是因为（　　）。

（A）需与保护配合；（B）故障点要有足够的去游离时间，以及断路器及传动机构的准备再次动作时间；（C）防止多次重合；（D）断路器消弧。

10. 两只装于同一相，且变比相同、容量相等的套管型电流互感器，在二次绕组串联使用时（　　）。

（A）容量和变比都增加一倍；（B）变比增加一倍，容量不变；（C）变比不变，容量增加一倍；（D）变比和容量都不变。

11. 当系统运行方式变小时，电流和电压的保护范围是（　　）。

（A）电流保护的变小，电压保护的变大；（B）电流保护的变小，电压保护的变小；（C）电流保护变大，电压保护变小；（D）电流保护的变大，电压保护的变大。

12. 一般设备铭牌上标的电压和电流值，或电气仪表所测出来的数值都是（　　）。

（A）瞬时值；（B）最大值；（C）有效值；（D）平均值。

13. 三角形连接的供电方式为三相三线制，在三相电动势对称的情况下，三相电动势相量之和等于（　　）。

（A）E；（B）0；（C）2E；（D）3E。

14. 电抗变压器在空载情况下，二次电压与一次电流的相位关系是（　　）。

（A）二次电压超前一次电流接近 90°；（B）二次电压与一次电流接近 0°；（C）二次电压滞后一次电流接近 90°；（D）二次电压滞后一次电流接近 45°。

15. 在大接地电流系统中，故障电流中含有零序分量的故障类型是（　　）。

（A）两相短路；（B）三相短路；（C）两相短路接地；（D）以上三种故障类型。

16. 一根长为 L 的均匀导线，电阻为 8Ω，若将其对折后并联使用，其电阻为（　　）。

（A）4Ω；（B）2Ω；（C）8Ω；（D）1Ω。

17. 有甲乙两只三极管。甲管 $\beta=80$，$I_{ceo}=300\mu A$；乙管 $\beta=60$，$I_{ceo}=15\mu A$，其他参数大致相同。当做放大使用时，选用（　　）合适。

（A）两只均；（B）甲管；（C）两只都不；（D）乙管。

18. 电流互感器的二次绕组按三相三角形接线或两相电流差接线，在正常负荷电流下，它们的接线系数是（　　）。

（A）$\sqrt{3}$；（B）1；（C）$\sqrt{3}/2$；（D）2。

19. 在电网中装设带有方向元件的过流保护是为了保证动作的（　　）。

（A）选择性；（B）可靠性；（C）灵敏性；（D）快速性。

20. 按 90°接线的相间功率方向继电器，当线路发生正向故障时，若 φ_k 为 30°，为使继电器动作最灵敏，其内角 α 值应是（　）。

（A）30°；（B）−30°；（C）70°；（D）60°。

21. 检查二次回路的绝缘电阻，应使用（　　）的绝缘电阻表。

（A）500V；（B）250V；（C）1000V；（D）2500V。

22. 在进行继电保护试验时，试验电流及电压的谐波分量不宜超过基波的（　　）。

（A）2.5%；（B）5%；（C）10%；（D）2%。

23. 事故音响信号是表示（　）。

（A）开关事故跳闸；（B）设备异常告警；（C）开关手动跳闸；（D）直流回路断线。

24. 在运行的电流互感器二次回路上工作时，（　　）。

（A）禁止开路；（B）禁止短路；（C）应可靠接地；（D）必须停用互感器。

25.（　　）及以上的油浸式变压器，均应装设气体保护。

（A）0.8MV·A；（B）1MV·A；（C）0.5MV·A；（D）2MV·A。

26. 变压器中性点消弧线圈的目的是（　　）。

（A）提高电网的电压水平；（B）限制变压器故障电流；（C）补偿网络接地时的电容电流；（D）消除“潜供电流”。

27. 开关事故跳闸后，位置指示灯状态为（　　）。

（A）红灯平光；（B）绿灯平光；（C）红灯闪光；（D）绿灯闪光。

28. 发电机定时限励磁回路过负荷保护作用于（　　）。

（A）全停；（B）发信号；（C）解列灭磁；（D）解列。

29. 出口继电器作用于开关跳（合）闸时，其触点回路中串入的电流自保持线圈的自保持电流应当是（　　）。

（A）不大于跳（合）闸电流；（B）不大于跳（合）闸电流

的一半；（C）不大于跳（合）闸电流的10%；（D）不大于跳（合）闸电流的80%。

30. 电容式充电重合闸的电容充电时间为（　）。

（A）0.5s；（B）20～25s；（C）30s；（D）10s。

二、判断题（每题1分，共30分）

将答案填入括号内，正确的用"√"表示，错误的用"×"表示。

1. 在回路中，无论是电源内部还是外部，电流总是由高电位流向低电位。（　）

2. 用电流表测量电流时，应将电流表与被测电路连接成串联方式。（　）

3. 电路中某点的电位就是该点的电压。（　）

4. 在欧姆定律中，导体的电阻与两端的电压成正比，与通过其中的电流强度成反比。（　）

5. 用基尔霍夫第一定律列节点电流方程时，当解出的电流为负时，表示其实际方向与假设方向相反。（　）

6. 在使用三极管时，若集电级电流 I_c 超过最大允许值 I_{cm}，则 β 值要下降。（　）

7. 电力系统稳定运行时，发电机发出的总功率与用户消耗的总功率是相等的。（　）

8. 为了使用户的停电时间尽可能短，备用电源自动投入装置可以不带时间延时。（　）

9. 低电压保护在系统运行方式变大时，保护范围会变短。（　）

10. 被保护线路上任一点发生AB两相金属性短路时，母线上电压 U_{ab} 将等于零。（　）

11. D，yn接线变压器，当在yn侧线路上发生接地故障时，在D侧线路上将没有零序电流流过。（　）

12. 变压器励磁涌流对变压器本身不造成危害，但在某些情况下能引起电压波动，如不采取措施，会使某些继电保护误

动作。（ ）

13. 在电力系统中采用快速保护、自动重合闸装置、自动按频率减负荷装置是保证系统稳定的重要措施。（ ）

14. 对电流互感器的一、二次侧引出端一般采用减极性标注。（ ）

15. 辅助继电器可分为中间继电器、时间继电器和信号继电器。（ ）

16. 不可控整流电路是利用二极管的单向导电性能将交流电变为单向脉动电流。（ ）

17. 能满足系统稳定及设备要求，能以最快速度有选择地切除被保护设备和线路故障的保护称为主保护。（ ）

18. 电流互感器是供给继电保护、自动装置以及测量仪表电流线圈电流的电源设备。（ ）

19. 电动机电流速断保护的定值应大于电动机的最大自启动电流。（ ）

20. 变压器在运行中补充油，应事先将重瓦斯保护改接信号位置，以防止误动跳闸。（ ）

21. 阻波器是一个调谐于发信机工作频率的并联谐振回路，对高频信号呈现低阻抗。（ ）

22. 变压器的接线组别是表示一、二次侧相位关系的一种方法。（ ）

23. 三相五柱式电压互感器有两个二次绕组，一个接成星形，一个接成开口三角形。（ ）

24. 电气主接线的基本形式可分为有母线和无母线两大类。（ ）

25. 在空载投入变压器或外部故障切除后恢复供电等情况下，有可能产生很大的励磁涌流。（ ）

26. 电流继电器的返回系数，一般要求调整在 1.1～1.2 之间。（ ）

27. 引入保护装置逆变电源的直流电源可不经抗干扰处

理。 ( )

28. 任何电力设备都不允许在无继电保护的情况下运行。 ( )

29. 新安装保护装置的第一次定期检验应由基建部门进行。 ( )

30. 保护装置的直流电源电压波动范围是额定电压的80%～100%。 ( )

三、简答题（每题5分，共30分）

1. 发供电系统由哪些主要设备组成？

2. 半导体焊接中应注意哪些问题？

3. 电流、电压继电器应进行哪些检验（不包括反时限继电器）？

4. 对继电保护装置有哪些基本要求？何为继电保护“四统一”原则？

5. 零序电流保护的整定值为什么不需要避开负荷电流？

6. 什么叫重合闸后加速？

四、计算题（5分）

已知E=12V，c点的电位U_c=−4V，见图2所示，以o点为电位参考点，求电压U_{ac}、U_{co}、U_{ao}。

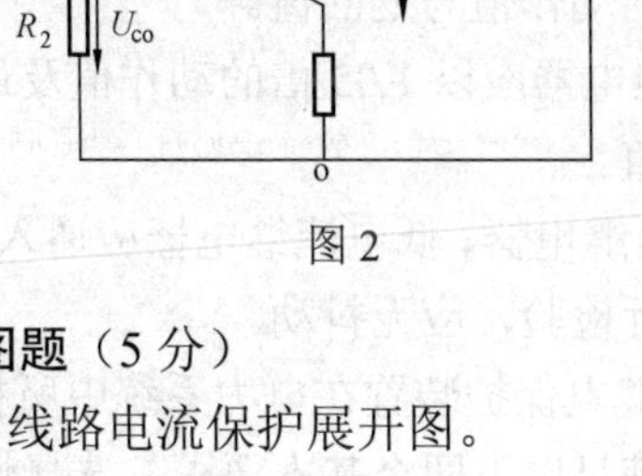

图2

五、识绘图题（5分）

画出10kV线路电流保护展开图。

中级继电保护工知识要求试卷答案

一、选择题

1.（C）；2.（A）；3.（B）；4.（B）；5.（C）；6.（C）；7.（A）；8.（B）；9.（B）；10.（C）；11.（A）；12.（C）；13.（B）；14.（A）；15.（C）；16.（B）；17.（D）；18.（A）；19.（A）；20.（B）；21.（C）；22.（B）；23.（A）；24.（A）；25.（A）；26.（C）；27.（D）；28.（B）；29.（B）；30.（B）。

二、判断题

1.（×）；2.（√）；3.（×）；4.（×）；5.（√）；6.（√）；7.（×）；8.（×）；9.（√）；10.（×）；11.（√）；12.（√）；13.（√）；14.（√）；15.（√）；16.（√）；17.（√）；18.（√）；19.（√）；20.（√）；21.（×）；22.（√）；23.（√）；24.（√）；25.（√）；26.（×）；27.（×）；28.（√）；29.（×）；30.（×）。

三、简答题

1. 答：发供电系统包括输煤系统、锅炉、汽轮机、发电机、变压器、输电线路和送配电设备系统等。

2. 答：（1）应使用 30W 及以下的电烙铁。

（2）应用镊子夹住所焊的晶体管脚。

（3）焊接时间不能过长。

3. 答：对电流、电压继电器检验项目如下：

（1）动作刻度在最大、中间、最小三个位置的动作值和返回值。

（2）整定点的动作值与返回值。

（3）对电流继电器应以 1.05 倍的动作值及最大短路电流值检验动作与返回值。

（4）对低电压继电器、低电流继电器应通入最高运行电压、最大负荷电流进行检验，应无抖动。

4. 答：根据继电保护装置在电力系统中所担负的任务，继电保护装置必须满足以下四个基本要求：选择性、快速性、灵敏性、可靠性。

“四统一”原则，即统一技术标准、统一原理接线、统一符号、统一端子排布置。

5. 答：零序电流保护反应的是零序电流，而负荷电流中不包含（或很少包含）零序分量，故不必考虑避开负荷电流。

6. 答：当线路发生故障后，保护有选择性的动作切除故障，重合闸进行一次重合以恢复供电。若重合于永久性故障时，保护装置即不带时限无选择性的动作断开断路器，这种方式称为重合闸后加速。

四、计算题

解：因为以 o 点为电位参考点，V_a 为 E 的负端电位，故 $V_a=-12V$。已知 $V_c=-4V$，则

$$U_{ac}=V_a-V_c=-12-(-4)=-8\text{（V）}$$
$$U_{co}=V_c-V_o=-4-0=-4\text{（V）}$$
$$U_{ao}=V_a-V_o=-12-0=-12\text{（V）}$$

答：U_{ac}、U_{co}、U_{ao} 的电压分别为−8V、−4V、−12V。

五、识绘图题

答：电流保护展开图见图 3（a）及图 3（b）。

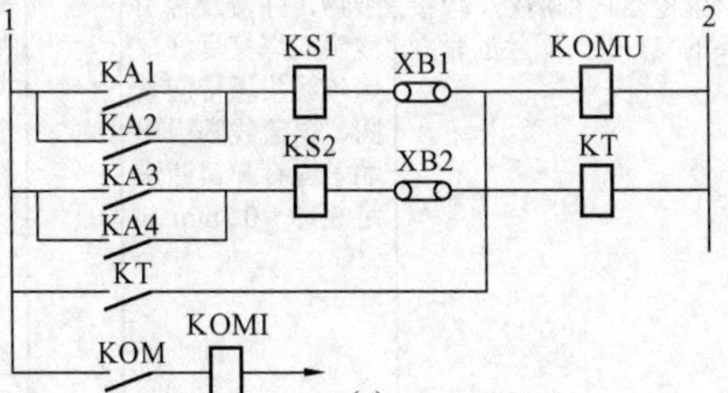

(a)

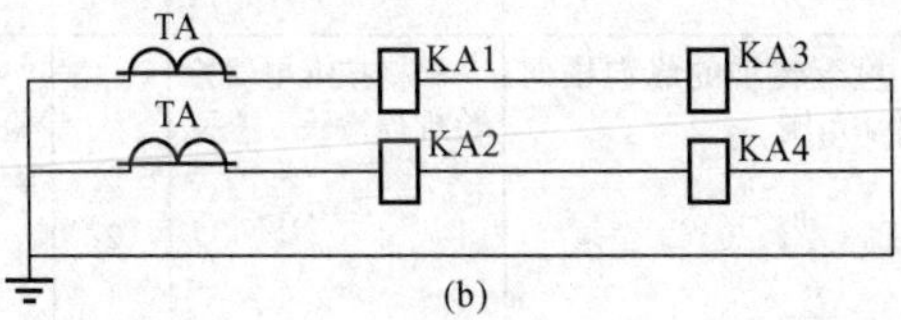

(b)

图 3

中级继电保护工技能要求试卷

一、**DL-10** 型电流继电器内部和机械部分检查（**15** 分）。

二、功率方向继电器检验（**25** 分）。

三、带负荷进行差动保护六角图的测试（**30** 分）。

四、断路器位置信号灯不亮的故障处理（**30** 分）。

中级继电保护工技能要求试卷答案

一、答

<table>
<tr><td>编　号</td><td colspan="2">C4B001</td><td>行为领域</td><td>e</td><td>鉴定范围</td><td>2</td></tr>
<tr><td>考核时限</td><td colspan="2">30min</td><td>题　型</td><td>B</td><td>题　分</td><td>15 分</td></tr>
<tr><td>试题正文</td><td colspan="6">DL—10 型电流继电器内部和机械部分检查</td></tr>
<tr><td>需要说明的问题和要求</td><td colspan="6">1. 要求单独进行操作处理
2. 文明操作演示
3. 只要求检验项目，不要求调整，但要将检查结果写出报告
4. 自带工具</td></tr>
<tr><td>工具、材料、设备、场地</td><td colspan="6">1. 电磁式电流继电器一只
2. 在试验室进行</td></tr>
<tr><td rowspan="3">评分标准</td><td>序号</td><td>项 目 名 称</td><td>质量要求</td><td>满分</td><td colspan="2">扣　分</td></tr>
<tr><td>1</td><td>继电器的内部检查：检查继电器内部清洁，焊接头的良好性，螺丝的紧固</td><td>无灰尘、油垢及杂物，弹簧及各引线头应焊接良好，螺丝线头压接应紧固，电流线圈引出端子应有弹簧圈满足 0.15～0.2mm</td><td>4</td><td colspan="2">漏检一项扣 0.5 分，检验结果错误扣 0.5 分
漏检一项扣 1 分，检验结果错误扣 2 分</td></tr>
<tr><td>2</td><td>检查转轴的纵向横向活动范围</td><td>严格按继电器检验规程检验</td><td>2</td><td colspan="2">漏检扣 2 分，检验结果错误扣 2 分</td></tr>
</table>

续表

	序号	项 目 名 称	质量要求	满分	扣 分
评分标准	3	检查舌片在动作过程中与磁极间隙	严格按继电器检验规程检验	2	漏检扣 2 分，检验结果错误扣 2 分
	4	检查刻度把手固定的可靠性	严格按继电器检验规程检验	1	漏检扣 2 分，检验结果错误扣 2 分
	5	检查继电器螺旋弹簧	严格按继电器检验规程检验	2	漏检一项扣 1 分，判断错误扣 1 分
	6	检查继电器动、静接点	严格按继电器检验规程检验	2	漏检一项扣 0.5 分，判断错误扣 0.5 分
	7	弹簧起始拉力的检查	严格按继电器检验规程检验	2	漏检扣 2 分，判断错误扣 2 分

二、答

编　　号	C4B011	行为领域	e	鉴定范围	1
考核时限	60min	题　　型	B	题　　分	25分
试题正文	功率继电器检验				
需要说明的问题和要求	1. 要求单独进行操作处理 2. 现场就地操作、演示 3. 填写试验报告 4. 注意安全，操作过程符合《电业安全工作规程》要求				
工具、材料、设备、场地	1. 功率方向继电器一只 2. 移相器 3. 调压器 4. 滑线电阻 5. 电流表、电压表、相位表 6. 常用电工工具，相关资料，或用测试仪				
评分标准	序号	项 目 名 称	质量要求	满分	扣　分
	1	一般性检验	继电器外观检查，执行元件的机械部分检查符合规程要求	3	未检查扣2分
	2	潜动试验	接线正确，检验方法正确 要求分别检查电压潜动和电流潜动	6	漏做一项扣2.5分
	3	动作区和最大灵敏角检验	接线正确，检验方法正确	6	接线不正确扣3分
	4	动作功率检验	若动作时功率过大，按相关规程方法进行调整	6	经提示完成操作扣50%分值
	5	填写试验报告	报告规范 根据试验数据，正确判断继电器是否合格	4	分析判断不准确扣2分

三、答

<table>
<tr><td>编　号</td><td>C4C015</td><td>行为领域</td><td>e</td><td>鉴定范围</td><td>1</td></tr>
<tr><td>考核时限</td><td>120min</td><td>题　型</td><td>C</td><td>题　分</td><td>30 分</td></tr>
<tr><td>试题正文</td><td colspan="5">带负荷进行差动六角图的测试</td></tr>
<tr><td>需要说明的问题和要求</td><td colspan="5">1. 独立操作，选配二名对设备和仪器熟悉的工作人员配合工作
2. 现场进行实际操作，不得误动、误碰与本次工作无关的任何设备
3. 若遇生产事故，立即停止考核退出现场
4. 注意安全</td></tr>
<tr><td>工具、材料、设备、场地</td><td colspan="5">1. 钳形电压—电流相位表一只，万用表一只，试验线若干
2. 变电站运行变压器</td></tr>
</table>

<table>
<tr><td rowspan="13">评分标准</td><td>序号</td><td>项 目 名 称</td><td>质量要求</td><td>满分</td><td>扣　分</td></tr>
<tr><td>1</td><td>办工作票</td><td>履行</td><td>2</td><td>未办票扣 2 分</td></tr>
<tr><td>2</td><td>检查值班员所做安全措施</td><td rowspan="4">认真检查</td><td rowspan="4">3</td><td rowspan="4">漏一项扣 1 分</td></tr>
<tr><td>2.1</td><td>是否断开差动连接片</td></tr>
<tr><td>2.2</td><td>是否在工作地点悬挂“在此工作”标示牌</td></tr>
<tr><td>2.3</td><td>是否在相邻运行屏上挂上红布帘</td></tr>
<tr><td>3</td><td>接入表计的电流和电压极性是否正确</td><td>接线正确</td><td>3</td><td>错接一种（电流或电压）扣 1 分</td></tr>
<tr><td>4</td><td>进行角度、电流的测试</td><td>读数正确（要求分别以 AB、BC、CA 为基准测试）</td><td>6</td><td>错读或漏测一项扣 1 分</td></tr>
<tr><td>5</td><td>根据测试数据进行分析、判断接线是否正确</td><td>作图正确、判断正确</td><td>6</td><td>画错一项扣 2 分</td></tr>
<tr><td>6</td><td>测差流、差压</td><td>测试地点及方法正确</td><td>4</td><td>测漏一项扣 2 分</td></tr>
<tr><td>7</td><td>结束工作，检查工作中所涉及部位是否全部恢复</td><td>认真检查</td><td>2</td><td>未检查扣 1 分</td></tr>
<tr><td>8</td><td>作工作记录、结束工作票</td><td>记录正确清楚</td><td>2</td><td>漏一项扣 1 分</td></tr>
<tr><td>9</td><td>填写试验报告</td><td>报告清楚</td><td>2</td><td>未做扣 2 分</td></tr>
</table>

四、答

编　号	C4C014	行为领域	e	鉴定范围	1
考核时限	120min	题　型	C	题　分	30分
试题正文	断路器位置信号灯不亮的故障处理				
需要说明的问题和要求	1. 单独操作完成，另一人协作 2. 按图纸进行，不得乱碰其他设备 3. 不允许造成直流电源短路和接地 4. 实际操作和口答同时进行				
工具、材料、设备、场地	1. 万用表一只 2. 试验接线 3. 工作票 4. 现场				
评分标准	序号	项目名称	质量要求	满分	扣分
	1	现象			
	1.1	位置指示灯不亮			
	2	分析和处理			
	2.1	检查灯泡和灯具	检查是否有灯具脱线和灯泡、电阻烧坏	6	漏一项扣2分
	2.2	检查控制电源熔丝	检查熔丝是否完好	2	未查扣1分
	2.3	断路器辅助触点	接触是否良好	4	未查扣4分
	2.4	断路器合闸中间接触器KC及合闸位置继电器KQ线圈	线圈是否良好	8	漏一项扣4分
	2.5	回路及有关继电器	检查回路中是否有脱线，有关继电器线圈、接点是否良好	10	漏一项扣2分

6 组卷方案

6.1 理论知识考试组卷方案

技能鉴定理论知识试卷每卷不应少于五种题型，其题量为45～60题（试卷的题型与题量的分配，参照附表）。

试卷的题型与题量分配（组卷方案）表

题　型	鉴定工种等级		配　分	
	初级、中级	高级工、技师	初级、中级	高级工、技师
选　择	20题 （1～2分/题）	20题 （1～2分/题）	20～40	20～40
判　断	20题 （1～2分/题）	20题 （1～2分/题）	20～40	20～40
简答/计算	5题 （6分/题）	5题 （5分/题）	30	25
绘图/论述	1题 （10分/题）	1题（5分/题） 2题（10分/题）	10	15
总　计	45～55	47～60	100	100

6.2 技能操作考核方案

对于技能操作试卷，库内每一个工种的各技术等级下，应最少保证有5套试卷（考核方案），每套试卷应由2～3项典型操作或标准化作业组成，其选项内容互为补充，不得重复。

技能操作考核由实际操作与口试或技术答辩两项内容组成。初、中级工实际操作加口试进行，技术答辩一般只在高级工、技师中进行，并根据实际情况确定其组织方式和答辩内容。

附录　常用电气文字符号对照表

序号	名　　称	符号	序号	名　　称	符号
1	保护装置	AP	26	振荡闭锁装置	ABS
2	电流保护装置	APA	27	收发信机	AT
3	电压保护装置	APV	28	载波机	AC
4	距离保护装置	APD	29	故障距离探测装置	AUD
5	电压抽取装置	AVS	30	失灵保护装置	APD
6	零序电流方向保护装置	APZ	31	避雷器	F
7	重合闸装置	APR	32	熔断器	FU
8	母线保护装置	APB	33	交流发电机	GA
9	接地故障保护装置	APE	34	直流发电机	GD
10	电源自动投入装置	AAT	35	声响指示器	HA
11	自动切机装置	AAC	36	警铃	HAB
12	按频率减负载装置	AFL	37	蜂鸣器、电喇叭	HAU
13	按频率解列装置	AFD	38	信号灯、光指示器	HL
14	自动调节励磁装置	AER	39	跳闸信号灯	HLT
15	自动灭磁装置	AEA	40	合闸信号灯	HLC
16	强行励磁装置	AEI	41	电流继电器	KA
17	强行减磁装置	AED	42	过电流继电器	KAO
18	自动调节频率装置	AFR	43	欠电流继电器	KAU
19	线路纵联保护装置	APP	44	负序电流继电器	KAN
20	远方跳闸装置	ATQ	45	零序电流继电器	KAZ
21	故障录波装置	AFO	46	电压继电器	KV
22	中央信号装置	ACS	47	过电压继电器	KVO
23	自动准同步装置	ASA	48	欠电压继电器	KVU
24	手动准同步装置	ASM	49	负序电压继电器	KVN
25	自同步装置	AS	50	零序电压继电器	KVZ

续表

序号	名　称	符号	序号	名　称	符号
51	频率继电器	KF	77	出口继电器	KCO
52	过频率继电器	KFO	78	跳闸位置继电器	KCT
53	欠频率继电器	KFU	79	合闸位置继电器	KCC
54	差频率继电器	KFD	80	事故信号继电器	KCA
55	差动继电器	KD	81	预告信号继电器	KCR
56	阻抗继电器	KI	82	同步中间继电器	KCS
57	接地继电器	KE	83	固定继电器	KCX
58	过励磁继电器	KEO	84	加速继电器	KCL
59	欠励磁继电器	KEU	85	切换继电器	KCW
60	逆流继电器	KR	86	重动继电器	KCE
61	功率方向继电器	KW	87	脉冲继电器	KM
62	负序功率方向继电器	KWN	88	绝缘监察继电器	KVI
63	零序功率方向继电器	KWZ	89	电源监视继电器	KVS
64	逆功率继电器	KWR	90	压力监视继电器	KVP
65	同步监察继电器	KY	91	保持继电器	KL
66	失步继电器	KYO	92	起动继电器	KST
67	重合闸继电器	KRC	93	停信继电器	KSS
68	重合闸后加速继电器	KCP	94	收信继电器	KSR
69	母线差动继电器	KDB	95	接触器	KM
70	极化继电器	KP	96	闭锁继电器	KCB
71	干簧继电器	KRD	97	气体继电器	KG
72	闪光继电器	KH	98	同步电动机	MS
73	时间继电器	KT	99	电流表	PA
74	信号继电器	KS	100	电压表	PV
75	控制（中间）继电器	KC	101	计数器	PC
76	防跃继电器	KCF	102	频率表	PF

续表

序号	名　　称	符号	序号	名　　称	符号
103	断路器	QF	115	可控硅元件	VSO
104	隔离开关	QS	116	三极管	VT
105	接地刀闸	QSE	117	连接片、切换片	XB
106	刀开关	QK	118	测试插孔	XJ
107	自动开关	QA	119	插座	XP
108	控制开关、选择开关	SA	120	测试端子	XS
109	分裂变压器	TU	121	端子排	XE
110	电力变压器	TM	122	合闸线圈	YC
111	电流互感器	TA	123	分闸线圈	YT
112	电压互感器	TV	124	电磁铁（锁）	YA
113	发光二极管	VL	125	保护线	PE
114	稳压管	VS	126	保护和中性点共用线	PEN